普通高等教育“十二五”规划教材

C语言程序设计

主　编　羊四清　易叶青

副主编　贺文华　袁辉勇　罗如为　唐海波

中国水利水电出版社
www.waterpub.com.cn

内 容 提 要

本书是面向高等学校"C语言程序设计课程"而编写的教材。在内容组织上以程序设计为中心，对C语言的知识结构进行了调整。全书分为9章，主要内容包括：C语言概述及程序设计基础、简单的C语言编程、选择结构程序设计、循环结构程序设计、数组、函数、结构体与共用体、指针和文件。本书内容全面，概念清楚，结构合理，叙述深入浅出，逻辑性强，程序案例生动易懂，所有程序均在Visual C++ 6.0开发环境中进行了严格的测试。每章均配备学习目标、小结和精心设计的习题，以方便读者掌握重点和难点。

本书可作为高等学校各专业程序设计基础教学的教材，尤其适合应用型本科、高职院校的计算机及非计算机专业的学生使用，同时也可作为编程人员和C语言自学者的参考用书。

本书所配电子教案及相关教学资源可以从中国水利水电出版社网站和万水书苑上下载，网址为：http://www.waterpub.com.cn/softdown/和 http://www.wsbookshow.com。

图书在版编目（CIP）数据

C语言程序设计 / 羊四清，易叶青主编. -- 北京 : 中国水利水电出版社，2012.2（2022.1重印）
普通高等教育"十二五"规划教材
ISBN 978-7-5084-9368-8

Ⅰ. ①C… Ⅱ. ①羊… ②易… Ⅲ. ①C语言－程序设计－高等学校－教材 Ⅳ. ①TP312

中国版本图书馆CIP数据核字(2011)第281448号

策划编辑：雷顺加/周益丹　　责任编辑：周益丹　　封面设计：李　佳

书　　名	普通高等教育"十二五"规划教材 C语言程序设计
作　　者	主　编　羊四清　易叶青 副主编　贺文华　袁辉勇　罗如为　唐海波
出版发行	中国水利水电出版社 （北京市海淀区玉渊潭南路1号D座　100038） 网址：www.waterpub.com.cn E-mail：mchannel@263.net（万水） sales@waterpub.com.cn 电话：（010）68367658（发行部）、82562819（万水）
经　　售	北京科水图书销售中心（零售） 电话：（010）88383994、63202643、68545874 全国各地新华书店和相关出版物销售网点
排　　版	北京万水电子信息有限公司
印　　刷	三河市德贤弘印务有限公司
规　　格	184mm×260mm　16开本　17.75印张　441千字
版　　次	2012年2月第1版　2022年1月第8次印刷
印　　数	15001—17000册
定　　价	32.00元

前　言

C 语言由美国贝尔研究所的 D.M.Ritchie 于 1972 年推出。1978 后，C 语言已先后被移植到大、中、小及微型机上。C 语言是国际上广泛流行的计算机程序设计语言，它具有简洁紧凑、运算能力强、结构化、目标程序质量高、可移植性好、使用灵活方便等特点，既具有高级语言的优点，又具有汇编语言的某些特点，能够有效地用来编制各种系统软件和应用软件。同时，C 语言的控制结构简明清晰，是非常适合进行结构化程序设计的一种计算机语言。因此，目前国内大部分高等院校都把 C 语言作为计算机和非计算机相关专业的一门程序设计语言课程。

本书的主要特点是以现代 C 语言标准 ANSI C 为主导，以成熟的 Visual C++ 6.0 为编译环境，全面介绍了 C 语言的基本理论、基本知识以及编程的基本技能和方法；针对初学者的特点，本书内容全面，概念清楚，结构合理，叙述深入浅出，逻辑性强，程序案例生动易懂。书中采用了大量与实际问题紧密结合的例题贯穿整个过程，实用性强；针对典型例题提供了举一反三的练习题，注重培养迁移知识的能力；每章前面有学习目标，后面有对本章知识点的总结和习题，有助于读者抓住本章重点和难点，深入巩固和掌握所学知识。

全书共 9 章，主要内容包括：C 语言概述与程序设计基础、简单 C 语言编程、选择结构程序设计、循环结构程序设计、数组、函数、结构体与共用体、指针、文件。书中对数组、函数、指针、结构体和共用体、文件等重点和难点的内容进行了深入分析和探讨，配备了大量的案例来加深对知识点的了解和掌握。

“C 语言程序设计”课程作为程序设计的入门课程，本书重视 C 语言基本概念、语法规则和程序设计基本方法的讲解，力求使读者掌握结构化程序设计的基本方法，具有良好的编程思路和风格，有利于提高读者进一步学习后续知识的能力。

本书第 1～2 章由罗如为编写，第 3 章由阙清贤编写，第 4 章由唐海波编写，第 5 章由袁辉勇编写；第 6 章和第 8 章由羊四清编写。第 7 章由易叶青编写，第 9 章由贺文华编写。还有刘永逸、刘伟群和彭智朝等老师对本书的编写给出了宝贵的意见，在此一并表示感谢。

由于编者水平有限，书中难免存在一些缺点和错误，恳请各位专家和读者批评指正。

编　者

2012 年 1 月

目　录

第 1 章　C 语言概述及程序设计基础

本章学习目标

- 了解 C 语言的发展和基本特点，掌握 C 语言程序的基本结构
- 了解 C 程序编译预处理的宏定义、条件编译，掌握文件包含的使用方法
- 掌握程序设计算法的基本概念和算法描述的基本工具，学会运用传统流程图描述一个具体的算法
- 熟悉 C 语言编程环境 Visual C++ 6.0 的使用，掌握程序的书写风格

1.1　C 语言的发展及特点

1.1.1　C 语言的发展

C 语言是国际上流行的计算机高级程序设计语言。与其他高级语言相比，C 语言的硬件控制能力和运算表达能力强，可移植性好，效率高。所以，C 语言仍然是当今最流行、最受欢迎的计算机语言之一，应用面非常广，许多大型软件都使用 C 语言编写。

C 语言起源于一种面向问题的高级语言——ALGOL60 语言。1963 年英国剑桥大学推出 CPL 语言，此语言在 ALGOL 语言的基础上增加了硬件处理能力，同年剑桥大学的马丁·理查德对其简化，提出 BCPL 语言；1970 年美国贝尔实验室的肯·汤姆逊进一步简化，提出了 B 语言（取 BCPL 的第一个字母）；1972 年美国贝尔实验室的布朗·W·卡尼汉和丹尼斯·M·利奇对其完善和扩充，提出了 C 语言（取 BCPL 的第二个字母）；1987 年美国标准化协会制定了 C 语言标准“ANSI C”，即现在流行的 C 语言。

用 C 语言开发的系统非常多，例如 UNIX、dBASE 以及 Windows 和 Office 的核心程序等。

本书以 Visual C++ 6.0（后文简称为 VC）为学习平台。

1.1.2　C 语言的特点

C 语言具有以下基本特点：

（1）C 语言是具有低级语言功能的高级语言。C 语言既具有高级语言的功能，又具有低级语言的许多功能。它把高级语言的基本结构和语句与低级语言的实用性结合起来，是处于汇编语言和高级语言之间的一种程序设计语言，也可称其为“中级语言”。

（2）C 语言简洁、紧凑，使用方便、灵活。C 语言一共只有 32 个关键词、9 种控制语句。C 程序书写形式自由，主要用小写字母表示，相对于其他高级语言而言源程序短。

（3）运算符丰富，表达式能力强。C 语言共有 34 种运算符，范围广泛，除一般高级语言所使用的算术、关系和逻辑运算符外，还可以实现以二进制位为单位的运算，并且具有如 a++、--b 等单目运算符和+=、-=、*=、/=等复合运算符等。

（4）数据结构丰富，便于数据的描述与存储。C 语言具有丰富的数据结构，其数据类型有整型、实型、字符型、数组类型、指针类型、结构体类型、共用体类型等，因此能实现复杂的数据结构的运算。

（5）C 语言是结构化、模块化的编程语言。程序的逻辑结构可以使用顺序、分支和循环 3 种基本结构组成。C 语言程序采用函数结构，十分便于把整体程序分割成若干相对独立的功能模块，并且为程序模块间的相互调用以及数据传递提供了便利。

（6）可使用宏定义。C 语言程序中，可使用宏定义编译预处理语句和条件编译预处理语句，为编程提供了方便。

（7）可移植性好。与汇编语言相比，C 程序基本上不作修改就可以运行于各种型号的计算机和各种操作系统。

C 语言也存在一些不足之处，如运算符及其优先级过多、语法定义不严格等，对于初学者来说有一定的困难。

由于 C 语言具有上述特点，因此 C 语言得到了迅速推广，成为人们编写大型软件的首选语言之一。许多原来用汇编语言处理的问题可以用 C 语言来处理了。

1.2 C 语言程序的基本结构

1.2.1 C 语言程序的基本结构

我们先通过两个简单的例子来了解一下 C 程序。

【例 1-1】一个简单的 C 程序示例。（ex1_1.cpp）

```
#include <stdio.h>                          //预处理，包含文件

void main()                                 //主函数
{
    printf("这是我的第一个 C 语言程序!\n");   //调用输出函数
}
```

程序的运行结果如图 1-1 所示。

图 1-1 例 1-1 的运行结果

在 VC 中运行程序后，显示结果的窗口中，可以看到提示信息“Press any key to continue”，告诉用户可以按任意键关闭显示结果的窗口。

【例 1-2】已知圆的半径，求圆的周长和面积。（ex1_2.cpp）

```
#include <stdio.h>
#define PI 3.14159                      //预处理，宏定义

float area(int r)                       //计算半径为 r 的圆面积函数
{
    return PI * r * r;                  //返回圆面积
}
void main()
{
```

```
        int r;                                  //声明圆半径 r 为整型变量
        float l,s;                              //声明周长 l、面积 s 为单精度浮点型变量
        scanf("%d",&r);                         //从键盘输入半径
        l=2 * PI * r;                           //计算周长 l 的值
        s=area(r);                              //计算面积 s 的值
        printf("半径 r=%d,周长 l=%5.2f,面积 s=%5.2f\n",r,l,s);   //输出圆的半径、周长和面积
    }
```

假设从键盘输入 5，程序的运行结果如图 1-2 所示。

图 1-2　例 1-2 的运行结果

注意：在图 1-2 中，第一行的 5 是在程序运行后从键盘输入的，输入 5 之后，然后按回车键；第二行是程序运行后显示的结果。

例 1-2 由主函数 main 和被调用函数 area 组成，在主函数中输入半径 r，然后通过语句 s=area(r) 调用函数 area，计算结果由 return 语句返回给主函数。这两个函数在位置上是独立的，可以把主函数 main 放在前面，也可以把主函数 main 放在函数 area 的后面。

scanf 和 printf 是 C 语言提供的标准输入/输出函数，&r 中的“&”的含义是取地址，程序中 scanf 函数的作用是将从键盘上键入的一个数输入到变量 r 所标志的内存单元中，或者称对 r 赋值。

从以上两个例子中可以看到，一个 C 语言程序的基本结构分为两个部分：

1．预处理部分

#include <stdio.h> 是一条预处理命令，用“#”号开头，后面不能加“;”号，stdio.h 是系统提供的头文件，其中包含有关输入/输出函数的信息，如程序中用到的 printf 输出函数。输出语句中的“%d,%5.2f”为输出格式符，它指定输出结果时的数据类型和格式，程序在执行时，该位置由具体数据替代。更详细的使用方法在第 2 章中进行说明。

2．函数部分

函数是 C 语言程序的基本单位，用于描述程序所完成的功能。

程序中 main 是主函数名，C 语言规定必须用 main 作为主函数名，函数名后的一对圆括号不能省略，圆括号中内容（参数）可以是空的。

一个 C 程序可以包含任意多个函数，但必须有且只有一个 main 主函数。一个 C 程序总是从主函数开始执行，最后在主函数结束。主函数的位置在程序中是任意的，其他函数总是通过函数调用语句来执行。

主函数可以调用任何其他函数，任何非主函数之间也可以相互调用，但是均不能调用主函数。

函数包含两部分：①函数的首部，包括函数类型、函数名和形式参数；②函数体，需要用花括号括起来，左括号表示函数体的开始，右括号表示函数体的结束。其函数定义形式可表示如下：

```
函数类型 函数名（形式参数列表)
{
    函数体
}
```

主函数的类型为 void，表示是空类型，C 语言规定：空类型的函数不需要返回值。函数体

中包含各种语句，语句是程序的基本执行单位，语句可分为定义（声明）部分和执行语句部分。每一条语句都必须用分号“;”结束，语句的数量不限，程序中由这些语句向计算机系统发出指令，如程序中 printf 输出语句。

C 语言本身没有输入/输出语句。输入和输出操作是由调用系统提供的输入/输出函数来完成的。

程序中为了对程序代码进行说明，可以添加注释，作用是帮助用户阅读程序，它对程序的运行不起作用，在对源程序进行编译时，注释会被忽略。注释内容可以是西文，也可以是中文，注释通常用于说明变量的含义、程序段的功能。注释部分可以放在程序中任意合适的位置，一个好的程序应该有必要的注释，这样可以增加可读性。C 程序中的注释有如下两种：

（1）/*……*/表示注释一个程序块，注释内容可以是一行或多行。“/*”和“*/”必须成对出现，且“/”和“*”之间不能有空格。

（2）//用于注释一行，在一行中“//”后面的内容将都被注释。

本书中程序文件的命名采用的格式为 ex1_1.cpp、ex1_2.cpp 等，其中下划线前面的数字表示章节序号，下划线后面的数字表示该示例在章节中的顺序号。统一的命名易于查找和比较。

1.2.2 C 语言的关键字

C 语言中的关键字（也称保留字），由 ANSI 标准定义的 C 语言关键字共 32 个，如下所示：

auto	break	case	char	const	continue	default	do
double	else	enum	extern	float	for	goto	if
int	long	register	return	short	signed	static	sizeof
struct	switch	typedef	union	unsigned	void	volatile	while

所有的关键字都有固定的意义，不能用作其他。

所有的关键字都必须小写，如：else 与 ELSE 代表不同的含义，else 是关键字，ELSE 用户定义的标识符。

根据关键字的作用，可分为数据类型关键字、控制语句关键字、存储类型关键字和其他关键字 4 类。

1. 数据类型关键字（12 个）

（1）char：声明字符型变量或函数

（2）double：声明双精度变量或函数

（3）enum：声明枚举类型

（4）float：声明浮点型变量或函数

（5）int：声明整型变量或函数

（6）long：声明长整型变量或函数

（7）short：声明短整型变量或函数

（8）signed：声明有符号类型变量或函数

（9）struct：声明结构体变量或函数

（10）union：声明联合数据类型

（11）unsigned：声明无符号类型变量或函数

（12）void ：声明函数无返回值或无参数，声明无类型指针

2. 控制语句关键字（12 个）

1）循环语句

（1）for：一种循环语句

（2）do：循环语句的循环体

（3）while：循环语句的循环条件

（4）break：结束本层循环

（5）continue：结束本次循环，开始下一次循环

2）条件语句

（1）if：条件语句

（2）else：条件语句否定分支（与 if 连用）

（3）goto：无条件跳转语句

（4）switch：用于多分支语句

（5）case：多分支语句分支

（6）default：多分支语句中的“其他”分支

3）子程序返回语句 return

3. 存储类型关键字（4 个）

（1）auto：声明自动变量（一般不使用）

（2）extern：声明变量是在其他文件中声明（也可以看做是引用变量）

（3）register：声明寄存器变量

（4）static：声明静态变量

4. 其他关键字（4 个）

（1）const：声明只读变量

（2）sizeof：计算数据类型长度

（3）typedef：用以给数据类型取别名（当然还有其他作用）

（4）volatile：说明变量在程序执行中可被隐含地改变

1.3　编译预处理

在 1.2 节中，用过以“#”号开头的预处理命令，如包含命令#include、宏定义命令#define 等。在源程序中这些命令都放在函数之外，而且一般都放在源文件的开头，它们称为预处理部分。

所谓预处理是指C语言编译器在对源程序进行编译过程中的第一遍扫描之前所作的工作。预处理是 C 语言的一个重要功能，它由预处理程序负责完成。当对一个源文件进行编译时，系统将自动引用预处理程序对源程序中的预处理部分作处理，处理完毕后，自动进入对源程序的编译（词法扫描和语法分析），最后生成目标代码。

C 语言提供了多种预处理功能，如宏定义、文件包含、条件编译等。合理地使用预处理功能编写的程序便于阅读、修改、移植和调试，也有利于模块化程序设计。本节将介绍常用的几种预处理功能。

1.3.1　宏定义

在 C 语言源程序中允许用一个标识符来表示一个字符串，称为“宏”。被定义为“宏”的

标识符称为“宏名”。在编译预处理时，对程序中所有出现的“宏名”，都用宏定义中的字符串来代换，这称为“宏代换”或“宏展开”。

宏定义是由源程序中的宏定义命令完成的。宏代换是由预处理程序自动完成的。

在 C 语言中，宏分为有参数和无参数两种。下面分别讨论这两种宏的定义和调用。

1. 无参宏定义

无参宏的宏名后不带参数。其定义的一般形式为：

```
#define 标识符 字符串
```

其中的“#”表示这是一条预处理命令。凡是以“#”开头的均为预处理命令。define 为宏定义命令。“标识符”为所定义的宏名。“字符串”可以是常数、表达式、格式串等。

对符号常量的定义就是一种无参宏定义。此外，常对程序中反复使用的表达式进行宏定义。

【例 1-3】无参宏定义示例程序。（ex1_3.cpp）

```
#include <stdio.h>
#define X2 x*x
#define M (y*y+2*y)
void main(){
      int x,y;
      x=3;
      y=5;
      printf("%d\n",X2);
      printf("%d\n",M*2);
}
```

程序运行结果如图 1-3 所示。

图 1-3 例 1-3 运行结果

上例程序中首先进行宏定义，定义了在源代码中用 M 来替代表达式(y*y+2*y)，在 printf("%d\n",M*2)中作了宏调用。在预处理时经宏展开后该语句变为：

```
printf("%d\n",(y*y+2*y)*2);
```

相当于计算：$2(y^2+2y)$。

但要注意的是，在宏定义中表达式(y*y+2*y)两边的括号不能少。否则会发生错误。如当作以下定义后：

```
#define M y*y+2*y
```

在宏展开时将得到下述语句：

```
printf("%d\n",y*y+2*y*2);
```

这相当于：y^2+4y。

显然与原题意要求不符。计算结果当然是错误的。因此在作宏定义时必须十分注意。应保证在宏代换之后不发生错误。

对于宏定义还要说明以下几点：

（1）宏定义是用宏名来表示一个字符串，在宏展开时又以该字符串取代宏名，这只是一种简单的代换，字符串中可以含任何字符，可以是常数，也可以是表达式，预处理程序对它不作任何检查。如有错误，只能在编译已被宏展开后的源程序时发现。

（2）宏定义不是说明或语句，在行末不必加分号，如加上分号则连分号也一起置换。

（3）宏定义必须写在函数之外，其作用域为宏定义命令起到源程序结束。如要终止其作用域可使用#undef 命令。

例如：

```
#define M (y*y+2*y)
main()
{
  …
}
#undef M
f1()
{
  …
}
```

表示 M 只在 main 函数中有效，在 f1 中无效。

（4）宏名在源程序中若用引号括起来，则预处理程序不对其作宏代换。

【例 1-4】无参宏定义的不正确使用示例程序。（ex1_4.cpp）

```
#include <stdio.h>
#define M (y*y+2*y)
void main()
{
    printf("M");
    printf("\n");
}
```

上例中定义宏名 M，但在 printf 语句中 M 被引号括起来，表示把“M”当字符串处理，不作宏代换。因此程序的运行结果为 M。

（5）宏定义允许嵌套，在宏定义的字符串中可以使用已经定义的宏名。在宏展开时由预处理程序层层代换。

例如：

```
#define PI 3.1415926
#define S PI*r*r                // PI 是已定义的宏名
```

对语句：

```
printf("%f",S);
```

在宏代换后变为：

```
printf("%f",3.1415926*y*y);
```

（6）习惯上宏名用大写字母表示，以便于与变量区别。但也允许用小写字母。

（7）可用宏定义表示数据类型，以便书写方便。

例如：

```
#define STU struct stu
```

在程序中可用 STU 作变量说明：

```
STU body[5],*p;
#define INTEGER int
```

在程序中即可用 INTEGER 作整型变量说明：

```
INTEGER a,b;
```

应注意用宏定义表示数据类型和用 typedef 定义数据说明符的区别。

宏定义只是简单的字符串代换，是在预处理时完成的，而 typedef 是在编译时处理的，它不是作简单的代换，而是对类型说明符重新命名。被命名的标识符具有类型定义说明的功能。

请看下面的例子：

```
#define PIN1 int *
typedef (int *) PIN2;
```

从形式上看这两者相似， 但在实际使用中却不相同。下面用 PIN1、PIN2 说明变量时就可以看出它们的区别：

PIN1 a,b;在宏代换后变成:

```
int *a,b;
```

表示 a 是指向整型的指针变量，而 b 是整型变量。

然而：

```
PIN2 a,b;
```

表示 a 和 b 都是指向整型的指针变量。因为 PIN2 是一个类型说明符。由这个例子可见，宏定义虽然也可表示数据类型， 但毕竟是作字符代换。在使用时要分外小心，以避免出错。

（8）对输出格式作宏定义，可以减少书写麻烦。

【例 1-5】对输出格式作宏定义。（ex1_5.cpp）

```
#include <stdio.h>
#define P printf
#define D "%d\n"
#define F "%f\n"
void main()
{
    int a=5, c=8, e=11;
    float b=3.8, d=9.7, f=21.08;
    P(D F,a,b);
    P(D F,c,d);
    P(D F,e,f);
}
```

2. 带参宏定义

C 语言允许宏带有参数。在宏定义中的参数称为形式参数，在宏调用中的参数称为实际参数。对带参数的宏，在调用中，不仅要宏展开，而且要用实参去代换形参。

带参宏定义的一般形式为：

```
#define  宏名(形参表)  字符串
```

在字符串中含有各个形参。

带参宏调用的一般形式为：

```
宏名(实参表);
```

例如：

```
#define M(y)  y*y+2*y          //宏定义
…
k=M(5);                        //宏调用
…
```

在宏调用时，用实参 5 去代替形参 y，经预处理宏展开后的语句为：

```
k=5*5+2*5
```

【例 1-6】带参宏定义示例程序。（ex1_6.cpp）

```
#include <stdio.h>
#define MAX(a,b) (a>b)?a:b
void main()
{
```

```
    int x,y,max;
    printf("请输入两个整数：");
    scanf("%d%d",&x,&y);
    max=MAX(x,y);
    printf("较大数为：%d\n",max);
}
```

上例程序的第一行进行带参宏定义，用宏名 MAX 表示条件表达式(a>b)?a:b，形参 a 和 b 均出现在条件表达式中。程序中 max=MAX(x,y)为宏调用，实参 x 和 y 将代换形参 a 和 b。宏展开后该语句为：

```
max=(x>y)?x:y;
```

用于计算 x、y 中的大数。

对于带参宏定义有以下问题需要说明：

（1）带参宏定义中，宏名和形参表之间不能有空格出现。

例如把

```
#define MAX(a,b)    (a>b)?a:b
```

写为

```
#define MAX    (a,b)    (a>b)?a:b
```

将被认为是无参宏定义，宏名 MAX 代表字符串 (a,b) (a>b)?a:b。宏展开时，宏调用语句

```
max=MAX(x,y);
```

将变为

```
max=(a,b)(a>b)?a:b(x,y);
```

这显然是错误的。

（2）在带参宏定义中，形式参数不分配内存单元，因此不必作类型定义。而宏调用中的实参有具体的值。要用它们去代换形参，因此必须作类型说明。这是与函数中的情况不同的。在函数中，形参和实参是两个不同的量，各有自己的作用域，调用时要把实参值赋予形参，进行“值传递”。而在带参宏中，只是符号代换，不存在值传递的问题。

（3）在宏定义中的形参是标识符，而宏调用中的实参可以是表达式。

【例 1-7】带参宏定义示例程序。（ex1_7.cpp）

```
#include <stdio.h>
#define S(x)    (x)*(x)
void main()
{
    int a,b;
    printf("请输入一个整数：");
    scanf("%d",&a);
    b=S(a+1);
    printf("b=%d\n",b);
}
```

例 1-7 中第一行为宏定义，形参为 x。程序 b=S(a+1)宏调用中实参为 a+1，是一个表达式，在宏展开时，用 a+1 代换 x，再用(x)*(x) 代换 S，得到如下语句：

```
s=(a+1)*(a+1);
```

这与函数的调用是不同的，函数调用时要把实参表达式的值求出来再赋予形参。而宏代换中对实参表达式不作计算直接地照原样代换。

（4）在宏定义中，字符串内的形参通常要用括号括起来以避免出错。在上例中的宏定义中(x)*(x)表达式的 x 都用括号括起来，因此结果是正确的。如果去掉括号，把宏定义改为：

```
#define S(x)    x*x
```

宏代换后将得到以下语句：

```
s=a+1*a+1;
```

这显然与题意相违，因此参数两边的括号是不能少的。

（5）带参的宏和带参函数很相似，但有本质上的不同。

（6）宏定义也可用来定义多个语句，在宏调用时，把这些语句又代换到源程序内。看下面的例子。

【例 1-8】多语句宏定义示例程序。（ex1_8.cpp）

```
#include <stdio.h>
#define SSSV(s1,s2,s3,v)    s1=l*w;s2=l*h;s3=w*h;v=w*l*h;
void main()
{
    int l=3,w=4,h=5,sa,sb,sc,vv;
    SSSV(sa,sb,sc,vv);
    printf("sa=%d\nsb=%d\nsc=%d\nvv=%d\n",sa,sb,sc,vv);
}
```

程序第一行为宏定义，用宏名 SSSV 表示 4 个赋值语句，4 个形参分别为 4 个赋值符左部的变量。在宏调用时，把 4 个语句展开并用实参代替形参。使计算结果送入实参之中。

1.3.2 文件包含

文件包含是 C 预处理程序的另一个重要功能。

文件包含命令行的一般形式为：

```
#include "文件名"
```

在前面已多次用此命令包含过库函数的头文件。例如：

```
#include "stdio.h"
#include "math.h"
```

文件包含命令的功能是把指定的文件插入该命令行位置取代该命令行，从而把指定的文件和当前的源程序文件连成一个源文件。

在程序设计中，文件包含是很有用的。一个大的程序可以分为多个模块，由多个程序员分别编程。有些公用的符号常量或宏定义等可单独组成一个文件，在其他文件的开头用包含命令包含该文件即可使用。这样，可避免在每个文件开头都去书写那些公用量，从而节省时间，并减少出错。

对文件包含命令还要说明以下几点：

（1）包含命令中的文件名可以用双引号括起来，也可以用尖括号括起来。例如以下写法都是允许的：

```
#include "stdio.h"
#include <math.h>
```

但是这两种形式是有区别的：使用尖括号表示在包含文件目录中去查找（包含目录是由用户在设置环境时设置的），而不在源文件目录去查找。

使用双引号则表示首先在当前的源文件目录中查找，若未找到才到包含目录中去查找。用户编程时可根据自己文件所在的目录来选择某一种命令形式。

（2）一个 include 命令只能指定一个被包含文件，若有多个文件要包含，则需用多个 include 命令。

（3）文件包含允许嵌套，即在一个被包含的文件中又可以包含另一个文件。

1.3.3　条件编译

预处理程序提供了条件编译的功能。可以按不同的条件去编译不同的程序部分，因而产生不同的目标代码文件。这对于程序的移植和调试是很有用的。

条件编译有三种形式，下面分别进行介绍。

第一种形式：

```
#ifdef　标识符
   程序段 1
#else
   程序段 2
#endif
```

它的功能是，如果标识符已被 #define 命令定义过则对程序段 1 进行编译；否则对程序段 2 进行编译。如果没有程序段 2（它为空），本格式中的#else 可以没有，即可以写为

```
#ifdef　标识符
   程序段
#endif
```

【例 1-9】条件编译#ifdef 命令的使用示例程序。（ex1_9.cpp）

```
#include <stdio.h>
#define DEBUG                   //无参宏定义
void main()
{
    #ifdef DEBUG                //条件编译
        printf("Debugging...\n");
    #else
        printf("Running...\n");
    #endif
}
```

由于在程序中插入了条件编译预处理命令，因此要根据 DEBUG 是否被定义过来决定编译哪一个 printf 语句。而在程序的第一行已对 DEBUG 作过宏定义，因此应对第一个 printf 语句作编译，跳过第二个 printf 语句，故运行结果是：Debugging...。

第二种形式：

```
#ifndef　标识符
   程序段 1
#else
   程序段 2
#endif
```

与第一种形式的区别是将 ifdef 改为 ifndef。它的功能是，如果标识符未被#define 命令定义过则对程序段 1 进行编译，否则对程序段 2 进行编译。这与第一种形式的功能正相反。

第三种形式：

```
#if　常量表达式
   程序段 1
#else
   程序段 2
#endif
```

它的功能是，如常量表达式的值为真（非 0），则对程序段 1 进行编译，否则对程序段 2 进行编译。因此可以使程序在不同条件下完成不同的功能。

【例 1-10】根据宏定义选择条件编译计算圆面积或矩形面积。（ex1_10.cpp）

```
#include <stdio.h>
#define PI    3.1415
#define R 1
void main()
{
      double r,s;
      printf ("输入一个半径值:    ");
      scanf("%lf",&r);
      #if R
            s=PI*r*r;
            printf("圆面积是: %lf\n",s);
      #else
            s=r*r;
            printf("矩形面积是: %lf\n",s);
      #endif
}
```

程序运行结果如图 1-4 所示。

图 1-4　例 1-10 程序的运行结果

本例中采用了第三种形式的条件编译。在程序第一行宏定义中，定义 R 为 1，因此在条件编译时，常量表达式的值为真，故计算并输出圆面积。

上面介绍的条件编译当然也可以用条件语句来实现。 但是用条件语句将会对整个源程序进行编译，生成的目标代码程序很长，而采用条件编译，则根据条件只编译其中的程序段 1 或程序段 2，生成的目标程序较短。如果条件选择的程序段很长，采用条件编译的方法是十分必要的。

1.4　程序设计基础

1.4.1　算法概念

算法是指解决问题的方法和步骤。编写程序是让计算机解决实际问题，是算法的程序实现。一般编制正确的计算机程序必须具备两个基本条件：一是掌握一门计算机高级语言的规则，二是要掌握解题的方法和步骤。

计算机语言只是一种工具。简单地掌握语言的语法规则是不够的，最重要的是学会针对各种类型的问题拟定出有效的解题方法和步骤的算法。

正确的算法具有以下 5 个特性：

（1）有穷性。一个算法必须总是在执行有穷步之后结束，且每一步都在有穷时间内完成。

（2）确定性。算法中每一条指令必须有确切的含义。不存在二义性，且算法只有一个入口和一个出口。

（3）可行性。一个算法是可行的，即算法描述的操作都是可以通过已经实现的基本运算执行有限次来实现的。

（4）输入。一个算法有零个或多个输入，这些输入取自于某个特定的对象集合。

（5）输出。一个算法有一个或多个输出，这些输出是同输入有着某些特定关系的量。

下列过程就不是一个正确的算法：

第 1 步：令 n 等于 0。

第 2 步：n 加 1。

第 3 步：转向第 2 步。

如果利用计算机执行此过程，从理论上讲，计算机将永远执行下去，即死循环。

而下列过程就是一个正确的算法：

第 1 步：令 n 等于 0。

第 2 步：n 加 1。

第 3 步：如果 n 小于 100，则转向第 2 步；否则停止。

实质上，算法反映的是解决问题的思路。许多问题，只要仔细分析对象数据，就容易找到处理方法。

1.4.2　算法的表示

算法的表示方法有很多，主要有传统流程图、N-S 图、伪代码、自然语言和计算机程序语言等。这里重点介绍传统流程图和 N-S 图。

1．传统流程图

用图形表示算法，直观形象，易于理解。流程图是用一些图框来表示各种操作。美国国家标准化协会 ANSI 规定了一些常用的流程图符号，如图 1-5 所示。

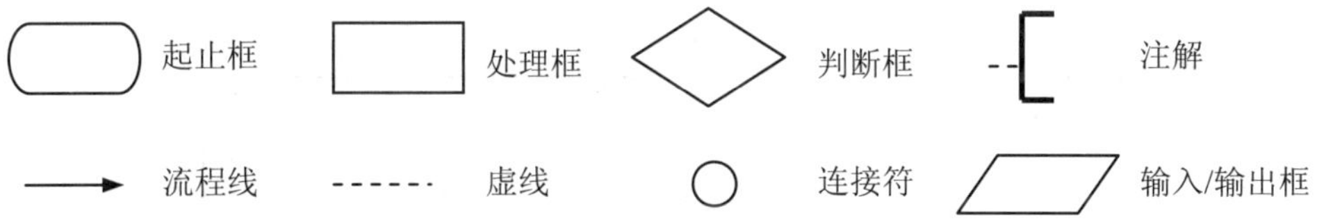

图 1-5　流程图符号

图 1-5 中菱形框的作用是对一个给定的条件进行判断，根据给定的条件是否成立来决定如何执行其后的操作。它有一个入口、两个出口，其流程如图 1-6 所示。

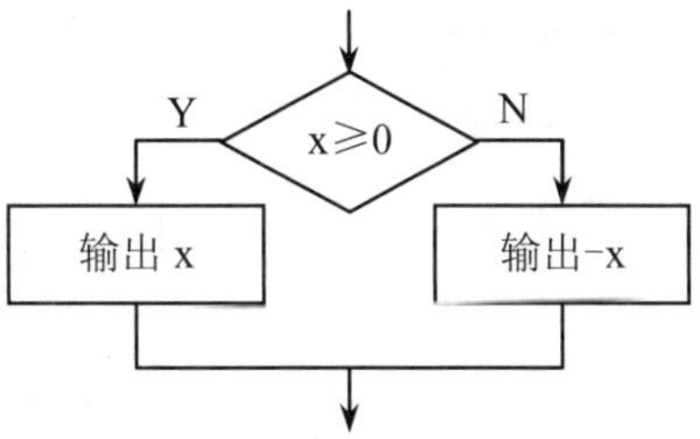

图 1-6　条件判断示意图

菱形框两侧的 Y 和 N 表示“是”（YES）和“否”（NO）。

【例 1-11】画出求 1+2+3+…+100 之和的流程图。流程图如图 1-7 所示。

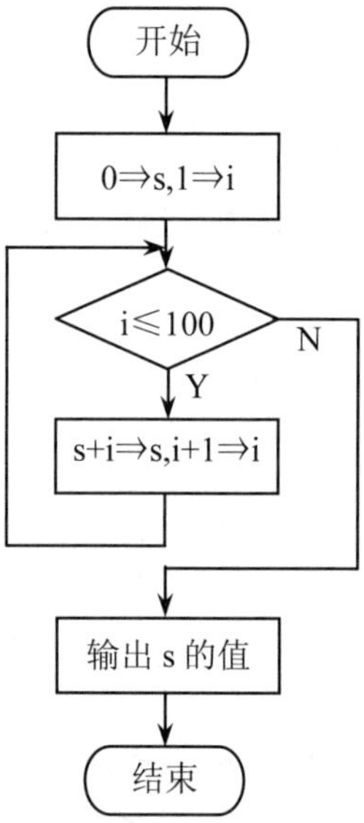

图 1-7 例 1-11 的流程图

2. N-S 图

1973 年美国学者提出了一种新的流程图形式，即 N-S 图。在这种流程图里，完全去掉了带箭头的流程线。全部算法写在一个矩形框内，在框内还可以包含其他从属于它的方框，即由一些基本的框组成一个大框。这种流程图适于结构化程序设计算法的描述。

N-S 图有以下流程图符号：

（1）顺序结构。用图 1-8 形式表示。A 和 B 两个框表示了顺序结构。

（2）选择结构。用图 1-9 形式表示。当 P 条件成立时执行 A 操作，当 P 条件不成立时执行 B 操作。

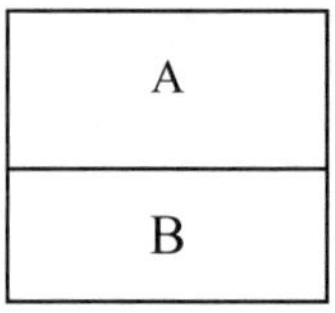

图 1-8 顺序结构

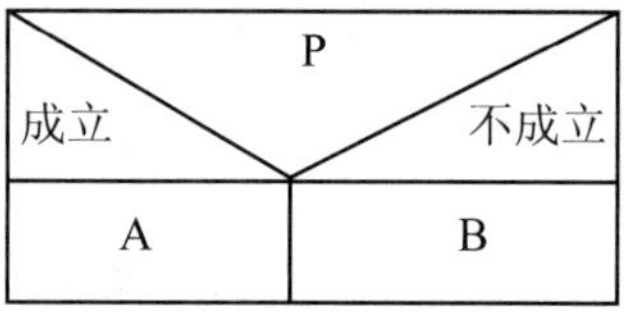

图 1-9 选择结构

（3）循环结构。循环结构分为当型循环和直到型循环，当型循环如图 1-10 所示，当条件 P 成立时反复执行 A 操作，当条件 P 不成立时结束循环；直到型循环结构如图 1-11 所示，反复执行 A 操作，直到条件 P 成立。实际上也是当 P 不成立时退出循环，只是 A 至少执行一次。

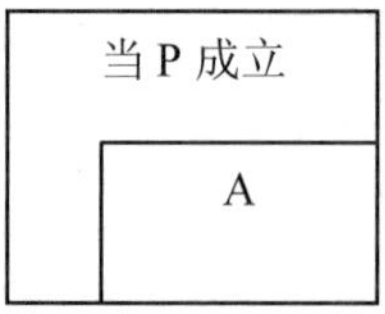

图 1-10 当型循环

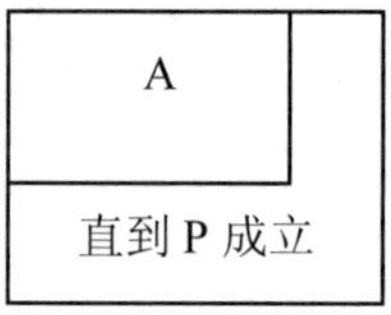

图 1-11 直到型循环

例 1-11 的 N-S 图如图 1-12 所示。

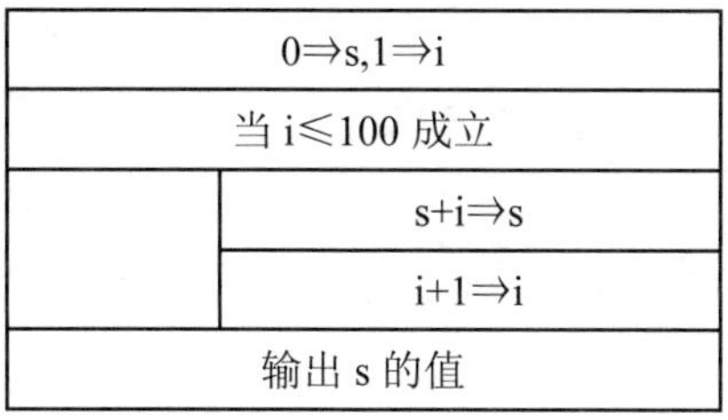

图 1-12　N-S 图

3. 文字描述法

用自然语言描述法，用自然语言表示的算法通俗易懂，但易引起“歧义性”。除了很简单的问题，一般不用自然语言表示算法。

例如：有 50 个学生，要求将他们之中成绩在 80 分以上者打印出来。用 g 代表学生成绩，g_i 代表第 i 个学生成绩，算法可表示如下：

S1：1←i

S2：如果 g_i >=80，则打印 g_i，否则不打印

S3：i←i+1

S4: 如果 i<=50，返回 S2，继续执行；　否则，算法结束。

用计算机语言表示算法必须严格遵循所用语言的语法规则。

4. 伪代码表示法

伪代码使用介于自然语言和计算机语言之间的文字和符号来描述算法。它的控制结构往往类似于 Pascal、Borland C++、Visual C++等程序语言，但其中可使用任何表达能力强的方法使算法表达更加清晰和简洁，而不至于陷入具体的程序语言的某些细节。

1.4.3　程序的三种基本结构

从程序流程的角度来看，程序可以分为三种基本结构， 即顺序结构、选择结构、循环结构。这三种基本结构可以组成各种复杂程序。C 语言提供了多种语句来实现这些程序结构。

1. 顺序结构

顺序结构是最简单的基本结构，要求顺序地执行且必须执行由先后顺序排列的每一个最基本的处理单位。

顺序结构的示意图如图 1-13 所示，表示先执行“语句 1”，然后再顺序执行“语句 2”。

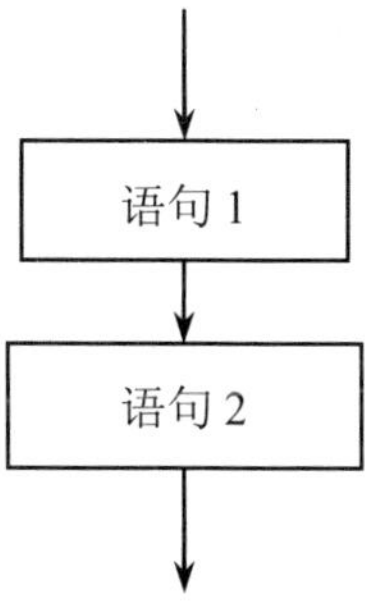

图 1-13　顺序结构

2. 选择结构

选择结构又称作分支结构。在选择结构中，要根据逻辑条件的成立与否，分别选择执行

不同的语句。

选择结构的示意图如图 1-14 所示，表示当逻辑条件成立时，执行语句 A，否则执行语句 B。

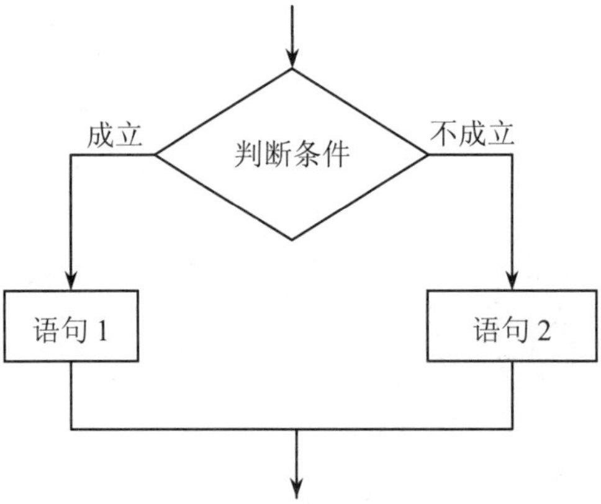

图 1-14　选择结构

3．循环结构

循环结构的执行方式是根据某项条件重复地执行一些语句若干次直到某条件成立或不成立为止。循环结构分为以下两种形式：

（1）当型循环。在如图 1-15（a）所示的当型循环结构中，当逻辑条件成立时，就反复执行循环体，直到逻辑条件不成立时结束。

（2）直到型循环。在如图 1-15（b）所示的直到型循环结构中，反复执行循环体，直到逻辑条件不成立时结束。

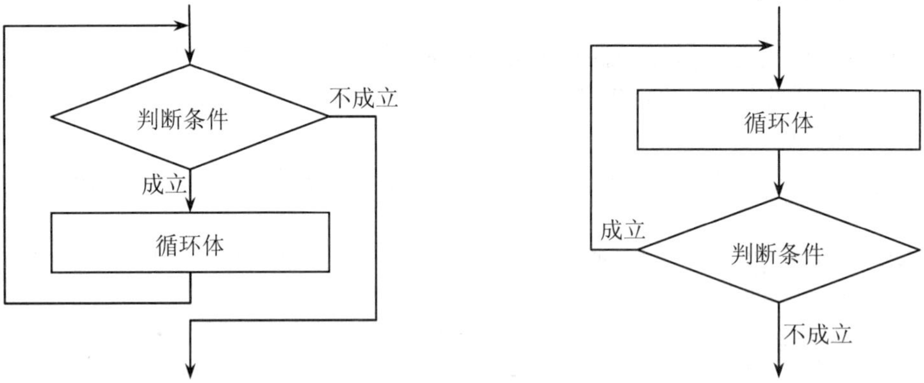

（a）当型循环结构　　（b）直到型循环结构

图 1-15　循环结构

三种基本结构的共同特点：

- 只有一个入口；
- 只有一个出口；
- 结构内的每一部分都有机会被执行到；
- 结构内不存在“死循环”。

1.4.4　程序的书写风格和书写格式

从书写清晰，便于阅读、理解、维护的角度出发，在书写程序时应遵循以下规则：

（1）一个说明或一个语句占一行。

（2）用{} 括起来的部分，通常表示了程序的某一层次结构。{}一般与该结构语句的第一个字母对齐，并单独占一行。

（3）低一层次的语句或说明可比高一层次的语句或说明缩进若干格后书写。以便看起来更加清晰，增加程序的可读性。

在编程时应力求遵循这些规则，以养成良好的编程风格。

程序的结构仅由三种基本结构组合、嵌套而成，且满足：

（1）每个程序模块只有一个入口和一个出口；

（2）没有死语句（永远执行不到的语句）；

（3）没有死循环（永远执行不完的无终止的循环）；

（4）程序的书写必须按一定的规范和格式进行，不能随心所欲地拼凑。

1.5　Visual C++ 6.0 编程环境

在写好一个 C 程序后，要经过以下步骤才能在计算机上运行，如图 1-16 所示。

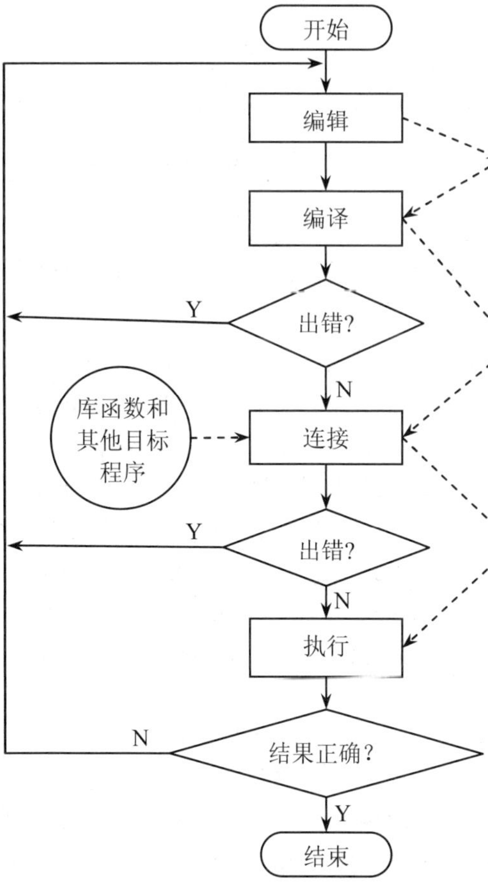

图 1-16　C 程序开发步骤

（1）编辑：选择适当的编辑程序（如 Visual C++ 6.0），将 C 语言源程序通过键盘输入到计算机中，并以文件的形式存入到磁盘中（.cpp）。

（2）编译：将源程序翻译成二进制形式的目标程序（.obj）。

（3）连接：编译后生成的目标文件与系统的函数库和其他目标程序，经过连接后生成最终的可执行程序（.exe）。

Visual C++ 6.0 是美国微软公司开发的 C++集成开发环境，它集源程序的编写、编译、连接、调试、运行，以及应用程序的文件管理于一体，是当前 PC 上最流行的 C 程序开发环境。Visual C++ 6.0 也可以编写控制台程序，系统中也包含 C 语言的编译器，可以用来编译 C 程序，不过要求源程序文件的扩展名必须是.cpp。

1. Visual C++ 6.0 界面

Visual C++ 6.0 集成开发环境被划分成 4 个主要区域：菜单栏和工具栏、项目工作区、代码编辑窗格和输出窗格，如图 1-17 所示。

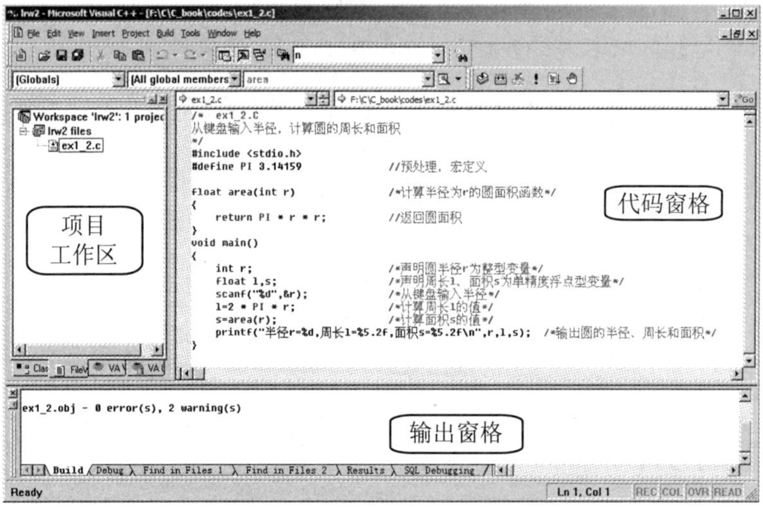

图 1-17 Visual C++集成开发环境

（1）菜单栏。Visual C++菜单栏包含了开发环境中几乎所有的命令，它为用户提供了代码操作，程序的编译、调试，窗口操作等一系列的功能。与一般 Windows 应用程序一样有 File、Edit、View、Insert、Project、Build、Tools、Window、Help 等菜单。

（2）工具栏。通过工具栏，可以迅速地使用常用的菜单命令。最常用的工具栏是标准工具栏，当鼠标指向这些工具时，通常有提示工具含义的信息，因此也比较容易掌握。若要显示或隐藏某个工具栏，则在任一工具栏的快捷菜单中选择相应的命令即可。

（3）项目工作区。项目是开发一个程序时需要的所有文件的集合，而工作区是进行项目组织的工作空间。利用项目工作区可以观察和存取项目的各个组成部分。在 Visual C++中，一个工作区可以包含多个项目。

项目工作区有 Class View 和 File View 选项卡，Class View 显示当前项目的类，全局的变量和函数也在这里显示。File View 显示当前项目的源文件、头文件、资源文件等。

在 Visual C++中，项目中所有的源文件都是采用文件夹的方式进行管理的，它将项目名作为文件夹，在此文件夹下包含源程序代码文件（.cpp、.h）、项目文件（.dsp）以及项目工作区文件（.dsw）等。若要打开一个项目，只需打开对应的项目工作区文件即可。

（4）代码窗格。一般位于开发环境中的右边，各种程序代码的源文件、资源文件、文档文件等都可以通过该窗格显示。

（5）输出窗格。输出窗格有多个选项卡，最常用的是“编译”。在编译、连接时，这里会显示有关的信息，供调试程序用。

（6）状态栏。状态栏一般位于开发环境的最底部，它用来显示当前操作状态、注释、文本光标所在的行和列号等信息。

2. C 程序的开发过程

在 Visual C++中，一个简单 C 程序的编写、运行过程是：创建一个空工程→创建一个 C 源文件，输入源程序→进行编译、连接、运行。

操作步骤如下：

1）创建空工程

（1）选择 File→New 命令。

（2）选择 Projects 选项卡，选择 Win32 Console Application（32 位控制台应用程序），输入工程名 p1_2，确保单选按钮 Create new workspace 被选定，输入工程位置 F:\C\C_BOOK\p1_2，注意 F:\C\C_BOOK 文件夹需要事先建好，如图 1-18 所示。

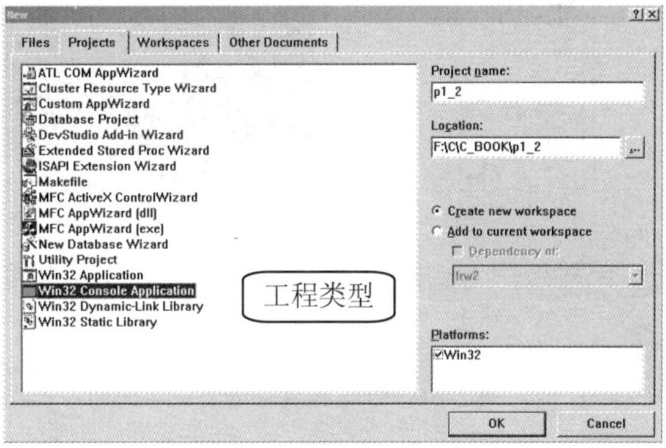

图 1-18　New 对话框

（3）在随后弹出的向导对话框中，选择 An empty project，并单击 Finish 按钮，显示新建工程的有关信息。

（4）单击 OK 按钮，创建空工程的工作结束。

此时为工程 p1_2 创建了 F:\C\C_BOOK\p1_2 文件夹，并在其中生成了文件 p1_2.dsp、p1_2.dsw 和文件夹 Debug，如图 1-19 所示。Debug 文件夹用于存放编译、连接过程中产生的文件。

图 1-19　生成文件夹和文件

2）创建 C 源文件

（1）选择 File→New 命令。

（2）选定 Files 选项卡，选定 C++ Source File，并输入源程序文件名 ex1_2.c，如图 1-20 所示。

（3）输入、编辑源程序。

在这个阶段中，F:\C\C_BOOK\p1_2 文件夹中创建了 ex1_2.cpp。

（4）编译、连接和运行。

选择 Build→Execute p1_2.exe 命令进行编译、连接和运行，会在输出窗格中显示有关信息，如图 1-21 所示。若程序有错，则继续编辑。

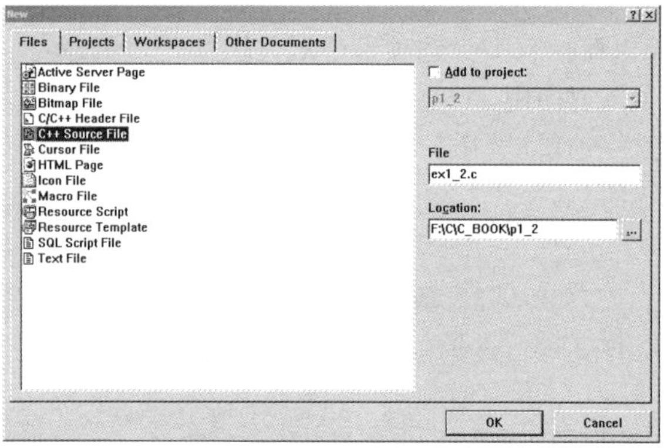

图 1-20 新建 C++ Source File

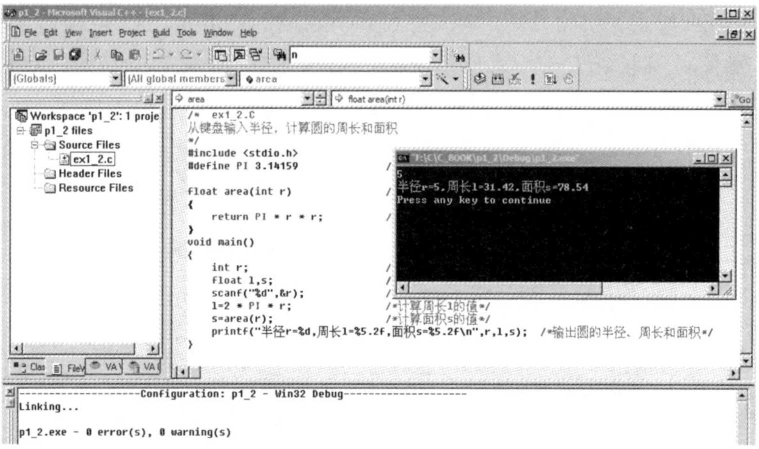

图 1-21 编译和运行的界面

编译、连接和运行可以分别执行。

（1）编译（Ctrl+F7）。选择 Build→Compile ex1_2.cpp 命令，编译结果显示在输出窗格中，如果没有错误，则生成 ex1_2.obj。

（2）连接（F7）。选择 Build→Build p1_2.exe 命令，连接信息显示在输出窗格中，如果没有错误，则生成 p1_2.exe。

（3）运行（Ctrl+F5）。选择 Build→Execute p1_2.exe 命令。

e1_1 工程的文件夹如图 1-22 所示。

在 F:\C\C_book\p1_2\Debug 中生成了 p1_2.obj、p1_2.exe 等文件，如图 1-23 所示。p1_2.obj 是编译后产生的目标代码文件，p1_2.exe 是最终生成的可执行文件。

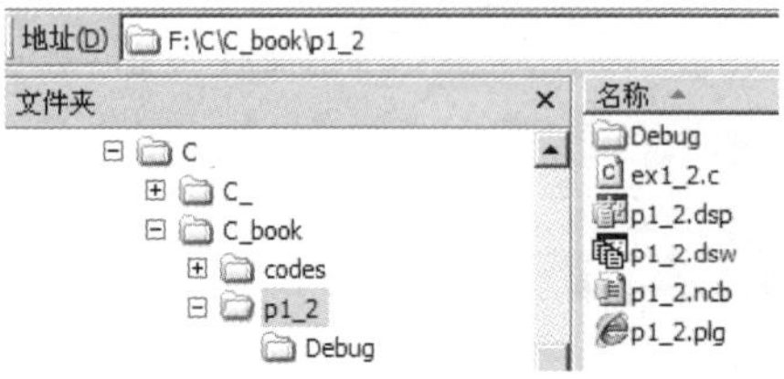

图 1-22 e1_1 工程的文件夹

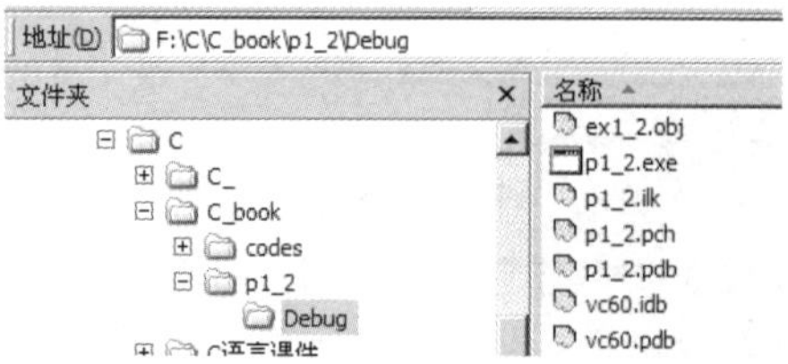

图 1-23 p1_2 工程调试后的 Debug 文件夹

至此，一个简单 C 程序的编写、调试过程结束。

在此例中，ex1_2.cpp 文件是最重要的一个文件，源程序保存在这个文件中，其他文件一般都是系统自动生成的。但是，在 Visual C++中，仅有.cpp 文件是不能直接编译、连接的，需要首先用“构建”命令让系统自动创建一个工程并将 ex1_2.cpp 文件加入到该工程中，然后才能执行各种操作。因此，程序员可以只复制.cpp 文件，若要复制整个工程的文件夹，推荐通过执行 Build（组建）菜单中的 Clear（清除）命令以删除 Debug 文件夹中在编译过程中生成的中间文件及二进制文件，因为它们占据相当大的存储空间。

1.6　本章小结

C 语言自 1972 年投入使用以来，是当今使用最为广泛的程序设计语言之一。C 语言具有简洁、灵活，运算符和数据类型丰富等特点；一个正确的 C 语言程序由一个主函数和若干个子函数组成，从主函数开始运行，最后在主函数中结束。

（1）预处理功能是 C 语言特有的功能，它是在对源程序正式编译前由预处理程序完成的。程序员在程序中用预处理命令来调用这些功能。

（2）宏定义是用一个标识符来表示一个字符串，这个字符串可以是常量、变量或表达式。在宏调用中将用该字符串代换宏名。

（3）宏定义可以带有参数，宏调用时是以实参代换形参。而不是“值传送”。

（4）为了避免宏代换时发生错误，宏定义中的字符串应加括号，字符串中出现的形式参数两边也应加括号。

（5）文件包含是预处理的一个重要功能，它可用来把多个源文件连接成一个源文件进行编译，结果将生成一个目标文件。

（6）条件编译允许只编译源程序中满足条件的程序段，使生成的目标程序较短，从而减少了内存的开销并提高了程序的效率。

（7）使用预处理功能便于程序的修改、阅读、移植和调试，也便于实现模块化程序设计。

算法是指解决问题的方法和步骤，是程序设计的精华和核心，一个算法具有有穷性、确定性、输入/输出和可行性等特征；算法描述工具很多，主要有传统流程图、N-S 图、伪代码和计算机程序语言等。

本章还介绍了 C 语言的编程环境 Visual C++ 6.0，作为 C 语言的学习，最好熟练使用这个环境。

习题一

一、选择题

1．C 语言程序是由（　　）组成。

A．子程序　　B．函数　　C．主程序和子程序　　D．过程

2．使用sqrt(x)计算x的平方根时，应该包含的头文件是（　　）。

A．stdio.h　　B．math.h　　C．string.h　　D．不用包含头文件

3．C 语言中编译预处理命令在程序中都是以（　　）开头的。

A．*　　B．#　　C.：　　D．/

4．以下叙述中，不是C语言的特点的是（　　）。

A．简洁，使用方便、灵活，易于学习和使用

B．C 语言是面向对象的程序设计语言

C．C 语言允许直接对位、字节和地址进行操作

D．C 语言数据类型丰富、生成的目标代码质量高

5．在一个C语言程序中，主函数的个数为（　　）。

A．1 个　　B．任意个　　C．2 个　　D．10 个

6．以下有关宏的描述不正确的是（　　）。

A．宏定义不做语法检查　　B．双引号中出现的宏名不进行替换

C．宏名无类型　　D．宏名必须用大写字母表示

7．以下说法正确的是（　　）。

A．宏定义是C语句，要在行末加分号　　B．可以使用#undef 提前结束宏名的使用

C．在进行宏定义时，宏定义不能嵌套　　D．双引号中出现的宏名也要进行替换

8．以下叙述中不正确的是（　　）。

A．预处理命令行都必须以#号开始，结尾不加分号

B．在程序中凡是以#号开始的语句行都是预处理命令行

C．C 程序在执行过程中对预处理命令进行处理

D．预处理命令可以放在程序中的任何位置

9．以下叙述错误的是（　　）。

A．C 语言编写的函数源程序，其文件名后缀可以是.C

B．C 语言编写的函数都可以作为一个独立的源程序文件

C．C 语言编写的每个函数都可以进行独立的编译并执行

D．一个C语言程序只能有一个主函数

10．算法的有穷性是指（　　）。

A．算法程序的运行时间是有限的

B．算法程序所处理的数据量是有限的

C．算法程序的长度是有限的

D．算法只能被有限的用户使用

二、填空题

1．一个 C 程序是从__________函数开始执行的。

2．一个 C 源程序中的基本单位是__________。

3．结构化程序设计中的三种基本结构是__________、__________、__________。

4．正确的算法具有__________、__________、__________、__________和__________特性。

5．表示算法的常见方法有__________、__________。

6．C 语言源程序经过__________和__________生成最终的可执行程序。

7．根据关键字的作用，可分为__________、__________、__________和__________4 类。

三、程序改错

1．找出程序中的两处错误并改正。

```
#include <stdio.h>
#define ADD(a,b) a+b;
```

```
void main()
{
      int x=1 ,y=2,t;
      t=ADD(x+y);
      printf("%d\n",t);
}
```

2．找出程序中的两处错误并改正。

```
#include <stdio.h>
void mian()
{
      int a=10 ,b=2,t;
      t=a*b
      printf("%d\n",t);
}
```

四、程序填空题

用宏定义方法求圆的面积，请填充程序。

```
#include <stdio.h>
#define PI 3.14159
#define 【1】
void main()
{
      double r=1 ;                    //给定圆半径
      printf("%lf\n",【2】);          //计算并输出圆的面积
}
```

五、编程题

1．编写 C 程序，输出以下信息：

```
******************************
This is my first c program.
******************************
```

2．编写一个程序，从键盘输入三个整数 a、b、c，计算表达式 a+b*c 的值，并输出计算结果。

第 2 章　简单的 C 语言编程

本章学习目标

- 掌握合法标识符的应用
- 掌握常量和变量的概念，并会在程序中正确使用各种类型的变量。掌握 C 语言中的各种数据类型，如整型、实型、字符型和字符串，掌握表达式和语句的应用
- 理解位运算
- 掌握使用 scanf 函数和 printf 函数输入/输出各种类型数据
- 理解字符数据的输入、输出。

2.1　标识符

2.1.1　字符集

字符是组成语言的最基本的元素。C 语言字符集由字母、数字、空格、标点和特殊字符组成。在字符常量、字符串常量和注释中还可以使用汉字或其他可表示的图形符号。

（1）字母：小写字母 a～z，大写字母 A～Z，共 52 个。

（2）数字：0～9 共 10 个。

（3）下划线：_。

（4）标点符号和运算符：

,	逗号	(	左圆括号	>	右尖括号	%	百分号
.	圆点	)	右圆括号	!	感叹号	&	and（与）
;	分号	[	左方括号	|	竖号	^	xor（异或）
:	冒号	]	右方括号	/	斜杠	*	乘号
?	问号	{	左花括号	\	反斜杠	-	减号
'	单引号	}	右花括号	~	波折号	=	等于号
"	双引号	<	左尖括号	#	井号	+	加号

（5）空白符：空格符、制表符、换行符等统称为空白符。空白符只在字符常量和字符串常量中起作用。在其他地方出现时，只起间隔作用，编译程序对它们忽略不计。因此在程序中使用空白符与否，对程序的编译不发生影响，但在程序中适当的地方使用空白符将增加程序的清晰性和可读性。

（6）特殊符号：不在字符集中的符号如汉字或其他可表示的图形符号，可出现在注释中、输出字符串中。

2.1.2　标识符概述

在程序中使用的变量名、函数名、数组名、指针名、标号等统称为标识符。除库函数的

函数名由系统定义外，其余都由用户自定义。C 规定，标识符只能是字母（A～Z，a～z）、数字（0～9）、下划线（_）组成的字符串，并且其第一个字符必须是字母或下划线。

以下标识符是合法的：

a，x，_3x，BOOK1，sum5，stu_1

以下标识符是非法的：

5x　　以数字开头

s*T　　出现非法字符*

-3x　　以减号开头

boy@1　出现非法字符@

在使用标识符时还必须注意以下几点：

（1）标准 C 不限制标识符的长度，但它受 C 语言编译系统限制，同时也受到具体机器的限制。一般情况下标识符前 8 位有效，当两个标识符前 8 位相同时，则被认为是同一个标识符。

（2）在标识符中，区分大小写。例如 BOOK 和 book 是两个不同的标识符。

2.1.3　标识符分类

1. 关键字

关键字是预先定义的、具有特殊意义的一类标识符。用户不能定义与关键字同名的标识符，也不能把关键字用作一般标识符。

所有的关键字都有固定的意义，不能用作其他。

所有的关键字都必须小写，如 else 与 ELSE 代表不同的含义：else 是关键字，ELSE 用户定义的标识符。

（1）描述存储类型的有：auto，extern，static，register。

（2）描述数据类型的有：char，int，short，long，signed，unsigned，float，double，void，struct，union，enum。

（3）描述语句的有：if，else，switch，case，default，break，for，do，while，continue，return，goto。

（4）描述访问方式的有；const（常量修饰符），volatile（易变量修饰符）。

（5）描述编译状态的有：sizeof。

（6）描述数据类型定义的有：typedef。

2. 预定义标识符

预定义标识符包括 C 语言提供的库函数名（如 printf、scanf、sin 等）和预编译处理命令（如 include、define 等）。这类标识符可以另做他用，但将失去原意，所以一般不另做他用。

3. 用户标识符

用户标识符是指由用户根据需要定义的标识符。一般用来给变量、函数、数组或文件等命名。

用户标识符的定义除了要遵循标识符的规则外，还应做到“见名知意”，以便于阅读理解和检查。用户标识符与 C 语言的关键字重名时，系统将报错；若与预定义标识符如系统标准库函数重名时，系统不报错，预定义标识符将失去原来的含义，代之以用户新定义的含义，可能会引起运行错误。

2.2 C语言的数据类型

一个程序应包括以下两方面内容：

（1）对数据的描述。在程序中要指定数据的类型和数据的组织形式，即数据结构（data structure）。数组就是一种数据结构。

（2）对操作的描述。即操作步骤，也就是算法（algorithm）。

数据是操作的对象，操作的目的是对数据进行加工处理，以得到期望的结果。程序中的操作语句，实际上就是算法的实现。算法处理的对象是数据，而数据是以某种特定的形式存在的（如整数、实数、字符等形式）。不同的数据之间往往还存在某些联系（如由若干个整数组成一个整数数组）。C 语言的数据结构是以数据类型形式出现的。

2.2.1 数据类型的概念与分类

所谓数据类型是按各种数据的性质，表示形式，占据存储空间的多少，构造特点来划分的。在 C 语言中，数据类型可分为基本数据类型、构造数据类型、指针类型、空类型四大类，如图 2-1 所示。

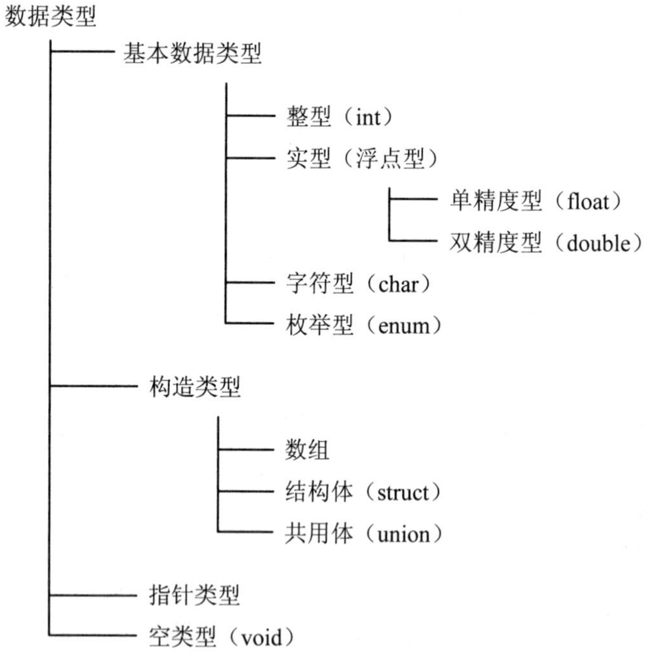

图 2-1 C 语言数据类型

（1）基本数据类型：基本数据类型最主要的特点是，其值不可以再分解为其他类型。也就是说，基本数据类型是自我说明的。

（2）构造数据类型：构造数据类型是根据已定义的一个或多个数据类型用构造的方法来定义的。也就是说，一个构造类型的值可以分解成若干个“成员”或“元素”。每个“成员”都是一个基本数据类型或又是一个构造类型。

（3）指针类型：指针是一种特殊的，同时又是具有重要作用的数据类型。其值用来表示某个变量在内存储器中的地址。虽然指针变量的取值类似于整型量，但这是两个类型完全不同的量，因此不能混为一谈。

（4）空类型：调用后不需要向调用者返回函数值的函数，可以定义为“空类型”。其类型说明符为 void。

2.2.2　数据类型的作用

程序设计中，“类型”是对数据的抽象。类型相同的数据有相同的表达形式、存储格式，以及相关操作。数据类型就是对数据的分类。不同类型的数据的存储长度和格式不同，当定义一个变量时，计算机根据变量的类型分配存储空间，且以该类型解释存放的数据。

数据类型是编程语言中为了对数据进行描述的定义，因为对于机器不能识别数据，不同数据间的相互运算，在机器内部的执行方式是不一样的，这就要用户先定义数据的特性再进行其他操作，这里的特性也就是数据类型。

2.2.3　整型数据

1. 整型常量的表示方法

整型常量就是整常数。在 C 语言中，使用的整常数有八进制、十六进制和十进制三种。

（1）十进制整常数：十进制整常数没有前缀，其数码为 0～9。

以下各数是合法的十进制整常数：

237、-568、65535、1627；

以下各数不是合法的十进制整常数：

023（不能有前导 0）、23D（含有非十进制数码）。

在程序中是根据前缀来区分各种进制数的。因此在书写常数时不要把前缀弄错而造成结果不正确。

（2）八进制整常数：八进制整常数必须以 0 开头，即以 0 作为八进制数的前缀。数码取值为 0～7。

以下各数是合法的八进制数：

　　015（十进制为 13）、0101（十进制为 65）、0177777（十进制为 65535）；

以下各数不是合法的八进制数：

　　256（无前缀 0）、03A2（包含了非八进制数码）、-0127（出现了负号）。

（3）十六进制整常数：十六进制整常数的前缀为 0X 或 0x。其数码取值为 0～9、A～F 或 a～f。

以下各数是合法的十六进制整常数：

　　0X2A（十进制为 42）、0XA0（十进制为 160）、0XFFFF（十进制为 65535）；

以下各数不是合法的十六进制整常数：

　　5A（无前缀 0X）、0X3H（含有非十六进制数码）。

（4）整型常数的后缀：长整型数是用后缀 L 或 l 来表示的。例如：

十进制长整常数：

　　158L（十进制为 158）、358000L（十进制为 358000）；

八进制长整常数：

　　012L（十进制为 10）、077L（十进制为 63）、0200000L（十进制为 65536）；

十六进制长整常数：

0X15L（十进制为 21）、0XA5L（十进制为 165）、0X10000L（十进制为 65536）。

无符号数也可用后缀表示，整型常数的无符号数的后缀为 U 或 u。

例如：

358u、0x38Au、235Lu 均为无符号数。

前缀和后缀可同时使用以表示各种类型的数。如 0XA5Lu 表示十六进制无符号长整数 A5，其十进制为 165。

2. 整型变量

（1）整型数据在内存中的存放形式。

整数类型是以二进制数据形式存储的。如果定义了一个短整型变量 i：

```
short i; i=10;
```

则 i 在内存中的二进制表示如下：

0	0	0	0	0	0	0	0	0	0	0	0	1	0	1	0

C 语言中的数值在计算机中是以补码形式表示的：

- 正数的补码和原码相同；
- 负数的补码：将该数的绝对值的二进制形式按位取反后再加 1。

例如：计算-10 的补码。

10 的原码：

0	0	0	0	0	0	0	0	0	0	0	0	1	0	1	0

取反：

1	1	1	1	1	1	1	1	1	1	1	1	0	1	0	1

再加 1，得-10 的补码：

1	1	1	1	1	1	1	1	1	1	1	1	0	1	1	0

由此可知，左面的第一位是表示符号的。

（2）整型变量的分类。

- 基本型：类型说明符为 int，在内存中占 4 个字节。
- 短整型：类型说明符为 short int 或 short，在内存中占 2 个字节。
- 长整型：类型说明符为 long int 或 long，在内存中占 4 个字节。
- 无符号型：类型说明符为 unsigned。

无符号型又可与上述三种类型匹配而构成：

- 无符号基本型：类型说明符为 unsigned int 或 unsigned。
- 无符号短整型：类型说明符为 unsigned short。
- 无符号长整型：类型说明符为 unsigned long。

各种无符号类型量所占的内存空间字节数与相应的有符号类型量相同。但由于省去了符号位，故不能表示负数。

有符号短整型变量：最大表示 32767，如下所示。

0	1	1	1	1	1	1	1	1	1	1	1	1	1	1	1

无符号短整型变量：最大表示 65535，如下所示。

1	1	1	1	1	1	1	1	1	1	1	1	1	1	1	1

表 2-1 列出了 Visual C++ 6.0 中各类整型量所分配的内存字节数及数的表示范围。

表 2-1　VC 中各类整型量所占内存字节数及数的表示范围

类型说明符	字节数	数的范围	
int	4	−2147483648～2147483647	-2^{31}～（$2^{31}-1$）
unsigned int	4	0～4294967295	0～（$2^{32}-1$）
short int	2	−32768～32767	-2^{15}～（$2^{15}-1$）
unsigned short int	2	0～65535	0～（$2^{16}-1$）
long int	4	−2147483648～2147483647	-2^{31}～（$2^{31}-1$）
unsigned long	4	0～4294967295	0～（$2^{32}-1$）

（3）整型变量的定义。

变量定义的一般形式为：

```
类型说明符　变量名标识符,变量名标识符,...;
```

例如：

```
int a,b,c;              //a、b、c 为整型变量
long x,y;               //x、y 为长整型变量
unsigned p,q;           //p、q 为无符号整型变量
```

在书写变量定义时，应注意以下几点：

- 允许在一个类型说明符后，定义多个相同类型的变量。各变量名之间用逗号间隔。类型说明符与变量名之间至少用一个空格间隔。
- 最后一个变量名之后必须以“;”号结尾。
- 变量定义必须放在变量使用之前。一般放在函数体的开头部分。

【例 2-1】整型变量的定义与使用。（ex2_1.cpp）

```
#include <stdio.h>
void main()
{
    int a,b,c,d;                //整型变量的定义
    unsigned u;
    a=12;b=-24;u=10;            //变量的使用
    c=a+u;d=b+u;
    printf("a+u=%d,b+u=%d\n",c,d);
}
```

（4）整型数据的溢出。

【例 2-2】整型数据的溢出。（ex2_2.cpp）

```
#include <stdio.h>
void main()
{
    short a,b;
    a=32767;
    b=a+1;
    printf("%d,%d\n",a,b);
}
```

程序运行后 a 的值为 32767，内存中的表示如下：

0	1	1	1	1	1	1	1	1	1	1	1	1	1	1	1

b 的值则为-32768，内存中的表示如下：

1	0	0	0	0	0	0	0	0	0	0	0	0	0	0	0

由于短整型变量所能表示的数的范围是-32768～32767，无法表示大于 32767 的数，此例中得到-32768 的错误结果，这种情况叫溢出，但程序在运行过程中不会给出出错信息。需要编程者选择恰当的数据类型来保证结果正确。

2.2.4 实型数据

1. 实型常量的表示方法

实型也称为浮点型。实型常量也称为实数或者浮点数。在 C 语言中，实数只采用十进制表示。它有两种形式：十进制小数形式和指数形式。

（1）十进制数形式：由数码 0～9 和小数点组成。

例如：

0.0、25.0、5.789、0.13、5.0、300.、-267.8230、.35、43.

等均为合法的实数。注意，必须有小数点。

（2）指数形式：由十进制数加阶码标志 e 或 E 以及阶码（只能为整数，可以带符号）组成。

其一般形式为：

a E n（a 为十进制数，n 为十进制整数）

其值为 $a*10^n$。

如：

2.1E5（等于 $2.1*10^5$）

3.7E-2（等于 $3.7*10^{-2}$）

0.5E7（等于 $0.5*10^7$）

-2.8E-2（等于 $-2.8*10^{-2}$）

以下不是合法的实数：

345（无小数点）

E7（阶码标志 E 之前无数字）

-5（无阶码标志）

53.-E3（负号位置不对）

2.7E（无阶码）

默认状态下，实型常量被识别为双精度类型（double）浮点数，可以使用后缀为 f 或 F 表示单精度类型（float）浮点数，后缀为 l 或 L 表示双精度类型（double）浮点数。比如 34.12 是 double 类型，34.12f 是 float 类型。

2. 实型变量

实型数据一般占 4 个字节（32 位）的内存空间，按指数形式存储，分为小数部分（尾数）和指数部分（阶码）。实数 3.14159 在内存中的存放形式如图 2-2 所示。

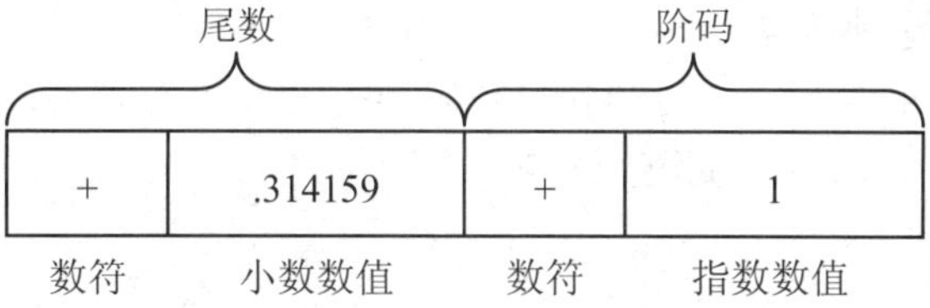

图 2-2　实型数据在内存中的存放形式

小数部分占的位（bit）数愈多，数的有效数字愈多，精度愈高；指数部分占的位数愈多，则能表示的数值范围愈大。

3．实型变量的分类

实型变量分为单精度（float 型）、双精度（double 型）两种类型。

在 VC 中单精度型占 4 个字节（32 位）的内存空间，其数值范围为 3.4E−38～3.4E+38，只能提供 7 位有效数字。双精度型占 8 个字节（64 位）的内存空间，其数值范围为 1.7E−308～1.7E+308，可提供 16 位有效数字。实型变量取值范围如表 2-2 所示。

表 2-2　实型变量的分类及取值范围

类型说明符	字节数	有效数字(位)	数的范围
float	4	6～7	3.4×10^{-38}～3.4×10^{38}
double	8	15～16	1.7×10^{-308}～1.7×10^{308}

实型变量定义的格式和书写规则与整型相同。

例如：

```
float x,y;          //x、y 为单精度实型量
double a,b,c;       //a、b、c 为双精度实型量
```

4．实型数据的舍入误差

由于计算机存储空间的限制，实型变量由有限的存储单元组成的，因此能提供的有效数字总是有限的。如果实型变量有效位数越多，与实际值就越接近，精确度越高。

【例 2-3】实型数据的舍入误差。（ex2_3.cpp）

```
#include <stdio.h>
void main()
{
    float a,b;
    a=123456.789e5;
    b=a+20;
    printf("a=%f\n",a);
    printf("a+20=%f\n",b);
    printf("1000.0/3=%.18lf\n",1000.0f/3);
}
```

程序运行结果如下所示：

```
a=12345678848.000000
a+20=12345678848.000000
1000.0/3=333.333343505859370000
```

从运行结果可以看出，a 和 a+20 的结果都是 12345678848.000000，产生误差的原因是 float 类型只能保证 7 位有效数字，给 a 赋值时使得 7 位以后是无效数字，把 20 加到无效数字上是无意义的。这种现象发生的情况是，将一个很大的数和一个很小的数进行加减运算，使得“较

小”的数丢失，应避免这种运算。

1000.0f/3 运算的结果 333.33334350585937000 是单精度浮点型，有效位数只有 7 位。而整数已占 3 位，故小数 4 位后均为无效数字。

2.2.5 字符型数据

1. 字符常量

字符常量是用单引号括起来的一个字符。

例如：

'a'、'b'、'='、'+'、'?'

都是合法字符常量。

在 C 语言中，字符常量有以下特点：

（1）字符常量只能用单引号括起来，不能用双引号或其他括号。

（2）字符常量只能是单个字符，不能是字符串。

（3）字符可以是字符集中任意字符。

注意区别数字字符和数字的区别，如'5' 和 5 是不同的，如果参与运算，字符常量'5' 使用的是其 ASCII 码值 53。

2. 转义字符

转义字符是一种特殊的字符常量。转义字符以反斜线“\”开头，后跟一个或几个字符。转义字符具有特定的含义，不同于字符原有的意义，故称“转义”字符。例如，在前面各例题 printf 函数的格式串中用到的“\n”就是一个转义字符，其意义是“回车换行”。转义字符主要用来表示那些用一般字符不便于表示的控制代码，如表 2-3 所示。

表 2-3 常用的转义字符及其含义

转义字符	转义字符的意义	ASCII 代码
\n	换行，跳到下一行行首	10
\t	横向跳到下一制表位置（Tab）	9
\b	退格	8
\r	回车，跳到当前行行首	13
\f	走纸换页，跳到下一页开头	12
\\	反斜线“\”	92
\'	单引号	39
\"	双引号	34
\a	鸣铃	7
\ddd	1～3 位八进制数所代表的字符	
\xhh	1～2 位十六进制数所代表的字符	

广义地讲，C 语言字符集中的任何一个字符均可用转义字符来表示。表中的\ddd 和\xhh 正是为此而提出的。ddd 和 hh 分别为八进制和十六进制的 ASCII 代码。如\101 表示字母 A，\102 表示字母 B，\134 表示反斜线，\x0A 表示换行等。

【例 2-4】转义字符的使用。（ex2_4.cpp）

```
#include <stdio.h>
void main()
{
    printf("   ab    c\tde\rf\n");
    printf("hijk\tL\bM\n");
}
```

程序运行结果如图 2-3 所示。

图 2-3　程序 ex2_4.cpp 的运行结果

3. 字符变量

字符变量用来存储字符常量，即单个字符。

字符变量的类型说明符是 char。字符变量类型定义的格式和书写规则都与整型变量相同。例如：

```
char a,b;
```

每个字符变量被分配一个字节的内存空间，因此只能存放一个字符。字符值是以 ASCII 码的形式存放在变量的内存单元之中的。

如'x'的十进制 ASCII 码是 120，'y'的十进制 ASCII 码是 121。对字符变量 a、b 赋予'x'和'y'值：

```
char a='x',b='y';
```

实际上是在 a、b 两个单元内存放 120 和 121 的二进制代码：

字符变量 a：

0	1	1	1	1	0	0	0

字符变量 b：

0	1	1	1	1	0	0	1

所以也可以把它们看成是整型量。C 语言允许对整型变量赋以字符值，也允许对字符变量赋以整型值。在输出时，允许把字符变量按整型值输出，也允许把整型量按字符输出。

整型数据为 4 字节数据，字符为单字节数据，当整型值按字符型数据处理时，只有低八位字节参与处理。

下面的程序中定义 a、b 为字符型，但在赋值语句中赋以整数值。

【例 2-5】字符运算的示例程序。（ex2_5.cpp）

```
#include <stdio.h>
void main()
{
    char a,b;
    a=97;
    b='b';
    a=a-32;
    b=b-32;
    printf("%c,%c\n%d,%d\n",a,b,a,b);
}
```

程序运行结果如图 2-4 所示。

图 2-4 程序 ex2_5.cpp 的运行结果

本例中，a、b 被说明为字符变量，分别赋以整型值和字符值，C 语言允许字符变量参与数值运算，即用字符的 ASCII 码参与运算。由于大小写字母的 ASCII 码相差 32，因此运算后把小写字母换成大写字母。然后分别以整型和字符型输出。从结果看，a、b 值的输出形式取决于 printf 函数格式串中的格式符，当格式符为“c”时，对应输出的变量值为字符，当格式符为“d”时，对应输出的变量值为整数。

4. 字符串常量

字符串常量是由一对双引号括起的字符序列。例如"CHINA"、"C program"、"$12.5" 等都是合法的字符串常量。

字符串常量和字符常量是不同的量。它们之间主要有以下区别：

（1）字符常量由单引号括起来，字符串常量由双引号括起来。

（2）字符常量只能是单个字符，字符串常量则可以含一个或多个字符。

（3）可以把一个字符常量赋予一个字符变量，但不能把一个字符串常量赋予一个字符变量。在 C 语言中没有相应的字符串变量，可以用一个字符数组来存放一个字符串常量。

（4）字符常量占一个字节的内存空间。字符串常量占的内存字节数等于字符串中字节数加 1。增加的一个字节中存放字符“\0”（ASCII 码为 0），这是字符串结束的标志。

例如，字符串 "C program" 在内存中所占的字节为：

C		p	r	o	G	r	a	m	\0

字符常量'a'和字符串常量"a"虽然都只有一个字符，但在内存中的存放情况是不同的。

'a' 在内存中占一个字节，可表示为：

a

"a" 在内存中占两个字节，可表示为：

a	\0

2.3 常量与变量

对于基本数据类型，按其取值是否可改变又分为常量和变量两种。在程序执行过程中，其值不发生改变的量称为常量，其值可变的量称为变量。

它们可与数据类型结合起来分类。例如，可分为整型常量、整型变量、浮点常量、浮点变量、字符常量、字符变量、枚举常量、枚举变量。在程序中，常量是可以不经说明而直接引用的，而变量则必须先定义后使用。

2.3.1 常量

直接常量（字面常量）：

（1）整型常量：12、0、-3

（2）实型常量：4.6、-1.23

（3）字符常量：'a'、'b'

2.3.2　符号常量

在 C 语言中，可以用一个标识符来表示一个常量，称之为符号常量。

符号常量在使用之前必须先定义，其一般形式为：

```
#define 标识符 常量
```

其中#define 命令把该标识符定义为其后的常量值。一经定义，以后在程序中所有出现该标识符的地方均代之以该常量值。

习惯上符号常量的标识符用大写字母，变量标识符用小写字母，以示区别。

【例 2-6】符号常量的使用。（ex2_6.cpp）

```
#include <stdio.h>
#define PRICE 30                    //定义价格符号常量 PRICE 为 30
void main()
{
    int num,total;
    num=10;
    total=num* PRICE;               //计算总金额
    printf("total=%d",total);
}
```

（1）符号常量与变量不同，它的值在程序运行过程中不能改变，也不能再被赋值。

（2）使用符号常量的好处是：

①含义清楚，便于理解；

②方便修改，“一改全改”。

2.3.3　变量

在程序运行过程中其值可以改变的量称为变量。一个变量应该有一个名字，在内存中占据一定的存储单元。变量定义必须放在变量使用之前。一般放在函数体的开头部分。要区分变量名和变量值是两个不同的概念。

在 C 语言中，使用了地址这个概念，这与其他语言不同。应该把变量的值和变量的地址这两个不同的概念区别开来。变量的地址是 C 编译系统分配的，用户不必关心具体的地址是多少。

变量的地址和变量值的关系如下：

在赋值表达式中给变量赋值，如 a=3，则 a 为变量名，3 是变量的值，&a 是变量 a 的地址，如图 2-5 所示。

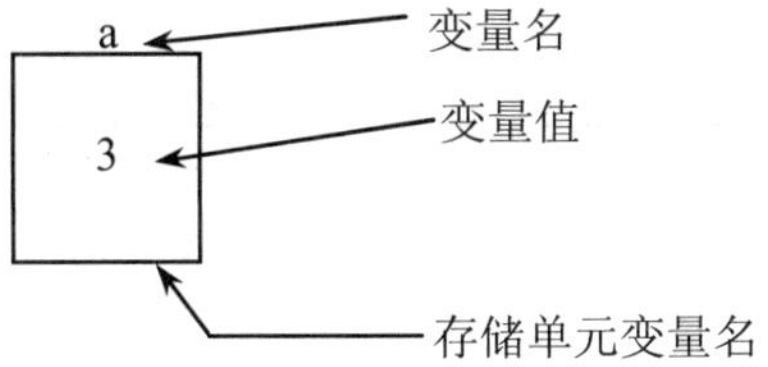

图 2-5　变量地址与值的关系

2.3.4　变量的初始化

在程序中常常需要对变量赋初值，以便使用变量。语言程序中可有多种方法为变量提供初值。本小节先介绍在作变量定义的同时给变量赋以初值的方法，这种方法称为初始化。在变量定义中赋初值的一般形式为：

类型说明符 变量 1= 值 1,变量 2= 值 2,…;

（1）C 规定，可以在定义变量时同时使变量初始化。如：

```
int a=3;           /* 指定 a 为整型变量，初值为 3 */
float f=3.56;      /* 指定 f 为实型变量，初值为 3.56 */
char c='a';        /* 指定 c 为字符变量，初值为'a' */
```

（2）可以对被定义的变量的一部分进行初始化。如：

```
int a,b,c=5;       /* 只对 c 初始化，值为 5 */
```

（3）可以对被定义的变量赋同一初值。如：

```
int a=3,b=3,c=3;   /* 对 a、b、c 赋同一初值 3 */
```

应注意，在定义中不允许连续赋值，如 a=b=c=3 是不合法的。

（4）初始化不是在编译时完成的，而是在程序运行时执行本函数时赋初值的。

相当于一个赋值语句。例如：

```
int a=3;
```

相当于 int a; a=3;

2.4 C 语言语句

2.4.1 C 语句概述

一个 C 程序可由若干个源程序文件组成。一个源程序文件由预编译命令和若干个函数组成。一个函数由数据定义部分和执行语句组成。

图 2-6 显示了 C 程序的结构。

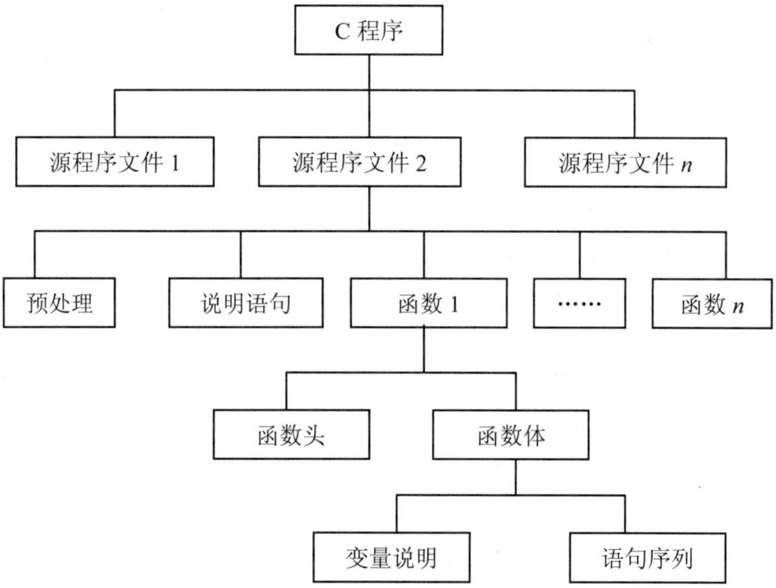

图 2-6 C 程序的结构

C 程序的基本执行单位是语句，程序的功能也是由执行语句实现的。

2.4.2　语句分类

C 语句可分为以下 5 类：

（1）表达式语句

（2）函数调用语句

（3）控制语句

（4）复合语句

（5）空语句

1. 表达式语句

表达式语句由表达式加上分号“;”组成。其一般形式为：

```
表达式;
```

执行表达式语句就是计算表达式的值。

例如：

```
x=y+z;      //赋值语句
y+z;        //加法运算语句，但计算结果不能保留，无实际意义
i++;        //自增 1 语句，i 值增 1
```

2. 函数调用语句

由函数名、实际参数加上分号“;”组成。其一般形式为：

```
函数名(实际参数表);
```

执行函数语句就是调用函数体并把实际参数赋予函数定义中的形式参数，然后执行被调函数体中的语句，求取函数值（在后面函数中再详细介绍）。

例如：

```
printf("C Program");  //调用库函数，输出字符串
```

3. 控制语句

控制语句用于控制程序的流程，以实现程序的各种结构方式。它们由特定的语句定义符组成。C 语言有 9 种控制语句，可分成以下三类：

（1）条件判断语句：if 语句、switch 语句；

（2）循环执行语句：do…while 语句、while 语句、for 语句；

（3）转向语句：break 语句、goto 语句、continue 语句、return 语句。

4. 复合语句

把多个语句用括号{}括起来组成的一个语句称复合语句。

在程序中应把复合语句看成是单条语句，而不是多条语句。

例如：

```
{ x=y+z;
  a=b+c;
  printf("%d%d",x,a);
}
```

是一条复合语句。

复合语句内的各条语句都必须以分号“;”结尾，在括号“}”外不能加分号。

5. 空语句

只有分号“;”组成的语句称为空语句。空语句是什么也不执行的语句。在程序中空语句可用来作空循环体。

例如：

```
while(getchar()!='\n')
;
```

本语句的功能是，只要从键盘输入的字符不是回车符则重新输入。

这里的循环体为空语句。

2.5 表达式与赋值语句

C 语言中运算符和表达式数量之多，在高级语言中是少见的。正是丰富的运算符和表达式使 C 语言功能十分完善。这也是 C 语言的主要特点之一。

C 语言的运算符不仅具有不同的优先级，而且还有一个特点，就是它的结合性。在表达式中，各运算量参与运算的先后顺序不仅要遵守运算符优先级别的规定，还要受运算符结合性的制约，以便确定是自左向右进行运算还是自右向左进行运算。这种结合性是其他高级语言的运算符所没有的，因此也增加了 C 语言的复杂性。

2.5.1 运算符

C 语言的运算符可分为以下几类：

（1）算术运算符：用于各类数值运算。包括加（+）、减（-）、乘（*）、除（/）、求余（或称模运算，%）、自增（++）、自减（--）共 7 种。

（2）关系运算符：用于比较运算。包括大于（>）、小于（<）、等于（==）、大于等于（>=）、小于等于（<=）和不等于（!=）6 种。

（3）逻辑运算符：用于逻辑运算。包括与（&&）、或（||）、非（!）三种。

（4）位操作运算符：参与运算的量，按二进制位进行运算。包括位与（&）、位或（|）、位非（~）、位异或（^）、左移（<<）、右移（>>）六种。

（5）赋值运算符：用于赋值运算，分为简单赋值（=）、复合算术赋值（+=、-=、*=、/=、%=）和复合位运算赋值（&=、|=、^=、>>=、<<=）三类共 11 种。

（6）条件运算符：这是一个三目运算符，用于条件求值（?:）。

（7）逗号运算符：用于把若干表达式组合成一个表达式（，）。

（8）指针运算符：用于取内容（*）和取地址（&）两种运算。

（9）求字节数运算符：用于计算数据类型所占的字节数（sizeof）。

（10）特殊运算符：有括号（()）、下标（[]）、成员（→，.）等几种。

1. 算术运算符

（1）加法运算符“+”：加法运算符为双目运算符，即应有两个量参与加法运算。如 a+b、4+8 等。具有左结合性。

（2）减法运算符“-”：减法运算符为双目运算符。但“-”也可作负值运算符，此时为单目运算，如-x、-5 等具有右结合性。

（3）乘法运算符“*”：双目运算符，具有左结合性。

（4）除法运算符“/”：双目运算符，具有左结合性。参与运算量均为整型时，结果也为整型，舍去小数。如果运算量中有一个是实型，则结果为双精度实型。

（5）求余运算符（模运算符）“%”：双目运算，具有左结合性。要求参与运算的量均为整型。求余运算的结果等于两数相除后的余数。

【例 2-7】除法和求余运算符示例程序。（ex2_7.cpp）

```
#include <stdio.h>
void main()
{
    printf("\n\n%d,%d\n",20/7,-20/7);
    printf("%f,%f\n",20.0/7,-20.0/7);
    printf("%d\n",100%3);
}
```

本例中，20/7，-20/7 的结果均为整型，小数全部舍去。而 20.0/7 和-20.0/7 由于有实数参与运算，因此结果也为实型。100 除以 3 所得的余数 1。

（1）算术运算符的优先级：C 语言中，运算符的运算优先级共分为 15 级。1 级最高，15 级最低。在表达式中，优先级较高的先于优先级较低的进行运算。而在一个运算量两侧的运算符优先级相同时，则按运算符的结合性所规定的结合方向处理。

（2）算术运算符的结合性：C 语言中各运算符的结合性分为两种，即左结合性（自左至右）和右结合性（自右至左）。例如算术运算符的结合性是自左至右，即先左后右。如有表达式 x-y+z 则 y 应先与“-”号结合，执行 x-y 运算，然后再执行+z 的运算。这种自左至右的结合方向就称为“左结合性”。而自右至左的结合方向称为“右结合性”。最典型的右结合性运算符是赋值运算符。如 x=y=z，由于“=”的右结合性，应先执行 y=z 再执行 x=(y=z)运算。C 语言运算符中有不少为右结合性，应注意区别，以避免理解错误。

2. 强制类型转换运算符

强制类型转换运算符一般形式为：

(类型说明符)(表达式)

其功能是把表达式的运算结果强制转换成类型说明符所表示的类型。

例如：

```
(float) a        把 a 转换为实型
(int)(x+y)       把 x+y 的结果转换为整型
(int)x+y         把 x 的值转换为整型再与 y 相加
```

3. 自增、自减运算符

自增 1 运算符记为“++”，其功能是使变量的值自增 1。

自减 1 运算符记为“--”，其功能是使变量值自减 1。

自增 1 和自减 1 运算符均为单目运算，都具有右结合性。

根据运算符在操作数之前或之后，可分为前置运算和后置运算，从表 2-4 中可看出两者的区别，其中 i 的初始值为 10。

表 2-4　前置和后置运算

运算类型		运算后 j 的值	运算后 i 的值	求解过程
前置运算	j=++i	11	11	先算后用
	j=--i	9	9	
后置运算	j=i++	10	11	先用后算
	j=i--	10	9	

先算后用是指 i 先自增（或自减）1，然后再参与其他运算。

先用后算是指 i 先参与运算，然后 i 的值再自增（或自减）1。

在理解和使用上容易出错的是 i++和 i--。特别是当它们出在较复杂的表达式或语句中时，常常难于弄清，因此应仔细分析。

【例 2-8】自增自减综合应用。（ex2_8.cpp）

```
#include <stdio.h>
void main()
{
    int i=8;
    printf("%d\n",++i);           //
    printf("%d\n",--i);
    printf("%d\n",i++);
    printf("%d\n",i--);
    printf("%d\n",-i++);
    printf("%d\n",-i--);
}
```

i 的初值为 8，第 2 行 i 加 1 后输出故为 9；第 3 行减 1 后输出故为 8；第 4 行输出 i 为 8 之后再加 1（为 9）；第 5 行输出 i 为 9 之后再减 1（为 8）；第 6 行输出-8 之后再加 1（为 9），第 7 行输出-9 之后再减 1（为 8）。

【例 2-9】自增运算的应用。（ex2_9.cpp）

```
#include <stdio.h>
void main()
{
    int i=5,j=5,p,q;
    p=(i++)+(i++)+(i++);
    q=(++j)+(++j)+(++j);
    printf("%d,%d,%d,%d",p,q,i,j);
}
```

这个程序中，对 p=(i++)+(i++)+(i++)应理解为三个 i 相加，故 p 值为 15。然后 i 再自增 1 三次，相当于加 3，故 i 的最后值为 8。而对于 q 的值则不然，q=(++j)+(++j)+(++j)应理解为：由于加法左结合性质，所以先计算(++j)+(++j)，j 两次自增 1 得到 7，再参与运算，计算出结果 14；再与第三个(++j)求和，则 j 先自增 1 为 8，再与 14 相加的和为 22，j 的最后值仍为 8。

4. 赋值运算符

简单赋值运算符记为“=”。由“=”连接的式子称为赋值表达式。其一般形式为：

```
变量=表达式
```

赋值表达式的功能是计算表达式的值再赋予左边的变量。

例如：

```
x=a+b
w=sin(a)+sin(b)
y=i+++--j
```

赋值运算符具有右结合性。因此

```
a=b=c=5
```

可理解为

```
a=(b=(c=5))
```

在其他高级语言中，赋值构成了一个语句，称为赋值语句。 而在 C 中，把“=”定义为运算符，从而组成赋值表达式。凡是表达式可以出现的地方均可出现赋值表达式。

例如，式子

x=(a=5)+(b=8)

是合法的。它的意义是把 5 赋予 a，8 赋予 b，再把 a 与 b 相加，和赋值给 x，故 x 应等于 13。

在赋值符“=”之前加上其他二目运算符可构成复合赋值符，如+=、−=、*=、/=、%=、<<=、>>=、&=、^=和|=。构成复合赋值表达式的一般形式为：

变量　双目运算符=表达式

它等价于

变量=变量 运算符 表达式

例如：

```
a+=5        等价于 a=a+5
x*=y+7      等价于 x=x*(y+7)
r%=p        等价于 r=r%p
```

需要注意的是，在使用复合赋值运算时，其右边的表达式应看做一个整体。

初学者可能不习惯复合赋值符这种写法，但十分有利于编译处理，能提高编译效率并产生质量较高的目标代码。

5. 逗号运算符

在 C 语言中逗号“,”也是一种运算符，称为逗号运算符。 其功能是把两个表达式连接起来组成一个表达式。

其一般形式为：

表达式 1,表达式 2

其求值过程是分别求两个表达式的值，并以表达式 2 的值作为整个逗号表达式的值。

【例 2-10】逗号运算符的应用。（ex2_10.cpp）

```
#include <stdio.h>
void main()
{
    int a=2,b=4,c=6,x,y;
    y=(x=a+b,b+c);
    printf("y=%d,x=%d\n",y,x);
}
```

程序运行结果如图 2-7 所示。

图 2-7　程序 ex2_10 的运行结果

从运行结果可以看出，y 等于整个逗号表达式的值，也就是第二个表达式 b+c 的值，第一个表达式是把 a+b 的结果赋值给 x。对于逗号表达式还要说明两点：

（1）逗号表达式一般形式中的表达式 1 和表达式 2 也可以又是逗号表达式。

例如：

表达式 1,(表达式 2,表达式 3)

形成了嵌套情形。因此可以把逗号表达式扩展为以下形式：

表达式 1,表达式 2,…,表达式 n

整个逗号表达式的值等于表达式 n 的值。

（2）在程序中使用逗号表达式，通常是要分别求逗号表达式内各表达式的值，并不一定要求整个逗号表达式的值。

并不是在所有出现逗号的地方都组成逗号表达式，如在变量说明中和函数参数表中逗号只是用作各变量之间的间隔符。

6. sizeof()运算符

sizeof()运算符，是单目运算，结合方向是从右至左，功能是计算数据类型所占的字节数。使用形式：

```
sizeof(变量名|数据类型标识符|表达式)
```

如 sizeof(int)的值为 4。

2.5.2 表达式

表达式是由常量、变量、函数等数据对象和运算符组合而成的式子，用于表达一个计算过程。由于运算符的种类很多，对应的表达式也有很多种，比如算术表达式、赋值表达式、逗号表达式、关系表达式、逻辑表达式。当表达式中包含多个运算符时，求值的顺序由运算符的优先级及其结合性控制。优先级较高的运算符先于优先级较低的执行，如“括号优先，先乘除后加减”。

单个的常量、变量、函数可以看作是表达式的特例。

表达式运算后只会产生一个具有某种数据类型的结果（值），表达式的值与运算符的种类、运算对象的数据类型有关。

2.5.3 赋值语句

赋值语句是由赋值表达式再加上分号构成的表达式语句。其一般形式为：

```
变量=表达式;
```

赋值语句的功能和特点都与赋值表达式相同。它是程序中使用最多的语句之一。

在赋值语句的使用中需要注意以下几点：

（1）由于在赋值符“=”右边的表达式也可以又是一个赋值表达式，因此，下述形式

```
变量=(变量=表达式);
```

是成立的，从而形成嵌套的情形。

其展开之后的一般形式为：

```
变量=变量=…=表达式;
```

例如：

```
a=b=c=d=e=5;
```

按照赋值运算符的右接合性，因此实际上等效于

```
e=5;d=e;c=d;b=c;a=b;
```

（2）注意在变量说明中给变量赋初值和赋值语句的区别。

给变量赋初值是变量说明的一部分，赋初值后的变量与其后的其他同类变量之间仍必须用逗号间隔，而赋值语句则必须用分号结尾。

例如：

```
int a=5,b,c;
b=5;
```

（3）在变量说明中，不允许连续给多个变量赋初值。

如下述说明是错误的：

```
int a=b=c=5;
```

必须写为

```
int a=5,b=5,c=5;
```

而赋值语句允许连续赋值。

（4）注意赋值表达式和赋值语句的区别。

赋值表达式是一种表达式，它可以出现在任何允许表达式出现的地方，而赋值语句则不能。

下述语句是合法的：

```
if((x=y+5)>0) z=x;
```

语句的功能是，先将 y+5 的值赋值给 x，若 x 的值大于 0 则把 x 的值赋值给 z。

下述语句是非法的，将出现编译错误：

```
if((x=y+5;)>0) z=x;
```

因为 x=y+5;是语句，不能出现在表达式中。

（5）赋值运算的数据类型转换。

如果赋值运算符两边的数据类型不相同，系统将自动进行类型转换，即把赋值号右边的类型转换成左边的类型。具体规定如下：

①实型赋值给整型，舍去小数部分，从而丢失一部分数据，降低精度。如：

```
int a;
float b=3.47;
a=b;
```

a 为整型，赋予实型量 b 值 3.47 后只取整数的值 3。

②整型赋值给实型，数值不变，但将以浮点形式存放，即增加小数部分（小数部分的值为 0）。

```
int a=3;
float b;
b=a;
```

b 为实型，赋予整型量 a 值 3 后增加了小数部分，b 值为 3.000000。

③字符型赋予整型，由于字符型为一个字节，而整型为两个字节，故将字符的 ASCII 码值放到整型量的低八位中，高八位为 0。整型赋予字符型，只把低八位赋予字符量。

```
int a,b=322;
char c1='a',c2;
a=c1;
c2=b;
```

字符型量 c1 赋予 a 变为整型，a 的值为 97。整型量 b 取其低八位赋予 c2 后成为字符型（b 的低八位为 01000010，即十进制 66，按 ASCII 码对应于字符 B），所以 c2 的值为 B。

2.5.4　类型转换

不同类型的数据量混合运算时，需要进行数据类型的转换。C 语言提供了三种变量的数据类型转换方式：①上文所介绍的赋值转换；②自动转换；③强制转换。无论是强制转换或是自动转换，都只是为了本次运算的需要而对变量的数据长度进行的临时性转换，而不改变数据说明时对该变量定义的类型。

1．自动类型转换

自动转换由编译系统自动完成。自动转换遵循以下规则：

（1）若参与运算量的类型不同，则先转换成同一类型，然后进行运算。

（2）转换按数据长度增加的方向进行，防止计算过程中数据被截断，以保证精度不降低。如 int 型和 long 型运算时，先把 int 量转成 long 型后再进行运算。

（3）所有的浮点运算都是以双精度进行的，即使仅含 float 单精度量运算的表达式，也要先转换成 double 型，再做运算。

（4）char 型和 short 型参与运算时，必须先转换成 int 型。

图 2-8 表示了类型自动转换的规则。其中水平方向上的转换是必须进行的，即所有的 float 类型数据先转换成 double 类型，所有的 char 或 short 类型数据先转换成 int 类型，然后进行运算。水平方向转换后，如果仍有不同类型，则按竖直方向的箭头方向进行转换。

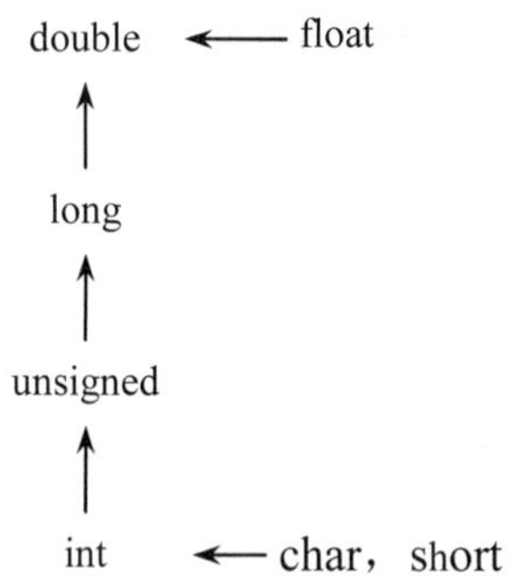

图 2-8　自动类型转换规则

如 3+'a'−10.0/2*6，首先将 char 类型的 a 转换成 int 类型数据 97，然后与 int 类型的 3 相加得到 100；接下来将 int 类型数据 2 转换成 double 类型，与 10.0 做除法运算得到 5.0，再将 int 类型数据 6 转换成 double 类型，然后同 5.0 相乘得到 30.0；最后将前面加法运算得到的 100 从 int 类型转换成 double 类型，再相减，最终的结果 70.0 是 double 类型的数值。

2. 强制类型转换

强制类型转换是把表达式的运算结果强制转换成类型说明符所表示的类型。例如：

```
(int)a%3
```

把 a 转换为整型，再和 3 做求余运算

在使用强制转换时应注意：类型说明符和表达式都必须加括号（单个变量可以不加括号），如把(int)(x+y)写成(int)x+y 则成了把 x 转换成 int 型之后再与 y 相加了。

2.6　位运算

前面介绍的各种运算都是以字节作为最基本位进行的。由于 C 语言可直接对硬件编程，在很多系统软件设计中常要求在位（bit）一级进行运算或处理。C 语言提供了位运算的功能，这使得 C 语言也能像汇编语言一样用来编写系统程序。

2.6.1　位运算符与位运算

C 语言提供了 6 种位运算符：

&	按位与
|	按位或
^	按位异或
~	取反
<<	左移

　　>>　　　　　　右移

这 6 种位运算符可分为两类：位逻辑运算（&、|、^、~）和位移动运算(<<、>>)。运算符的结合方向除了按位取反（~）是右结合，其余 5 种都是左结合。这 6 种运算符的优先级如图 2-9 所示，表 2-5 显示了位逻辑运算的真值。

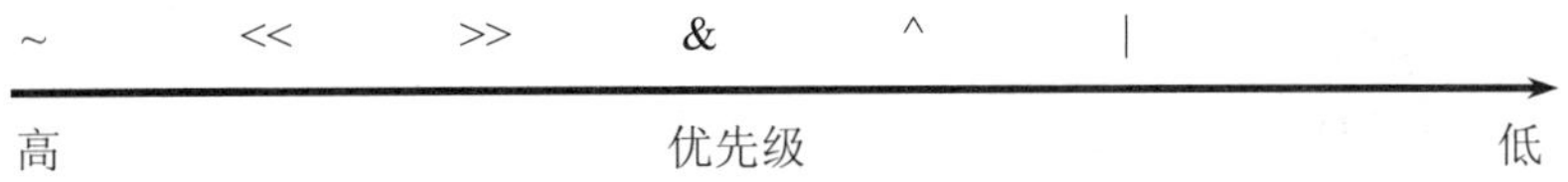

图 2-9　位运算符的优先级

表 2-5　位逻辑运算的真值表

a	b	~a	a&b	a^b	a|b
0	0	1	0	0	0
0	1	1	0	1	1
1	0	0	0	1	1
1	1	0	1	0	1

1．按位与运算

按位与运算符“&”是双目运算符。其功能是参与运算的两数各对应的二进位相与。只有对应的两个二进位均为 1 时，结果位才为 1，否则为 0。参与运算的数以补码方式出现。

例如：9&5 可写算式如下：

```
  00001001        （9 的二进制补码）
& 00000101        （5 的二进制补码）
  00000001        （1 的二进制补码）
```

可见 9&5 的结果是 1。

按位与运算通常用来对某些位清 0 或保留某些位。例如把 a 的高 8 位清 0，保留低 8 位，可作 a&255 运算（255 的二进制数为 0000000011111111）。

2．按位或运算

按位或运算符“|”是双目运算符。其功能是参与运算的两数各对应的二进位相或。只要对应的二个二进位有一个为 1 时，结果位就为 1。参与运算的两个数均以补码出现。

例如：9|5 可写算式如下：

```
  00001001
| 00000101
  00001101        （十进制为 13）
```

可见 9|5 的运算结果为 13。

3．按位异或运算

按位异或运算符“^”是双目运算符。其功能是参与运算的两数各对应的二进位相异或，当两对应的二进位相异时，结果为 1。参与运算数仍以补码出现，例如 9^5 可写成算式如下：

```
  00001001
^ 00000101
  00001100        （十进制为 12）
```

4. *求反运算*

求反运算符“~”为单目运算符，具有右结合性。其功能是对参与运算的数的各二进位按位求反。

例如~9 的运算为：

~(0000000000001001)结果为 1111111111110110。

【例 2-11】位逻辑运算程序。（ex2_11.cpp）

```
#include <stdio.h>
void main()
{
    printf("9&5=%d\n",9&5);
    printf("9|5=%d\n",9|5);
    printf("9^5=%d\n",9^5);
    printf("~9=%d\n",~9);
}
```

程序的运行结果如图 2-10 所示。

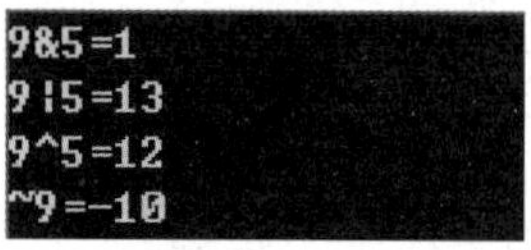

图 2-10　程序 ex2_11 运行的结果

位移动运算表达式的语法格式：

变量 位移动运算符 移动位数

5. *左移运算*

左移运算符“<<”是双目运算符。其功能把运算符“<<”左边的运算数的各二进位全部左移指定的移动位数，高位丢弃，低位补 0。

例如：a=00000011（十进制 3），a<<4 是把 a 的各二进位向左移动 4 位。a 左移 4 位后为 00110000（十进制 48），相当于 a 乘以 2^4。

6. *右移运算*

右移运算符“>>”是双目运算符。其功能是把“>> ”左边的运算数的各二进位全部右移指定的移动位数，低位丢弃。应该说明的是，对于有符号数，在右移时，符号位将随同移动。当为正数时，最高位补 0，而为负数时，符号位为 1，最高位是补 0 或是补 1 取决于编译系统的规定。很多系统规定为补 1。

例如：a=15，a>>2，表示把 000001111 右移为 00000011（十进制 3），相当于 a 除以 2^2 再取整。

【例 2-12】移位运算程序。（ex2_12.cpp）

```
#include <stdio.h>
void main()
{
    char a='a',b='b';
    int p,c,d;
    p=a;
    p=(p<<8)|b;
    d=p&0xff;
    c=(p&0xff00)>>8;
    printf("a=%d\nb=%d\nc=%d\nd=%d\n",a,b,c,d);
}
```

表达式(p<<8)|b 把 a 值左移 8 位，低 8 位补 0，然后与只有 8 位的 b 值做或运算，相当于把 p 的低 8 位置成 b 值。表达式 d=p&0xff 则是取出 p 的低 8 位，然后赋值给 d，亦即 d 值就是 b 值。表达式 c=(p&0xff00)>>8 是取出 p 的低 16 位，且将低 8 位清 0，再右移 8 位，相当于取出置于 p 中的 a 值赋给 c，即 c 值就是 a 值。

2.6.2　位域

有些信息在存储时，并不需要占用一个完整的字节，而只需占几个或一个二进制位。例如在存放一个开关量时，只有 0 和 1 两种状态，用一位二进位即可。为了节省存储空间，并使处理简便，C 语言又提供了一种数据结构，称为“位域”或“位段”。

所谓“位域”是把一个字节中的二进位划分为几个不同的区域，并说明每个区域的位数。每个域有一个域名，允许在程序中按域名进行操作。这样就可以把几个不同的对象用一个字节的二进制位域来表示。

1. 位域的定义和位域变量的说明

位域定义与结构定义相仿，其形式为：

```
struct 位域结构名
    { 位域列表 };
```

其中位域列表的形式为：

```
类型说明符 位域名:位域长度
```

例如：

```
struct bs
 {
   int a:8;
   int b:2;
   int c:6;
 };
```

位域变量的说明与结构变量说明的方式相同。可采用先定义后说明、同时定义说明或者直接说明这三种方式。

例如：

```
struct bs
 {
   int a:8;
   int b:2;
   int c:6;
 }data;
```

说明 data 为 bs 变量，共占两个字节。其中位域 a 占 8 位，位域 b 占 2 位，位域 c 占 6 位。

对于位域的定义尚有以下几点说明：

（1）一个位域必须存储在同一个字节中，不能跨两个字节。如一个字节所剩空间不够存放另一位域时，应从下一单元起存放该位域。也可以有意使某位域从下一单元开始。

例如：

```
struct bs
{
  unsigned a:4
  unsigned :0                /*空域*/
  unsigned b:4               /*从下一单元开始存放*/
```

```
    unsigned c:4
}
```

在这个位域定义中，a 占第一字节的 4 位，后 4 位填 0 表示不使用，b 从第二字节开始，占用 4 位，c 占用 4 位。

（2）由于位域不允许跨两个字节，因此位域的长度不能大于一个字节的长度，也就是说不能超过 8 位二进位。

（3）位域可以无位域名，这时它只用来作填充或调整位置。无名的位域是不能使用的。例如：

```
struct k
{
  int a:1
  int   :2              /*该 2 位不能使用*/
  int b:3
  int c:2
};
```

从以上分析可以看出，位域在本质上就是一种结构类型，不过其成员是按二进位分配的。

2. 位域的使用

位域的使用和结构成员的使用相同，其一般形式为：

位域变量名·位域名

位域允许用各种格式输出。

【例 2-13】位域的应用程序。（ex2_13.cpp）

```
#include <stdio.h>
void main()
{
    struct bs
    {
      unsigned a:1;
      unsigned b:3;
      unsigned c:4;
    } bit,*pbit;
    bit.a=1;
    bit.b=7;
    bit.c=15;
    printf("%d,%d,%d\n",bit.a,bit.b,bit.c);
    pbit=&bit;
    pbit->a=0;
    pbit->b&=3;
    pbit->c|=1;
    printf("%d,%d,%d\n",pbit->a,pbit->b,pbit->c);
}
```

上例程序中定义了位域结构 bs，三个位域为 a、b、c。说明了 bs 类型的变量 bit 和指向 bs 类型的指针变量 pbit。这表示位域也是可以使用指针的。程序的 9、10、11 三行分别给三个位域赋值（应注意赋值不能超过该位域的允许范围）。程序第 12 行以整型量格式输出三个域的内容。第 13 行把位域变量 bit 的地址送给指针变量 pbit。第 14 行用指针方式给位域 a 重新赋值，赋为 0。第 15 行使用了复合的位运算符“&=”，该行相当于：

```
pbit->b=pbit->b&3
```

位域 b 中原有值为 7，与 3 作按位与运算的结果为 3（111&011=011，十进制值为 3）。同样，程序第 16 行中使用了复合位运算符“|=”，相当于：

```
pbit->c=pbit->c|1
```

其结果为 15。程序第 17 行用指针方式输出了这三个域的值。

2.7　格式化输入与输出

用户把需要计算机处理的数据输入到计算机中，最后由计算机将处理结果以一定的方式输出。C 语言程序中由库函数实现数据的输入与输出。

2.7.1　格式化输出

printf 函数称为格式化输出函数，其关键字最末一个字母 f 即为“格式”（format）之意。其功能是按用户指定的格式，把指定的各种类型数据显示到显示器屏幕上。

printf 函数是一个标准库函数，它的函数原型在头文件 stdio.h 中。在使用 printf 函数之前应包含 stdio.h 文件。

printf 函数调用的一般形式为：

```
printf("格式控制字符串", 输出列表);
```

其中格式控制字符串用于指定输出格式。格式控制串可由格式字符串和非格式字符串两种组成。输出列表是要输出的各个数据对象。

格式字符串是以%开头的字符串，在%后面跟有各种格式字符，以说明输出数据的类型、形式、长度、小数位数等。如%d 表示按十进制整型输出；%ld 表示按十进制长整型输出；%c 表示按字符型输出等。

输出表列中给出了各个输出项，输出项可以是常量、变量或表达式。要求格式字符串和各输出项在数量和类型上应该一一对应。格式字符串的位置显示对应的输出项的值。如果格式字符串数量多于输出项数量，则多余格式串对应位置输出系统给的值；如果输出项数量多于格式串数量，输出时将忽略多余的输出项。

非格式字符串在输出时原样照印，在显示中起提示作用。

【例 2-14】printf 函数的应用程序。（ex2_14.cpp）

```
#include <stdio.h>
void main()
{
   int a=65,b=66;
   printf("%d %d\n",a,b);
   printf("%d,%d\n",a,b);
   printf("%c,%c\n",a,b);
   printf("a=%d,b=%d",a,b);
}
```

本例中 4 次输出了 a 与 b 的值，但由于格式控制串不同，输出的结果也不相同。第 4 行的输出语句格式控制串中，两格式串%d 之间加了一个空格（非格式字符），所以输出的 a、b 值之间有一个空格。第 5 行的 printf 语句格式控制串中加入的是非格式字符逗号，因此输出的 a、 b 值之间加了一个逗号。第 6 行的格式串要求按字符型输出 a、b 值。第 7 行中为了提示输出结果又增加了非格式字符串。

格式字符串的一般形式为：

%[标志][输出最小宽度][.精度][长度]格式字符

其中方括号中的项为可选项。

各项的意义介绍如下。

（1）格式字符：用以表示输出数据的类型，其格式符和含义如表 2-6 所示。

表 2-6　格式符及其含义表

格式字符	含义
d	以十进制形式输出带符号整数（正数不输出符号）
u	以十进制形式输出无符号整数
o	以八进制形式输出无符号整数（不输出前缀 0）
x 或 X	以十六进制形式输出无符号整数（不输出前缀 0x）
f	以小数形式输出单、双精度实数
e 或 E	以指数形式输出单、双精度实数
g 或 G	以%f 或%e 中较短的输出宽度输出单、双精度实数
c	输出单个字符
s	输出字符串

除格式说明符 X、E、G 外，其他格式说明符必须小写。

（2）标志：标志字符为-、+、#、空格四种，其含义如表 2-7 所示。

表 2-7　格式标志符列表及其含义

标志	含义
-	结果左对齐，右边填空格
+	输出符号（正号或负号）
空格	输出值为正时冠以空格，为负时冠以负号
#	对 c、s、d、u 类无影响； 对 o 类，在输出时加前缀 o； 对 x 类，在输出时加前缀 0x； 对 e、g、f 类当结果有小数时才给出小数点

（3）输出最小宽度：指定数据显示在输出设备上所占的总宽度。若实际位数多于定义的宽度，则按实际位数输出，若实际位数少于定义的宽度则补以空格或 0。

（4）精度：精度格式符以“.”开头，后跟十进制整数。对于不同数据类型，精度的含义也不相同：① 在使用%d 时，精度表示最少要打印的数字的个数，实际位数小于精度数值时，输出整数时左补 0。② 在使用%f、%e、%E 时，精度表示小数的位数。③ 在使用%s 时，精度表示输出的字符串中字符的个数。若实际位数大于所定义的精度数，则截去超过的部分。

（5）长度：长度格式符为 h 和 l 两种，其用法和含义如表 2-8 所示。

表 2-8　长度格式符及含义

格式	含义
%ld	用于长整型数据的输出
%hd	用于短整型数据的输出
%lf	用于双精度型数据的输出

【例 2-15】printf 函数各种格式字符的应用程序。(ex2_15.cpp)

```
#include <stdio.h>
void main()
{
    int a=15;
    float b=12.1234567;
    double c=12345678.1234567;
    char d='p';
    printf("a=%d,%+d,%5d,%-5d,%o,%x,%#x\n",a,a,a,a,a,a,a);
    printf("b=%f,%8.2f,%e,%g\n",b,b,b,b);
    printf("c=%lf,%f,%8.4lf\n",c,c,c);
    printf("d=%c,%8c\n",d,d);
    printf("%5.4s\n","program");
}
```

程序运行结果如图 2-11 所示。

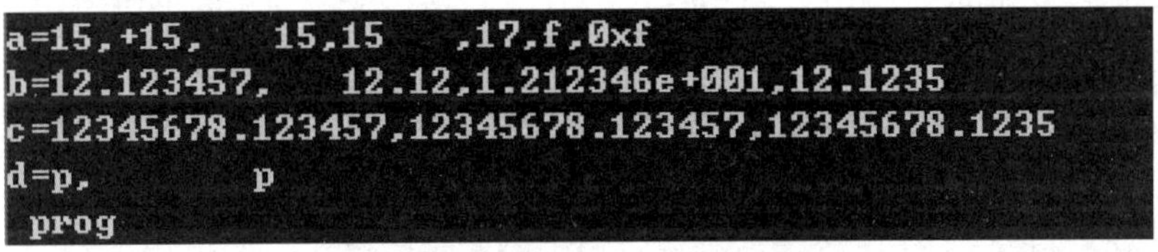

```
a=15,+15,   15,15   ,17,f,0xf
b=12.123457,   12.12,1.212346e+001,12.1235
c=12345678.123457,12345678.123457,12345678.1235
d=p,       p
 prog
```

图 2-11　程序 ex2_15 的运行结果

从运行结果中可以看出，程序中以 7 种格式输出整型变量 a 的值，其中"%d"，按变通格式输出；"%+d"在数据前输出正号；"%5d"要求输出宽度为 5，而 a 值为 15 只有两位故左补 3 个空格；"%-5d"指定左齐，宽度为 5，所以输出数据左齐，右补 3 个空格；"%o"输出 15 的八进制值，"%x"输出 15 的十六进制值，"%#x"以前导符 ox 开头输出 15 的十六进制值。

程序中以 4 种格式输出实型变量 b 的值。"%8.2f"指定输出宽度为 8，精度为 2，由于小数位数超过 2 位，部分被截去，得到 12.12，不足指定的 8 位宽度，故补以空格。"%e"以指数形式输出 b 值。

以 3 种格式输出双精度实数，其中"%f"和"%lf "格式的输出相同，说明"l"符对"f"类型无影响。"%8.4lf "由于指定精度为 4 位故截去了超过 4 位的部分，由于总位数超过 8 位，所以按截断小数部分的实际位数显示。

输出字符量 d 时，其中"%8c"指定输出宽度为 8，故在输出字符 p 之前补加 7 个空格。

用"%5.4s"输出字符串 program 时，按精度指定截取前 4 位字符显示，但不足宽度 5，所以再左补 1 空格。

使用 printf 函数时还要注意一个问题，那就是输出列表中的求值顺序。不同的编译系统不一定相同，可以从左到右，也可从右到左。Visual C++是按从右到左进行的。

【例 2-16】printf()函数输出项求值顺序示例程序。（ex2_16.cpp）

```
#include <stdio.h>
void main()
{
      int i=8;
      printf("%d,%d\n",i+=4,i+=5);
      i=8;
      printf("%d,",i+=4);
      printf("%d\n",i+=5);
}
```

程序运行结果如图 2-12 所示。

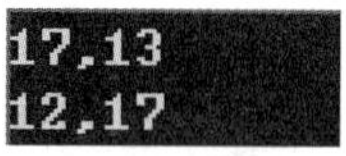

图 2-12　程序 ex2_16 的运行结果

从运算结果可以看出，用一个 printf 语句和多个 printf 语句输出是不同的。为什么结果会不同呢？就是因为 printf 函数对输出表中各量求值的顺序是自右至左进行的。printf("%d,%d\n",i+=4,i+=5);语句中先对最后一项“i+=5”求值，结果为 13，然后对“i+=4”项求值得 17。而多个 printf 语句的执行是按序进行的，所以先求“i+=4”的值为 12，再求“i+=5”的值，得 17。

但是必须注意，求值顺序虽是自右至左，但是输出顺序还是从左至右，因此得到的结果是上述输出结果。

使用 printf()函数时，如果格式控制字符串中没有指定格式，则仅作为提示信息输出，如 printf("Please input 2 number:\n")，则仅在屏幕上显示 Please input 2 number:，提示用户输入 2 个数据。

2.7.2　格式化输入

scanf 函数称为格式输入函数，即按用户指定的格式从键盘上把数据输入到指定的变量之中，也是给变量赋值的一种方式。

scanf 函数也是一个标准库函数，所以在使用 scanf 函数之前应包含 stdio.h 文件。

scanf 函数的一般形式为：

```
scanf("格式控制字符串", 地址列表);
```

其中，格式控制字符串的作用与 printf 函数相同，但不能显示非格式字符串，也就是不能显示提示字符串。地址列表中给出各变量的地址。地址是由地址运算符“&”后跟变量名组成的。请先记住这一格式，将在第 8 章进行详细介绍。

例如：&a, &b　　//分别表示变量 a 和变量 b 的地址

格式字符串的一般形式为：

```
%[*][输入数据宽度][长度]格式字符
```

其中有方括号的项为任选项。各项的意义如下：

（1）格式字符：表示输入数据的类型，其格式符和意义如表 2-9 所示。

表 2-9　scanf 中使用的格式符及其意义

格式	字符意义
d	输入十进制整数
u	输入无符号十进制整数
o	输入八进制整数
x	输入十六进制整数
f 或 e	输入实型数（用小数形式或指数形式）
c	输入单个字符
s	输入字符串

（2）“*”符：用以表示该输入项，读入后不赋予相应的变量，即跳过该输入值。

如:

```
scanf("%d %*d %d",&a,&b);
```

当输入为：1　2　3 时，把 1 赋予 a，2 被跳过，3 赋予 b。

（3）宽度：用十进制整数指定输入的宽度（即字符数）。

例如：

```
scanf("%5d",&a);
```

输入：12345678

只截取前 5 位 12345 赋予变量 a。

又如：

```
scanf("%3d%2d",&a,&b);
```

输入：12345678

将取 3 位 123 赋值给 a，再取 2 位 45 赋值给 b。

（4）长度：长度格式符为 l 和 h，l 表示输入长整型数据（如%ld）和双精度浮点数（如%lf）。h 表示输入短整型数据。

使用 scanf 函数还必须注意以下几点：

（1）scanf 函数中没有精度控制，如 scanf("%5.2f",&a);是非法的。不能企图用此语句输入小数为 2 位的实数。

（2）scanf 中要求给出变量地址，如只给出变量名则会出错。如 scanf("%d",a);是非法的，编译时无提示，但运行时将弹出如图 2-13 所示的错误对话框，应改为 scanf("%d",&a);才是合法的。

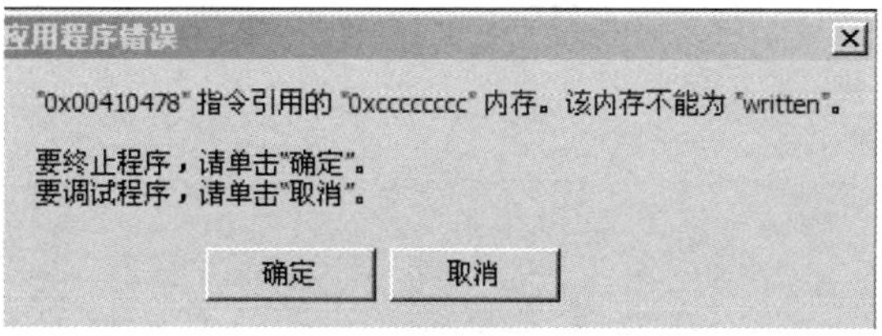

图 2-13　使用 scanf 时未给出变量地址的运行错误提示

（3）在输入多个数值数据时，若格式控制串中没有非格式字符作输入数据之间的间隔则可用空格、Tab 或回车符作分隔。C 编译在碰到空格、Tab、回车符或非法数据（如对“%d”输入“12A”时，A 即为非法数据）时即认为该数据结束。

（4）在输入字符数据时，若格式控制串中无非格式字符，则认为所有输入的字符均为有效字符。

例如：

```
scanf("%c%c%c",&a,&b,&c);
```

当从键盘输入：d e f

则把'd'赋予 a，' ' 赋予 b，'e'赋予 c。

只有当输入为：def

才能把'd'赋予 a，'e'赋予 b，'f'赋予 c。

如果在格式控制串中加入空格作为间隔，如:

```
scanf ("%c %c %c",&a,&b,&c);
```

则输入时各数据之间可加空格。

（5）如果格式控制串中有非格式字符则输入时也要输入该非格式字符。

例如：scanf("%d,%d,%d",&a,&b,&c);

其中用非格式符“ , ”作间隔符，故输入时应为： 5,6,7

又如：scanf("a=%d,b=%d,c=%d",&a,&b,&c);

则输入应为：a=5,b=6,c=7

（6）当输入的数据与输出的类型不一致时，虽然编译能够通过，但结果将不正确。

2.8 字符数据的输入与输出

2.8.1 字符输出

putchar 函数是对单个字符进行输出的函数。它的功能：将指定输出项的值所对应的字符输出到标准设备（终端），每次只能输出一个字符。putchar 函数功能与 printf 函数中的%c 相当。

其一般形式为：

```
putchar(输出项);
```

输出项可以是字符常量或变量。

【例 2-17】putchar 函数应用程序。（ex2_17.cpp）

```
#include <stdio.h>
void main()
{
    char o='O';
    char k='K';
    putchar(o);
    putchar(k);
    putchar('\n');
    putchar('*')
}
```

执行结果为：OK*

使用 putchar 函数时，应注意以下几点：

（1）输出的数据只能是单个字符，不能是字符串。'abc'或"abc"都是错误的。

（2）被输出的字符常量必须用单引号括起来，如'\n'、'*'。不能用双引号，否则导致错误。

（3）当输出项是表达式的时候，可以写成 a+32 等形式。

（4）碰到控制字符则执行控制功能，不在屏幕上显示。

（5）使用本函数前必须要包含 stdio.h 文件。

另外，与 putchar 函数的功能和使用方法一样，putch 函数也可以输出一个字符。

2.8.2　字符输入

getchar 函数是对单个字符进行输入的函数。它的功能是：从标准输入设备上（键盘）输入一个且只能是一个字符，并将该字符返回为 getchar 函数的值。

其一般形式为：

```
getchar();
```

例如：

```
char ch;
ch = getchar();
```

ch 为字符型变量，上述语句的功能是接收从键盘输入的一个字符并将它赋给 ch。

【例 2-18】getchar 函数应用。（ex2_18.cpp）

```
#include <stdio.h>
void main()
{
    int i;
    i=getchar();
    printf("%c:%d\n",i,i);
}
```

执行本程序时，输入字符 A 并按回车键后，显示结果：A:65。

在使用 getchar 函数时，要注意以下几点：

（1）getchar 函数是不带参数的库函数，但是()不能省略。

（2）用户输出一个字符后，只当按回车键之后输入的字符才有效。

（3）getchar 函数只能接受单个字符，输入数字也按字符处理。输入多于一个字符时，只接收第一个字符。上例中，若输入 abcde，getchar 函数也只接受第一个字符 a。

（4）getchar 函数得到的字符可以赋给一个字符变量或整型变量，也可以不赋给任何变量而是作为表达式的一部分。如：

```
putchar(getchar());
printf("%c",getchar());
```

（5）使用本函数前必须包含文件 stdio.h。

还有一个与之相接近的函数是 getch()函数。getch()函数表示当用户在键盘上输入一个字符后，该字符立即被计算机接受，可以通过输出函数显示出来，而无需等待“回车”命令。

2.9　本章小结

本章介绍了 C 语言使用的字符集、标识符，数据类型，常量与变量的概念，运算符的使用，表达式的求值以及数据的基本输入与输出。

（1）C 语言的字符集是书写程序时允许出现的所有字符的集合，常用的是字母、数字和各种运算符等。

（2）C 语言的标识符只能由字母、数字或下划线组成，且首字符不能是数字。

（3）C 语言的数据类型十分丰富，可分为基本数据类型、构造类型、指针类型和空类型，不同类型数据的处理和存储不相同。其中基本数据类型的分类如表 2-10 所示。

表 2-10 基本数据类型的分类

基本数据类型	类型说明符	字节	数值范围
字符型	char	1	C 字符集
短整型	short int	2	-32768～32767
基本整型	int	4	-214783648～214783647
长整型	long int	4	-214783648～214783647
无符号型	unsigned	4	0～4294967295
无符号长整型	unsigned long	4	0～4294967295
单精度实型	float	4	3.4E-38～3.4E+38
双精度实型	double	8	1.7E-308～1.7E+308

在程序运行过程中，数据值会发生变化的对象称之为变量，变量要先声明后使用；数值始终保持不变的数据对象称为常量，常量包括直接常量和符号常量。

（4）C 语句可分为表达式语句、函数调用语句、控制语句、复合语句和空语句。

（5）C 语言中具有丰富的运算符和表达式，实现对各种数据的处理。运算符包括算术运算符、赋值运算符、关系运算符、逻辑运算符、条件运算符、逗号运算符等。使用运算符要注意：运算符的功能、与操作数（运算对象）的关系、操作数的数据类型、运算符优先级和结合方向等。

一般而言，单目运算符优先级较高，赋值运算符优先级低。算术运算符优先级较高，关系和逻辑运算符优先级较低。多数运算符具有左结合性，单目运算符、三目运算符、赋值运算符具有右结合性。

（6）混合运算时，不同类型数据要按规则转换成同一数据类型后再运算。类型转换方式有三种：赋值转换、自动转换和强制转换。自动转换由系统自动实现，由少字节类型向多字节类型转换。强制转换由强制转换运算符完成。

（7）位运算是 C 语言的一种特殊运算功能，它是以二进制位为单位进行运算的。位运算符只有逻辑运算和移位运算两类。位运算符可以与赋值符一起组成复合赋值符。如&=、|=、^=、>>=、<<=等。位域提供了一种方法，使得可在高级语言中实现数据的压缩，节省了存储空间，同时也提高了程序的效率。

（8）C 语言中，由标准库函数中的输入与输出函数来实现数据的输入与输出，如按指定格式输入与输出的函数 scanf()、printf()；字符的输入与输出函数 getchar()、putchar()。

习题二

一、选择题

1. 下面属于用户标识符的是（　　）。

A．_a12　　B．f@f　　C．register　　D．2ab

2．以下不是 C 语言基本数据类型的是（　　）。

A．字符型　　B．整型　　C．浮点型　　D．结构体类型

3．假定 x =5，则执行 a=(x<0?10:20);语句后 a 的值为（　　）。

A．5　　B．10　　C．20　　D．0

4．逻辑运算符两侧运算对象的数据类型（　　）。

A．只能是 0 或 1　　B．只能是 0 或非 0 正数

C．只能是整型或字符型数据　　D．可以是任意类型的数据

5．下列运算符中优先级最低是（　　）。

A．? :　　B．&&　　C．+　　D．!=

6．以下运算符中，其操作对象只能是整型数据的是（　　）。

A．/　　B．++　　C．%　　D．||

7．在 C 语言中，逻辑值“真”用（　　）来表示。

A．0　　B．1　　C．非 0 值　　D．非 0 整数

8．设有说明：int x=5,y=2; 则表达式 x*x/y 值的为（　　）。

A．12.5　　B．12　　C．10　　D．不能计算

9．判断 int 型变量 x 是否为奇数的正确表达式是（　　）。

A．x%2==1　　B．x%2==0　　C．x/2==1　　D．x/2==0

10．下列四个选项中，不是 C 语言关键字的选项是（　　）。

A．static　　B．while　　C．and　　D．extern

二、填空题

1．若 s 是 int 型变量，且 s=6，则表达式 s%2+(s+1)%2 的值为________。

2．当 a=3，b=5，c=1 时，表达式 f=a>b>c 的值是________。

3．若 a 为 int 型变量，则表达式(a=4*5,a++),a+6 的值是________。

4．若有定义 float a=7.5, b=1.5; 则 (int)a/(int)b 的值为________。

5．若 x 和 n 均是初值为 5 的 int 型变量，则计算表达式 x=n++后 x 的值为________。

6．执行语句 x=3>4?3+4:3-4;后，x 的值为________。

7．若有定义 int y=15;，则计算表达式 y/=3+2 后的 y 值为________。

8．条件 2<x<3 或 X<-10 的 C 语言表达式是________。

9．若有代数式 3ae/bc，则用 C 语言表达式表示为________。

10．若有定义 int y=5;，则计算表达式 y+=y-= y+y 后，y 的值为________。

三、程序改错

1．计算 1/2+1/3 的值，找出程序中的两处错误并改正。

```
#include <stdio.h>
void main()
{
    int x=2 ,y=3 ;
    int t;
    t=1/x+1/y;
    printf("%lf\n",t);
}
```

2．逆序输出一个三位数，如给定数据 123，则输出 321。找出程序中的两处错误并改正。

```
#include <stdio.h>
void main()
{
    int n=123 ,a, b, c ;
    a=n/100;
    b=a/10/10;
    c=a%10;
    printf("%d%d%d\n", c, b, a);
}
```

四、程序填空题

1．通过计算输出对应的小写字母。

```
#include <stdio.h>
void main()
{
    char c;
    c='A';
    printf("%c \n", 【1】);
}
```

2．完善下面程序实现变量 a 与 b 的值的交换。

```
#include <stdio.h>
void main()
{
    int a ,b, c;
    scanf("%d %d", 【1】 ) ;            //从键盘输入两个整数分别赋值给 a 和 b
    c= 【2】;
    a= 【3】;
    b= 【4】;
    printf("a=%d, b=%d\n", a, b);       //输出交换后的值
}
```

五、编程题

1．编写程序计算球的体积（$V=\frac{4}{3}\pi r^3$），要求从键盘输入半径值，π 的值定义为符号常量 PI，输出结果保留两位小数，在输入和输出前都要给出明确的提示信息。

2．输入一个角度，将它转换成弧度，并计算其正弦函数和余弦函数值（使用附录 E 中的数学函数）。

第3章　选择结构程序设计

本章学习目标

- 理解选择结构程序设计的基本方法
- 了解C语言中if语句、switch语句的语法结构及执行过程
- 掌握C语言中简单if选择结构语句的使用，复合if选择结构语句的使用
- 掌握switch多选择结构语句的使用

3.1　关系运算符和关系表达式

C语言提供了可以进行逻辑判断的语句，由这些选择语句可构成程序的选择结构，也称之为分支结构，它根据逻辑判断结果决定程序执行不同的分支。选择结构是结构化程序设计的三种基本结构之一，本节将详细介绍选择结构中相关运算符与表达式的知识。

3.1.1　关系运算符及其优先级

1. 关系运算符

C语言提供了6种关系运算符：

（1）>（大于）	2>2	'A'>'a'
（2）>=（大于或等于）	2>=2	'A'>='a'
（3）<（小于）	2<2-1	'A'<'a'
（4）<=（小于或等于）	2<=2*2	'A'<='a'
（5）= =（等于）	2= =2	'A'= ='a'
（6）!=（不等于）	2!=2	'A'! ='a'

关系表达式的运算结果是一个逻辑值。逻辑值有“真”和“假”两个，在C语言中用数值来表示逻辑值：非0表示“真”，0表示“假”。而将逻辑值以十进制整型数据输出时，真值输出表示为1，假值输出表示为0。

关系运算符都是双目运算符，要求两个操作数都是同一种数据类型或兼容类型（字符与整型在一定范围内兼容）。

2. 优先级

关系运算符的优先级低于算术运算符，关系运算符中>、>=、<、<=优先级相同，高于==、!=。

运算符分为算术运算符、关系运算符、逻辑运算符、逗号运算符、赋值运算符5类。其运算的优先级别是：算术运算符优先于关系运算符，关系运算符优先于逻辑运算符，逻辑运算符优先于赋值运算符，赋值运算符优先于逗号运算符。

3.1.2　关系表达式

将常量、变量、函数等通过关系运算符连接起来组成的表达式称为关系表达式，关系表

达式的一般形式为：

表达式 1　关系运算符　表达式 2

当关系表达式两边的类型不一致时，例如一边是整型，一边是双精度型，则系统自动将整型转换为双精度型，然后再进行比较。

有如下代码片段（code3-1.txt）分析其结果：

```
int a=3,b=4,c=8;
char d='k';
printf("%d,%d\n",'a'+2<d,-a-2*b>=c+1);        //结果为：1,0
printf("%d,%d\n",1<b,c-a!=b);                 //结果为：1,1
printf("%d,%d\n",a+b+c= =2*a,c=a+b);          //结果为：0,7
```

分析：本题要注意字符变量在表达式中的运算，在运算前先将字符转换成该字符对应的 ASCII 码值，如'a'+2<d，因为 a 的 ASCII 码值为 97，k 的 ASCII 码值为 107，上述表达式等价于 97+2<107，即 99<107，结果为真，输出十进制整型数据为 1。表达式−a−2*b>=c+1 等价于−3−2*4>=8+1，即−11>9，结果为假，输出十进制整型数据为 0。表达式 1<b 等价于 1<4，结果为真，输出十进制整型数据为 1。表达式 c−a!=b 等价于 8−3!=4，即 5!=4，结果为真，输出十进制整型数据为 1。表达式 a+b+c= =2*a 等价于 3+4+8= =2*3，即 15= =6，结果为假，输出十进制整型数据为 0。表达式 c=a+b 是一个赋值表达式，等价于 c=3+4，即 c=7，将 7 赋给变量 c，再输出变量 c 的值，因此输出结果为 7。

3.2　逻辑运算符及逻辑表达式

3.2.1　逻辑运算符及其优先级

1．逻辑运算符

逻辑运算符应用于逻辑运算，其运算符有：与（&&）、或（||）、非（!），其中&&和||是双目运算符，! 是单目运算符。逻辑运算的结果只有两个：1（逻辑真）和 0（逻辑假）。

逻辑运算符的运算规则如表 3-1 所示。

表 3-1　逻辑运算真值表

A	B	!A	A&&B	A||B
0（假）	0（假）	1（真）	0（假）	0（假）
0（假）	1（真）	1（真）	0（假）	1（真）
1（真）	0（假）	0（假）	0（假）	1（真）
1（真）	1（真）	0（假）	1（真）	1（真）

运算规则如下：

（1）逻辑非运算的规则是：真变假，假变真；当运算量为非 0 时，运算结果为 0，当运算量为 0 时，运算结果为 1。

（2）逻辑与运算的规则是：只有当两个运算量都为真时，结果才为真，否则为假。

（3）逻辑或运算的规则是：当两个运算量均为假时，结果才为假，否则为真。

说明：C 语言系统对任何非 0 值都理解为逻辑真，0 理解为逻辑假。如 3−1&&2，其等价逻辑表达式为 2&&2，即“真”&&“真”，逻辑结果为 1（真）。

2. 优先级

逻辑运算符中，逻辑非运算符（!）的优先级别最高，然后是逻辑与运算符（&&），最后是逻辑或（||），与其他运算符比较，逻辑非（!）的优先级别高于算术运算符、关系运算符、赋值运算符，但逻辑与（&&）和逻辑或（||）低于算术运算符，也低于关系运算符，但高于赋值运算符。逻辑与（&&）和逻辑或（||）优先级别相同。

特别注意：

（1）在 C 语言中，数学表达式必须借助运算符转换成 C 语言的关系表达式；

（2）对于书写较为复杂的表达式最好用括号来明确其运算顺序；

（3）在一般的表达式中，尽量少用赋值运算符。

3.2.2 逻辑表达式

将常量、变量、函数等通过逻辑运算符连接起来组成的表达式称为逻辑表达式，逻辑表达式的一般形式为：

```
表达式 1   &&   表达式 2
表达式 1   ||   表达式 2
! 表达式
```

例如，用表达式描述下列条件：

（1）x 是 5 的倍数　　// 表达式为：x%5==0

（2）x 是奇数　　// 表达式为：x%2==1 或 x%2!=0

（3）'A'<=x<='Z'　　// 表达式为：x>='A' && x<='Z'

（4）x 能同时被 5 和 7 整除　　// 表达式为：x%5==0 && x%7==0

分析：（1）中 x 是 5 的倍数，等价于可以被 5 整除，即除以 5 以后，余数为 0，因此可用关系表达式 x%5==0 来描述；（2）中 x 是奇数，等价于除以 2 的余数为 1，也可以用关系表达式 x%2==1 或 x%2!=0 来描述；（3）中'A'<x<'Z'是一个数学表达式，相当于描述 x 是一个大写字母，即 x 大于或等于'A'，并且 x 小于或等于'Z'，用逻辑运算符连接起来构成的逻辑表达式为：x>='A' && x<='Z'；（4）中 x 能同时被 5 和 7 整除，等价于 x 能被 5 整除，并且能被 7 整除，其逻辑表达式为 x%5==0 && x%7==0。

优先判断原理：在执行时&&和||运算采取优先判断结果算法，即

（1）当执行：表达式 1 && 表达式 2 时，如果表达式 1 为假，则整个表达式的值为假，从而不再去计算表达式 2。

（2）当执行：表达式 1 || 表达式 2 时，如果表达式 1 为真，则整个表达式的值为真，从而不再去计算表达式 2。

【例 3-1】与运算示例。（ex3_1.cpp）

```
#include <stdio.h>
main()
{
    int a=3,b=4,c,d,e;
    d=(a<b)&&(c=5);
    printf("c=%d,d=%d\n",c,d);
    e=(a>b)&&(c=10);                //a>b 为假，c=10 不执行，c 变量的值还是 5
    printf("c=%d,e=%d\n",c,e);
}
```

运算结果如下：

```
c=5,d=1
c=5,e=0
```

语句 d=(a<b)&&(c=5)中，a<b 为真，c=5 为赋值表达式，c 的值为 5（非 0，即真），此时，&&运算两端均真，结果为真（用 1 表示），因此，d 的值为 1。

语句 e=(a>b)&&(c=10)中，a>b 为假，对于与运算而言，该表达式的值为假，即 e 的值为 0，其后的(c=10)不再执行，所以 c 变量未再赋新值，c 变量的值还是原来的 5。

【例 3-2】或运算示例。(ex3_2.cpp)

```
#include <stdio.h>
main()
{
    int a=3,b=4,c=99,d,e;
    d=(a<b)||(c=5);              //a<b 为真，或运算短路原因，c=5 不执行，c 变量的值还是 99
    printf("c=%d,d=%d\n",c,d);
    e=(a>b)||(c=10);
    printf("c=%d,e=%d\n",c,e);
}
```

运行结果如下：

```
c=-99,d=1
c=10,e=1
```

语句 d=(a<b)||(c=5)中，a<b 为真，对于或运算而言，该表达式的值为真，即 d 的值为 0，其后的(c=5)不再执行，所以 c 变量的值是 99。

语句 e=(a>b)||(c=10)中，a>b 为假，c=10 为赋值语句，c 的值为 10（非 0，即真），此时||运算结果为真（用 1 表示），因此 e 的值为 1。

3.3 条件运算符与条件表达式

3.3.1 条件运算符及其优先级

1. 条件运算符

条件运算符（? :）是 C 语言中唯一的一个三目运算符，其一般形式为：

表达式 1 ?表达式 2 :表达式 3

其运算规则是：先求表达式 1 的值，再根据表达式 1 的值来确定条件表达式的结果。如果表达式 1 的值为真，则以表达式 2 的值作为条件表达式的结果，如果表达式 1 的值为假，则以表达式 3 的值做为条件表达式的结果。如表达式 3>5?3:5 的值为 5，表达式 3<5?3:5 的值为 3。

2. 优先级

条件运算符优先级高于赋值运算符，低于逻辑运算符和关系运算符。

3.3.2 条件表达式

将常量、变量、函数等通过条件运算符连接起来组成的表达式称为条件表达式。

【例 3-3】输入三个数，输出这三个数中的最大数（ex3_3.cpp）

方法：使用简单条件表达式。

```
#include <stdio.h>
```

```
main()
{
    int a,b,c,max;
    scanf("%d,%d,%d",&a,&b,&c);    //输入三个数
    max=a>b?a:b;                   //将 a、b 中大数存入 max
    max=max>c?max:c;               //a、b 中的大数 max 与 c 比较，大数再存入 max
    printf("max=%d\n",max);
}
3,8,5
max=8
```

语句：max=a>b?a:b 求得 a、b 两个数的最大数，将结果存入 max。

语句：max=max>c?max:c，利用 a、b 中的大数 max 与 c 比较，确定三个数中的最大数，将最大数再存入 max，max 即为三个数中的最大数。

【例 3-4】输入三个数，输出这三个数中的最大数。（ex3_4.cpp）

方法：使用复杂条件表达式。

```
#include <stdio.h>
main()
{
    int a,b,c,max;
    scanf("%d,%d,%d",&a,&b,&c);    //输入三个数
    max=a>b?(a>c?a:c):(b>c?b:c);
    printf("max=%d\n",max);
}
3,8,5
max=8
```

语句：max=a>b?(a>c?a:c):(b>c?b:c)中，如果 a>b 为真，即 a 是 a、b 中的最大数，则执行(a>c?a:c)；如果 a>b 为假，即 b 是 a、b 中的最大数，则执行(b>c?b:c)。

3.4　if 语句

选择结构与顺序结构相对应，程序在执行过程中根据某些条件执行相应的语句，以此改变程序执行的结构。通常使用：如果……那么……。选择结构包括 if 和 switch 两个语句。

3.4.1　简单 if 语句

简单 if 语句的一般形式为：

```
if (表达式)
{
    语句组;
}
```

在这里，if 是 C 语言的关键字。其执行过程：首先判断表达式的值，如果表达式的值为真，则执行语句组，否则执行语句组下面的其他语句。当语句组有多条时，该语句组必须加“{ }”。if 语句的控制流程如图 3-1 所示。

【例 3-5】输入两个数，输出大数。（ex3_5.cpp）

```
#include <stdio.h>
main()
{
    int x,y,max;
```

```
        scanf("%d,%d",&x,&y);
        max=x;
        if (max<y)
                max=y;
        printf("max=%d\n",max);
    }
```

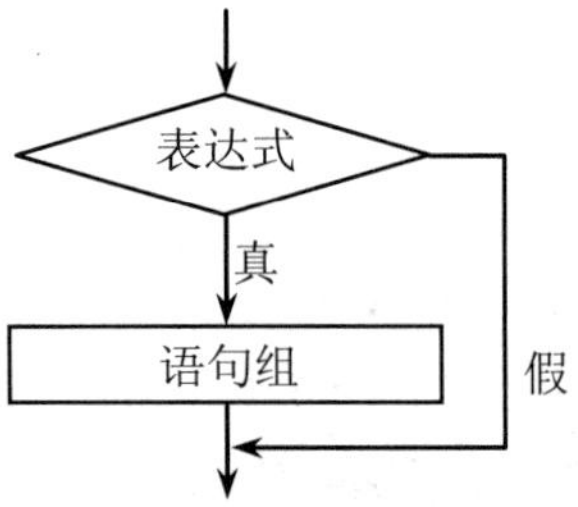

图 3-1　简单 if 语句结构图

【例 3-6】输入一个数，判断其奇偶性。（ex3_6.cpp）

```
#include <stdio.h>
main()
{
    int x;
    scanf("%d",&x);
    if (x%2)                        //余数非 0
      printf("%d is odd\n",x);      //x 是奇数
    if (x%2==0)                     //余数为 0
      printf("%d is even\n",x);     //x 是偶数
}
```

3.4.2　双分支 if 语句

双分支 if 语句为 if…else 形式，其一般形式为：

```
if (表达式)
{
    语句组 1;
}
else
{
    语句组 2;
}
```

在这里，if 与 else 是 C 语言的关键字。其执行过程：首先判断表达式的值，如果表达式的值为真，则执行语句组 1，否则执行语句组 2。当语句组 1 与语句组 2 由多条语句构成时，必须使用“{}”括起来，形成复合语句。if…else 语句的控制流程如图 3-2 所示。

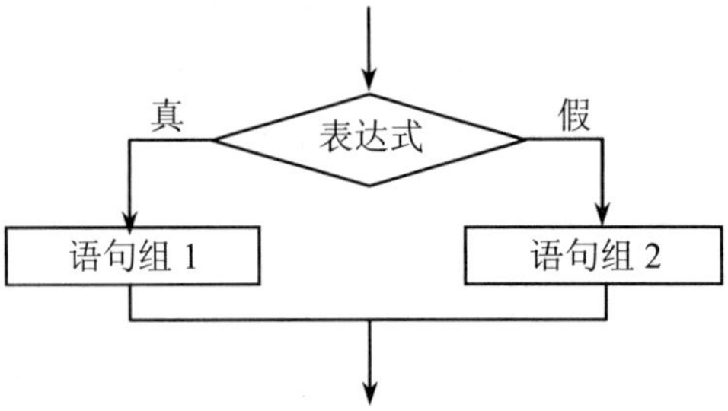

图 3-2　双分支 if 语句

【例 3-7】输入一个数，判断其是否能被 3 整除。若能被 3 整除，输出“YES”，否则输出“NO”。（ex3_7.cpp）

```
#include <stdio.h>
main()
{
    int x;
    scanf("%d",&x);
    if (x%3)                    //余数非 0，不能被 3 整除
        printf("NO\n");
    else                        //否则，能被 3 整除
        printf("YES\n");
}
```

【例 3-8】输入一个年份，判断其是否为闰年。（ex3_8.cpp）

判断一年份是否为闰年有两种方法：

（1）年份能被 4 整除，但不能被 100 整除；

（2）年份能被 400 整除。

因此，使用 C 语言来描述某年份是否为闰年的表达式可表示如下：

```
(year%4==0 && year%100 !=0) || (year%400==0)
```

判断某年份是否为闰年的程序如下：

```
#include <stdio.h>
main()
{
        int year;
        scanf("%d",&year);
        if((year%4==0 && year%100 !=0) || (year%400==0))
            printf("%d is leap\n",year);
        else
            printf("%d is not leap\n",year);
}
```

3.4.3　多分支 if 语句

多分支 if 语句为 if…else 形式，其一般形式为：

```
if (表达式 1)
{
    if(表达式 2)语句 1;
    else 语句 2
}
else
{
    if(表达式 3)语句 3;
    else 语句 4;
}
```

在这里，if 与 else 是 C 语言的关键字。其执行过程：首先判断表达式 1 的值，如果表达式 1 的值为真，再判断表达式 2 的值，当表达式 2 的值为真，则执行语句 1，否则执行语句 2。如果表达式 1 的值为假，再判断表达式 3 的值，当表达式 3 的值为真，则执行语句 3，否则执行语句 4。当语句 1、语句 2、语句 3、语句 4 为复合语句时，必须使用“{}”括起来，形成复合语句。多分支 if…else 语句结构的控制流程如图 3-3 所示。

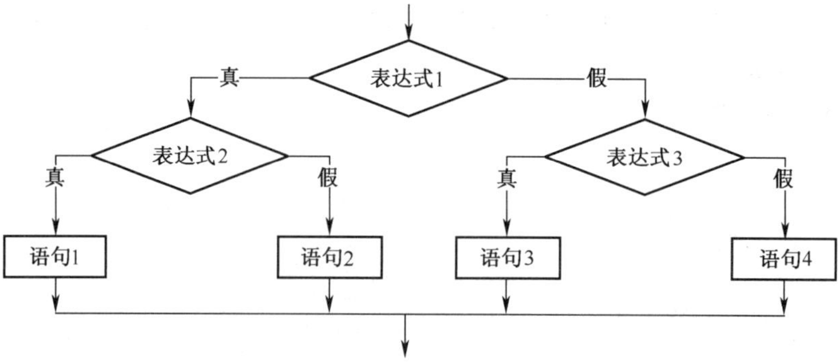

图 3-3　多分支 if 语句

设有程序片段 code3-2.txt，当 a=3，b=5，c=9，d=7 时，执行下面的程序段后，x 的值为多少？

```
if (a<b)          ……………………①
    if (c<d) x=4;     ……………②
    else      ……………………③
        if(a<c)     ……………④
            if(b<d) x=6; ……⑤
            else x=8; ……….⑥
        else x=9;    ………….⑦
else x=14;        ……………...…⑧
```

分析：程序开始执行①中的 a<b，结果为真，不执行⑧，而执行②中的 c<d，结果为假，②中的 x=4 不执行，选择执行③④，④中 a<c 为真，再执行⑤中的 b<d，结果为真，执行⑤中的 x=6，⑥⑦不执行。因此，x 的值为 6。

3.4.4　if 语句使用说明

if 语句是选择结构中的一种典型句型，在使用过程中应特别注意以下几点：

（1）作为 if 语句的表达式必须使用“()”括号括起来。

（2）条件为真（假）时，执行的语句如果是一些语句组，则语句组必须使用“{}”括起来，将这些语句组构成复合语句。

（3）else 与 if 配对时，else 总是找其上面最近没有被配对过的 if。

（4）为了方便阅读和修改程序，一定要使用缩进式的程序编写风格，并将配对的 if…else 对齐。

3.5　switch 语句

C 语言还提供了另一种用于多分支选择的 switch 语句，其一般形式为：

```
switch(表达式)
{
        case 常量表达式 1:   语句 1;break;
        case 常量表达式 2:   语句 2;break;
        …
```

```
        case 常量表达式 n:   语句 n;break;
        default         :   语句 n+1;
    }
```

在这种选择结构中，switch、case、break、default 是 C 语言系统的关键字，其执行过程是：先计算表达式的值，然后直接跳转到 case 后与其具有相同值的常量表达式处开始执行，直到 break 语句或语句结束处结束执行。如表达式的值与所有 case 后的常量表达式均不相同时，则执行 default 后的语句。语句中 break 可以省略，default 部分也可以省略。

switch 语句结构的控制流程如图 3-4 所示。

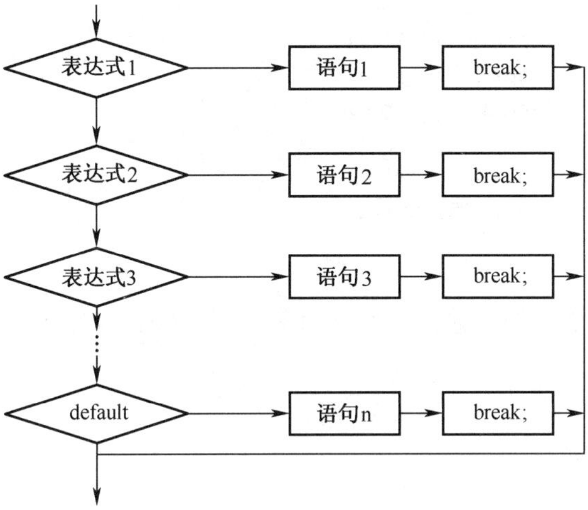

图 3-4　switch 语句流程控制结构

【例 3-9】输入一个日期，输出该日期是星期几。（ex3_9.cpp）

```
#include <stdio.h>
main()
{
    int day;
    scanf("%d",&day);
    switch (day)
    {
      case 1:printf("Monday\n");break;
      case 2:printf("Tuesday\n"); break;
      case 3:printf("Wednesday\n");break;
      case 4:printf("Thursday\n");break;
      case 5:printf("Friday\n");break;
      case 6:printf("Saturday\n");break;
      case 7:printf("Sunday\n");break;
      default:printf("error\n");
    }
}
```

思考：去掉程序中的所有 break;语句，重新运行程序，并分析其结果与原因。

【例 3-10】输入一个学生的分数，根据分数，给出相应的等级。（ex3_10.cpp）

等级 0～59：E　　60～69：D　　70～79：C　　80～89：B　　90～100：A

```
#include <stdio.h>
main()
```

```
{
        int score;
        scanf("%d",&score);
        switch(score/10)
        {
         case 0:
         case 1:
         case 2:
         case 3:
         case 4:
         case 5:     printf("E\n");break;
         case 6:     printf("D\n");break;
         case 7:     printf("C\n");break;
         case 8:     printf("B\n");break;
         case 9:
         case 10:    printf("A\n");break;
         default:    printf("ERROR\n");
        }
}
```

【例 3-11】输入一个月份，输出该月共有多少天。（ex3_11.cpp）

```
#include <stdio.h>
main()
{
        int month;
        scanf("%d",&month);
        switch(month)
        {
         case 1:
         case 3:
         case 5:
         case 7:
         case 8:
         case 10:
         case 12:    printf("31\n");break;
         case 4:
         case 6:
         case 9:
         case 11:    printf("30\n");break;
         case 2:     printf("28 or 29 \n");break;
         default:printf("ERROR\n");
        }
}
```

在使用 switch 语句时还应注意以下几点：

（1）switch 后表达式的值必须是一种有序类型，如整型、字符型、枚举型。

（2）在 case 后的各常量表达式的值不能相同，否则会出现错误。

（3）在 case 后，允许有多个语句，可以不用“{}”括起来。

（4）如果多个 case 语句共享一个语句组，上面的 case 分支可以省略 break;。

（5）各 case 和 default 子句的先后顺序可以变动，而不会影响程序执行结果。

（6）default 子句可以省略不用。

3.6　选择结构的嵌套

多分支 if 语句中的分支既可以嵌套在 if 子句中，也可以嵌套在 else 子句中，还可以在 if 子句与 else 子句中同时嵌套，因此多分支 if 语句有三种嵌套形式。

1. if 子句中嵌套多分支 if 语句

一般形式为：

```
if (表达式 1)
{
    if(表达式 2)
    {   语句组 1;  }
     else
    {   语句组 2;  }
}
else
{
    语句组 3;
}
```

这种选择结构是将嵌套语句放在 if 子句中，其执行过程是：当表达式 1 的值为真时，再判断表达式 2 的值，当表达式 2 的值为真，执行语句组 1，否则执行语句组 2；当表达式 1 的值为假时，执行语句组 3。本嵌套结构的功能是语句组 1、语句组 2、语句组 3 中只能执行其中一个语句组。其工作原理图如 3-5 所示。

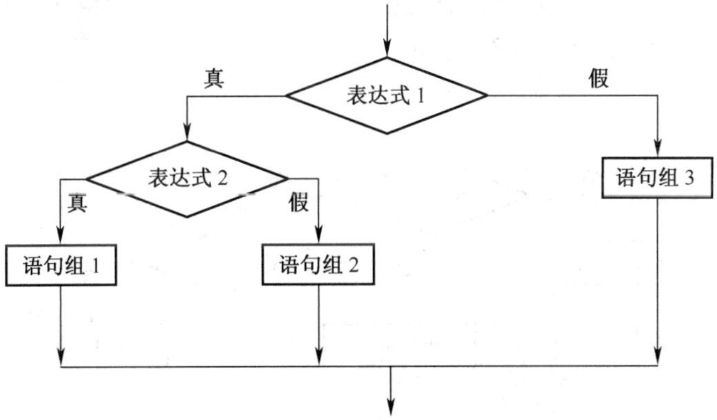

图 3-5　if 子句中嵌套 if 语句流程图

【例 3-12】输入一个学生的分数，根据分数，给出相应的等级。（ex3_12.cpp）

等级 0～59：E　　60～69：D　　70～79：C　　80～89：B　　90～100：A

```
#include <stdio.h>
main()
{
        int score;
        scanf("%d",&score);
        if(score>=60)
                if(score<70)
                        printf("D\n");
                else
                        if(score<80)
```

```
                printf("C\n");
            else
                if(score<90)
                    printf("B\n");
                else
                    printf("A\n");
    else
        printf("E\n");
}
```

2. else 子句中嵌套多分支 if 语句

一般形式为：

```
if (表达式 1)
{
    语句组 1;
}
else
{
    if(表达式 2)
    {   语句组 2;  }
        else
    {   语句组 3;  }
    …
}
```

这种选择结构是将嵌套语句放在 else 子句中，其执行过程是：当表达式 1 的值为真时，执行语句组 1；当表达式 1 的值为假时，再判断表达式 2 的值，当表达式 2 的值为真时，执行语句组 2，否则执行语句组 3。本嵌套结构的功能是语句组 1、语句组 2、语句组 3 中只能执行其中一个语句组。其工作原理图如 3-6 所示。

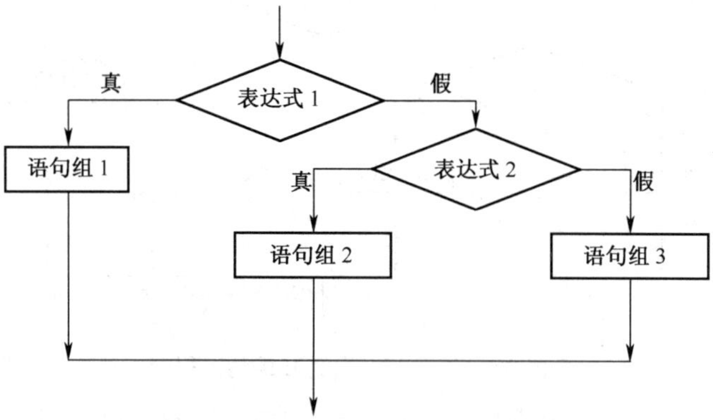

图 3-6　else 子句中嵌套 if 语句流程图

【例 3-13】输入一个学生的分数，根据分数，给出相应的等级。(ex3_13.cpp)

等级 0～59：E　60～69：D　70～79：C　80～89：B　90～100：A

```
#include <stdio.h>
main()
{
    int score;
    scanf("%d",&score);
    if(score>=90)
        printf("A\n");
```

```
    else
        if(score>=80)
            printf("B\n");
        else
            if(score>=70)
                printf("C\n");
            else
                if(score>=60)
                    printf("D\n");
                else
                    printf("E\n");
}
```

分析：本题在 else 子句中嵌套 if 语句，当 score>=90 分时，输出 A，否则，即 score<90；当 score>=80 时，score 介于 80～90 之间，输出 B，否则，即 score<80；当 score>=70 时，score 介于 70～80 之间，输出 C，否则，即 score<70；同理，输出 D 和 E。

3. if 子句与 else 子句中均嵌套多分支 if 语句

一般形式为：

```
if (表达式 1)
{
    if(表达式 2)
    {   语句组 1;  }
        else
{   语句组 2;  }
}
else
{
    if(表达式 3)
    {   语句组 3;  }
        else
    {   语句组 4;  }
}
```

这种选择结构是将嵌套语句分别放在 if 子句和 else 子句中，其执行过程是：

当表达式 1 的值为真时，再判断表达式 2 的值，当表达式 2 的值为真，执行语句组 1，否则执行语句组 2。

当表达式 1 的值为假时，再判断表达式 3 的值，当表达式 3 的值为真，执行语句组 3；否则执行语句组 4。

总体而言，这 4 个语句组，只能执行其中的一个。其工作原理图如 3-7 所示。

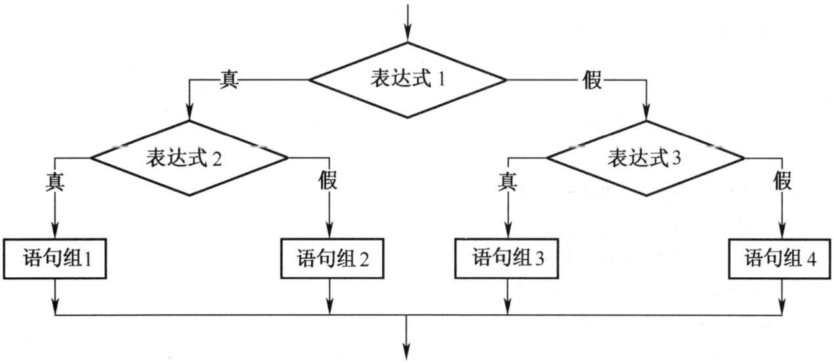

图 3-7　if 子句与 else 子句中均嵌套 if 语句流程图

【例 3-14】输入一个学生的分数，根据分数，给出相应的等级。（ex3_14.cpp）

```
0～59：E
60～69：D
70～79：C
80～89：B
90～100：A
#include <stdio.h>
main()
{
    int score;
    scanf("%d",&score);
    if(score>=80)
        if(score>=90)
            printf("A\n");
        else
            printf("B\n");
    else
        if(score>=70)
            printf("C\n");
        else
            if(score>=60)
                printf("D\n");
            else
                printf("E\n");
}
```

分析：本题 if 子句与 else 子句中均嵌套有 if 语句。

当 score 大于或等于 80 分时，再判断该分数是否大于或等于 90，为真，则输出 A，否则，输出 B。

当 score 小于 80 分时，还有三种可能情况，因此 else 子句中还需使用两个 if 子句和一个 else 子句进行判断。

【例 3-15】输入一个学生的分数，根据分数，给出相应的等级。（ex3_15.cpp）

0～59：E

60～69：D

70～79：C

80～89：B

90～100：A

```
#include <stdio.h>
main()
{
    int score;
    scanf("%d",&score);
    if(score>=90 && score<=100)
        printf("A\n");
    if(score>=80 && score<90)
        printf("B\n");
    if(score>=70 && score<80)
        printf("C\n");
    if(score>=60 && score<70)
```

```
        printf("D\n");
    if(score<60 && score>=0)
        printf("E\n");
}
```

分析：本题将嵌套的 if 语句分解成多个 if 语句，尽管条件表达式较为复杂，但程序的结构变量简单。条件 score>=90 && score<=100 等价于数学表达式 100>=score>=90，表达更接近题意要求，容易理解。但需要注意的是表达式不能直接写成数学表达式。

3.7　应用举例

【例 3-16】输入一个三位数，判断其是否为水仙花数。所谓水仙花数是指该三位数的各位数字的立方和等于该数本身，如 153=1*1*1+5*5*5+3*3*3。（ex3_16.cpp）

本题的算法思想是：

（1）输入一个数，存入变量的地址。

（2）求该数的个位、十位、百位，分别存入三个变量中。

（3）判断个位、十位、百位数字的立方和是否等于该数本身。

程序代码如下：

```
#include <stdio.h>
main()
{
    int n,g,s,b;
    scanf("%d",&n);                //输入一个三位数，存入 n 的地址
    g=n%10;                        //求个位
    s=n/10%10;                     //求十位
    b=n/100;                       //求百位
    if(g*g*g+s*s*s+b*b*b==n)       //各位数字的立方和是否与 n 相等
        printf("YES\n");
    else
        printf("NO\n");
}
```

【例 3-17】输入一个日期（含年、月、日），求该日期是这一年中的第多少天。（ex3_17.cpp）

分析：如计算 2011-12-10 这个日期是这一年中的第多少天，我们假设变量 days 保存该日期是这一年中的第多少天，首先将 12 月份的 10 天先存入 days，再将前 11 个月的总天数累加至 days 变量中，最后判断该年是否为闰年且月份是否大于 2 月，如满足上述两个条件，则总天数加 1，将闰年多 1 天的情况考虑进去。关键问题是如何将前 11 个月的天数累加至 days。本题中 switch 语句不使用 break 关键字，那么在计算 11 个月的总天数时，因满足 11 月份分支，则 11 月至 1 月份的天数都将累加至 days 变量，最终实现多个月份天数的累加。程序代码如下：

```
#include <stdio.h>
int main()
{
    int m,y,d,days;
    scanf("%d,%d,%d",&y,&m,&d);
    days=d;
    switch (m-1)
    {
        case 11:days=days+30;
        case 10:days=days+31;
```

```
            case 9:days=days+30;
            case 8:days=days+31;
            case 7:days=days+31;
            case 6:days=days+30;
            case 5:days=days+31;
            case 4:days=days+30;
            case 3:days=days+31;
            case 2:
                if ((y%4==0 && y%100!=0) || (y%400==0))
                    days=days+29;
                else
                    days=days+28;
            case 1:days=days+31;
        }
        printf("%d\n",days);
        return 0;
}
```

3.8 本章小结

根据条件表达式（可以是关系表达式、逻辑表达式、算术表达式）的结果，选择执行不同的程序段，这样的程序结构称之为选择结构（也称分支结构）。C 语言中使用 if 与 switch 两种基本句型来描述选择结构。

其中 if 语句有单分支结构、双分支结构、多分支结构三种表达形式。多分支结构可以嵌入在 if 子句中，也可以嵌入在 else 子句中，还能在 if 和 else 子句中同时嵌套。在程序设计过程中，应尽可能地将复杂的多分支结构语句分解成多个单分支结构，条件表达式的设计相对来说要复杂一些，但程序总体结构较清晰，也容易理解。

switch 语句一般应用于多分支结构，对于条件表达式的结果为整型、字符型、枚举类型时，采用 switch 语句效果更好，可读性更强。

习题三

一、选择题

1．在 C 语言的 if 语句中，用作判断的表达式为（　　）。

A．关系表达式　　B．逻辑表达式　　C．算术表达式　　D．任意表达式

2．能正确表示“当 x 的取值在[1,10]和[200,210]范围内为真，否则为假”的表达式是（　　）。

A．(x>=1) &&(x<=10) &&(x> = 200) &&(x<=210)

B．(x>=1) || (x<=10) ||(x>=200) ||(x<=210)

C．(x>=1) &&(x<=10)||(x>= 200) &&(x<=210)

D．(x > =1)||(x< =10) && (x> = 200)||(x<=210)

3．判断 char 型变量 ch 是否为大写字母的正确表达式是（　　）。

A．' A' <=ch<='Z'　　B．(ch> = 'A')&(ch<=' Z')

C．(ch>=' A')&&(ch<='Z')　　D．(' A' < = ch)AND('Z'> = ch)

4．设 x、y 和 z 是 int 型变量，且 x = 3，y= 4，z= 5，则下面表达式中值为 0 的是（　　）。

A．'y'&&'y'　　B．x <=y　　C．x||y+z&&y-z　　D．!x

5．若希望当 A 的值为奇数时，表达式的值为“真”，A 的值为偶数 表达式的值为“假”。则以下不能满足要求的表达式是（　　）。

A．A%2= =1　　B．!(A%2 = =0)　　C．!(A%2)　　D．A%2

6．执行以下语句后 a 的值为（　　）。

```
int a,b,c;
a= b= c= 1;
++a||++b&&++c ;
```

A．错误　　B．0　　C．2　　D．1

7．设 x=3，y=4，以下不正确的 if 语句形式是（　　）。

A．if(x>y && x!=y);　　B．if(x==y) x+=y;

C．if(x != y) scanf("%d",&x) else scanf("%d",&y);　　D．if(x)

二、填空题

1．当 a、b、c 的值分别为 3、4、5 时，

```
if (a>c) {a=b;b=c;c=a;}
else     {a=c;c=b;b=a;}
```

以上语句执行后 b 的值为________。

2．当 a=3，b=4，c=5 时，写出下列各式的值。

a==c 的值为________，a!=c 的值为________，a&&b 的值为________，!a&&b 的值为________，a||c 的值为________，!a||c 的值为________，a+b>c&&b==c 的值为________。

3．设 x 为 int 型变量，请写出一个关系表达式________，用以判断 x 同时为 3 和 7 的倍数时，关系表达式的值为真。

4．若 a 是数值类型，则逻辑表达式(a==1)||(a!=1)的值是________。

5．关键字 case 只能出现在________语句中。

6．为了避免嵌套的 if-else 语句的二义性，C 语言规定 else 总是与________组成配对关系。

7．设 ch 是 char 型变量，其值为 F，且有表达式 ch=(ch>='A'&&ch<='Z')?(ch+32):ch，则表达式的值是________。

8．当 if 语句内有多条语句时，需要将这多条语句使用________括起来，形成复合语句。

9．switch(表达式)中，对“表达式”的要求是________。

三、阅读程序，写出运行结果

```
#include <stdio.h>
int main(int argc, char *argv[])
{
    int a=1,b=2,c=3,d=0;
    if (a==1)
        if (b!=2)
            if (c==3) d=1;
            else d=2;
        else if (c!=3)
            d=3;
        else d=4;
    else d=5;
    printf("%d\n",d);
    return 0;
}
```

四、程序改错题

下面程序对输入的字符进行判断，如果是数字符号，则输出“number char”；如果是字母，则将小写字母变为大写字母，大写字母变小写字母输出；是其它字符则输出“other char”。程序中有两处错误，请更正。

```
#include <stdio.h>
int main(int argc, char *argv[])
{
    char ch;
    scanf("%c",&ch);
    if (ch>'0'&&ch<'9')
        printf("number char\n");
        else if (ch>='a'&&ch<='z')
            printf("%c\n",ch-32);
        else if (ch<='A'&&ch>='Z')
            printf("%c\n",ch+32);
       else printf("other char\n");
    return 0;
}
```

五、程序填空题

1．以下程序的功能是输入一个 2～99 之间的数据，然后判断该数据是否是一个同构数。同构数是指该数出现在其平方数的右边，例如 5 和 25 是同构数。请将程序功能补充完整。

```
#include <stdio.h>
int main()
{
    int x,y;
    printf("Please input the data x： ");
    scanf("%d",&x);
    【  1  】
    if(【  2  】)
    printf("%d and %d is 同构数",x,y);
    return 0;
}
```

2．以下程序的功能是判断一个 5 位数是不是回文数。回文数是指该数正读与反读数值一样，例如 12321 是回文数。请将程序功能补充完整。

```
#include <stdio.h>
main()
{  long wan，qian，shi，ge，num；
   scanf(″%ld″，&num)；
   wan＝【  1  】；
   qian＝【  2  】；
   shi＝【  3  】；
   ge＝num%10；
   if(【  4  】) printf(″%d is huiwen.\n″，num)；
   else printf(″%d is not huiwen.\n″，num)；
}
```

六、编程题

1．编写一个程序，功能是从键盘输入一个整数，判断它是否是二位数，如果是，就打印它的十位数与个位数，否则输出“该数不是一个二位数”。

2．编写一个程序，功能是从键盘输入三个整数，将其按由小到大的顺序排序输出。

3．求解一元二次方程 $ax^2+bx+c=0(a\neq 0)$的根，考虑实根与虚根的情形。

4．根据以下关系，对输入的每个 x 值，编程计算出相应的 y 值。

x	y
$x\leqslant 0$	$\lvert x\rvert$
$0<x\leqslant 10$	$2x^2+1$
$10<x\leqslant 50$	x^3-x^2+1
$x>50$	$-0.5x+20$

5．计算三角形的面积，由键盘输入三个数，判断以这三个数为边能否构成三角形，如果能构成三角形，计算出此三角形的面积，如果不能，则显示适当的信息。

6．运输公司对用户计算运费。距离越远，每千米运费越低，标准如下：

s<250km	无折扣	
250≤s<500	2%折扣	1
500≤s<1000	5%折扣	2，3
1000≤s<2000	8%折扣	4，5，6，7
2000≤s<3000	10%折扣	8，9，10，11
3000≤s	15%折扣	12

设每千米每吨货物的基本运费为 p，货物重为 w，距离为 s，折扣为 d，则总运费计算公式为 f=p*w*s*(1-d)，编写程序计算运费。

要求：（1）使用 switch 和 case 语句。

（2）p、w、s 的值从键盘输入。

7．计缴个人所得税：从 2011 年 9 月 1 日起，起征点为 3500 元，按七级超额累进税率（3%至 45%）计缴个人所得税。工资薪金以每月收入额减除费用扣除标准后的余额为应纳税所得额。

计算公式是：工资薪金所得个人所得税应纳税额＝应纳税所得额×适用税率-速算扣除数

级数	含税级距	税率（%）	速算扣除数
1	不超过 1500 元的	3	0
2	超过 1500 元至 4500 元的部分	10	105
3	超过 4500 元至 9000 元的部分	20	555
4	超过 9000 元至 35000 元的部分	25	1005
5	超过 35000 元至 55000 元的部分	30	2755
6	超过 55000 元至 80000 元的部分	35	5505
7	超过 80000 元的部分	45	13505

例：王某当月取得工资收入 9400 元，当月个人承担住房公积金、基本养老保险金、医疗保险金、失业保险金共计 1000 元，费用扣除额为 3500 元，则王某当月应纳税所得额=9400−1000−3500=4900 元。应纳个人所得税税额=4900×20%−555=425 元。

要求：输入月工资收入、费用扣除额，计算个人所得税。

第4章　循环结构程序设计

本章学习目标

- 理解C语言中循环结构的概念
- 熟练掌握循环结构中while、do…while、for语句的编程方法
- 掌握各种循环语句相互嵌套的方法及各种循环语句间的区别
- 掌握break、continue语句的使用方法

4.1　概述

循环结构（又称重复结构）是程序中的另一个基本结构。在实际问题中，常常需要进行大量的重复处理，循环结构可以使我们只写很少的语句，而让计算机反复执行，从而完成大量类同的计算。循环结构的基本特点是，在给定条件成立时，反复执行某程序段，直到条件不成立为止。给定的条件称为循环条件，反复执行的程序段称为循环体。C语言提供了while语句、do…while语句和for语句，可以组成各种不同形式的循环结构。

循环的本质就是指在循环条件为真时反复执行的一组指令。C语言采用三种语句格式，实现两种循环方式：计数式循环和标记式循环。

计数式循环用于处理准确知道循环执行次数的循环过程，所以又可将计数式循环称为“定数循环”。

在计数式循环过程中，循环控制变量用来计算循环的次数。控制变量的值在每次执行完循环体语句后都要发生变化，即递增或递减，当循环控制变量的值经改变后达到了预定的循环次数，循环体将被终止执行并执行循环结构后面的语句。

标记式循环式用于处理循环次数未知的循环过程，所以也将其称为“不定数循环”。

在标记式循环过程中，由于事先不知道准确的循环次数，需要在循环体中包含每次循环都要获取数据的语句，以期望在某次的数据输入后因不满足循环继续的条件而终止循环过程，这个确保退出循环的数据被称为标记值，标记值应该是在输入了所有合法的数据后提供给程序的值，因此标记值必须不同于正常的数据项。

4.2　while语句

while语句又称当型循环控制语句，它一般形式为：

```
while(表达式) 语句
```

其中表达式是循环条件，语句为循环体。

while语句的语义是：先计算表达式的值，当表达式的值为真（非0）时，执行循环体语句，否则终止循环，执行while语句的后续程序。其特点是先判断，再执行。若表达式不为真，

有可能其循环体一次也未执行。其流程图如图 4-1 所示。

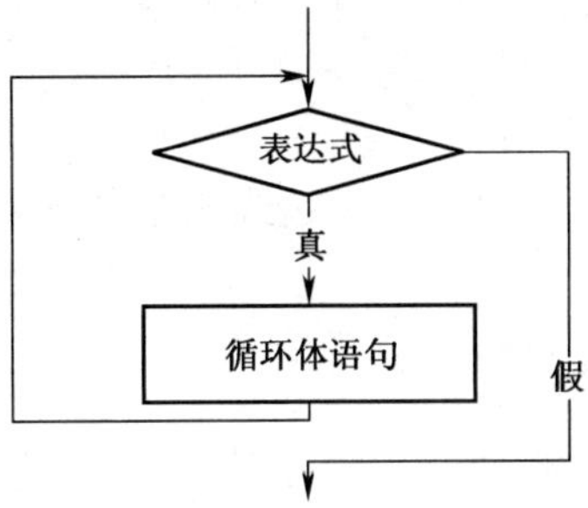

图 4-1　while 语句流程控制结构

【例 4-1】用 while 语句求 1+2+3+…+100 的和。（ex4_1.cpp）

其算法的基本流程图如图 4-2 所示。

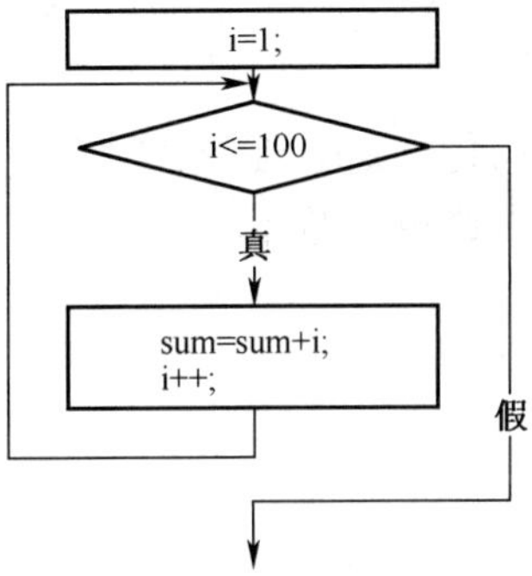

图 4-2　求 1+2+3+…+100 的和的流程控制图

```
#include <stdio.h>
main()
{
        int i,sum=0;
        i=1;
        while(i<=100)
        {
                sum=sum+i;
                i++;
        }
        printf("%d\n",sum);
}
```

【例 4-2】统计从键盘输入一行字符的个数。（ex4_2.cpp）

```
#include <stdio.h>
main()
{
        int n=0;
        printf("input a string:\n");
        while(getchar()!='\n') n++;
        printf("%d",n);
}
```

本例程序中的循环条件为 getchar()!='\n'，其意义是，只要从键盘输入的字符不是回车符就继续循环。循环体 n++完成对输入字符个数计数。从而实现了对输入的字符进行计数的功能。

使用 while 语句应注意以下几点：

（1）while 语句中的表达式一般是关系表达式或逻辑表达式，只要表达式的值为真（非 0）即可继续循环，如：

```
#include <stdio.h>
void main()
{
        int a=0,n;
        printf("\n input n: ");
        scanf("%d",&n);
        while (n--)
                printf("%d ",a++*2);
}
```

本例程序将执行 n 次循环，每执行一次，n 值减 1。循环体输出表达式 a++*2 的值。该表达式等效于(a*2;a++)。

（2）循环体如含一个以上的语句，则必须用“{ }”括起来，组成复合语句。

（3）应注意循环条件的选择以避免死循环，如：

```
void main()
{
        int a,n=0;
        while(a=5)
                printf("%d ",n++);
}
```

本例中 while 语句的循环条件为赋值表达式 a=5， 因此该表达式的值永远为真，而循环体中又没有其他中止循环的语句，因此该循环将无休止地进行下去，形成死循环。

（4）允许 while 语句的循环体又是 while 语句，从而形成双重循环。

4.3 do…while 语句

do…while 语句的一般形式为：

```
do
语句;
while(表达式);
```

其中语句是循环体，表达式是循环条件。

do…while 语句的语义是：先执行循环体语句一次， 再判别表达式的值，若为真（非 0）则继续循环，否则终止循环，执行 do…while 语句的后续程序。do…while 是先执行后判断，因此 do…while 至少要执行一次循环体。

【例 4-3】用 do…while 语句求 1+2+3+…+100 的和。（ex4_3.cpp）

其算法的基本流程图如图 4-3 所示。

```
#include <stdio.h>
main()
{
        int i,sum=0;
```

```
    i=1;
    do
    {
        sum=sum+i;
        i++;
    }while(i<=100);
   printf("%d\n",sum);
}
```

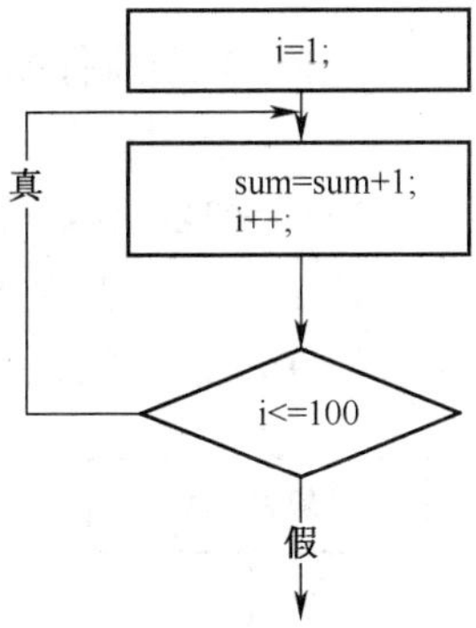

图 4-3　求和算法的流程控制结构

while 语句和 do…while 语句一般都可以相互改写，如：

```
#include <stdio.h>
void main()
{
    int a=0,n;
    printf("\n input n: ");
    scanf("%d",&n);
    do
    printf("%d ",a++*2);
    while (--n);
}
```

在本例中，循环条件改为--n，否则将多执行一次循环。这是由于先执行后判断而造成的。

对于 do…while 语句还应注意以下几点：

（1）在 if 语句和 while 语句中，表达式后面都不能加分号，而在 do…while 语句的表达式后面则必须加分号。

（2）do…while 语句也可以组成多重循环，而且也可以和 while 语句相互嵌套。

（3）在 do 和 while 之间的循环体由多个语句组成时，也必须用“{ }”括起来组成一个复合语句。

（4）do…while 和 while 语句相互替换时，要注意修改循环控制条件。

4.4　for 语句

for 语句是 C 语言所提供的功能更强，使用更广泛的一种循环语句。其一般形式为：

```
for(表达式 1;表达式 2;表达 3)
      语句;
```

表达式 1 通常用来给循环变量赋初值，一般是赋值表达式。也允许在 for 语句外给循环变量赋初值，此时可以省略该表达式。

表达式 2 通常是循环条件，一般为关系表达式或逻辑表达式。

表达式 3 通常可用来修改循环变量的值，一般是赋值语句。

这三个表达式都可以是逗号表达式，即每个表达式都可由多个表达式组成。三个表达式都是任选项，都可以省略。

一般形式中的“语句”即为循环体语句。for 语句的语义是：

（1）首先计算表达式 1 的值。

（2）计算表达式 2 的值，若值为真（非 0）则执行循环体一次，否则终止循环，执行 for 语句的后续程序。。

（3）计算表达式 3 的值，转回第（2）步重复执行。

在整个 for 循环过程中，表达式 1 只计算一次，表达式 2 和表达式 3 则可能计算多次。循环体可能多次执行，也可能一次都不执行。for 语句的执行过程如图 4-4 所示。

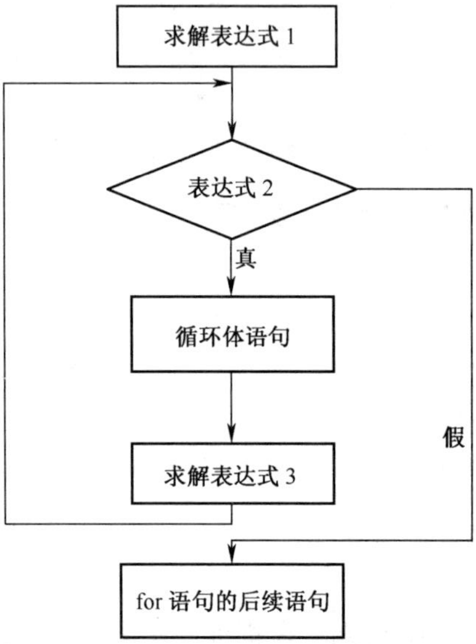

图 4-4　for 语句的流程控制结构

for 语句最简单的应用形式也是最容易理解的形式如下：

for(循环变量赋初值;循环条件;循环变量增量) 语句

循环变量赋初值总是一个赋值语句，它用来给循环控制变量赋初值；循环条件是一个关系表达式，它决定什么时候退出循环；循环变量增量，定义循环控制变量每循环一次后按什么方式变化。这三个部分之间用“;”分开。

【例 4-4】用 for 语句求 1+2+3+…+100 的和。(ex4_4.cpp)

其算法的基本流程图如图 4-5 所示。

```
#include <stdio.h>
main()
{
    int i,sum=0;
    for(i=0;i<=100;i++)
        sum=sum+i;
```

```
        printf("%d\n",sum);
    }
```

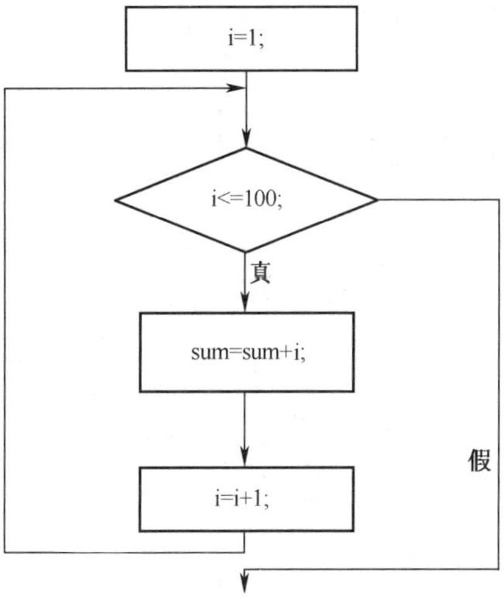

图 4-5 用 for 语句求和的基本流程图

本例 for 语句中的表达式 3 为 i++，实际上也是一种赋值语句，相当于 i=i+1，以改变循环变量的值。

用 for 语句实现。从 0 开始，输出 n 个连续的偶数，程序代码如下所示：

```
#include <stdio.h>
void main()
{
    int a=0,n;
    printf("\n input n: ");
    scanf("%d",&n);
    for(;n>0;a++,n--)
      printf("%d ",a*2);
}
```

本例的 for 语句中，表达式 1 已省去，循环变量的初值在 for 语句之前由 scanf 语句取得，表达式 3 是一个逗号表达式，由 a++和 n--两个表达式组成。每循环一次 a 自增 1，n 自减 1。a 的变化使输出的偶数递增，n 的变化控制循环次数。

在使用 for 语句中要注意以下几点

（1）for 语句中的各表达式都可省略，但分号间隔符不能少。如：

```
for(;表达式;表达式)        省去了表达式 1。
for(表达式;;表达式)        省去了表达式 2。
for(表达式;表达式;)        省去了表达式 3。
for(;;)                    省去了全部表达式。
```

（2）在循环变量已赋初值时，可省去表达式 1，如上例即属于这种情形。如省去表达式 2 或表达式 3 则将造成无限循环，这时应在循环体内设法结束循环。例程如下：

```
#include <stdio.h>
void main()
{
    int a=0,n;
    printf("\n input n: ");
    scanf("%d",&n);
```

```
        for(;n>0;)
        {
            printf("%d ",a*2);
            a++;n--;
        }
    }
```

本例中省略了表达式 1 和表达式 3，由循环体内的 n--语句进行循环变量 n 的递减，以控制循环次数。

下面程序中中省略了表达式 1、表达式 2 和表达式 3，循环体内的 n--使得循环变量 n 递减，以控制循环次数，由 if 语句进行循环是否结束的判断。

```
    #include <stdio.h>
    void main()
    {
        int a=0,n;
        printf("\n input n: ");
        scanf("%d",&n);
        for(;;)
        {
            if(n==0)break;
            printf("%d ",a*2);
            a++;n--;
        }
    }
```

4.5　三种循环语句的比较

用于实现循环控制的语句有三种： while、do…while、for 循环语句，三者语句形式不同，相互之间有一定的区别，但主要的结构成分都是循环体和循环控制条件。

循环体是希望反复执行的部分；循环控制条件用来判断循环是否继续执行，而循环控制条件在循环语句中的使用又可分成循环控制条件的初始化和循环控制条件的检测两部分。在循环控制条件初始化后，在执行循环过程中对循环控制条件涉及的变量进行不断地修改，并不断地检测其是否满足退出循环的情况。

三种循环控制语句的区别和特点：

（1）while、do…while 循环一般采用标志式循环（循环次数未知），for 循环采用的大多数为计数式循环（循环次数已知）。

（2）一般地，while、do…while 循环将循环结束的条件放在 while 后面的表达式中，在循环体中应包含反复执行的操作语句以及包含使循环趋于结束的语句（如 i++等）。for 循环则将循环结束的条件以及使循环趋于结束的语句置于表达式 2 和表达式 3 中，甚至可以将循环体中的全部操作以逗号表达式的形式描述表达式 3。因此说 for 语句功能更强，采用 while、do…while 语句能实现的循环采用 for 语句几乎都能实现。

（3）while、for 循环是先判断循环条件，后执行循环体语句的循环结构。while 循环语句和 for 循环语句在开始时，首先测试循环条件，如果满足条件，则执行循环体，如果循环条件一开始就不满足，则循环体的内容一次也不执行，退出循环。

例如：for(i=1;i<=-100;i--)

{…}

因此循环体可能被执行 0 次（循环条件不满足）或多次（循环条件满足），而 do…while 循环是先执行循环体语句，后判断循环条件的循环结构，所以循环条件无论怎样循环体都要被执行至少一次。

例如：int i=1;

```
do{…}
while(i<=-100);
```

因此循环体至少要被执行一次（循环条件不满足）或多次（循环条件满足）。

（4）采用 while、do…while 循环时，循环变量的初始值操作应放在 while 和 do…while 语句之前完成。而 for 语句中循环控制变量的初始化通常在表达式 1 中实现。

对同一个问题，往往既可以用 while 语句解决也可以用 do…while 语句或 for 语句来解决，三种循环语句格式之间可以相互转化。但在实际应用中，通常根据具体情况来选用不同的循环语句，选用的一般原则是：

①如果循环次数在执行循环体之前就已确定，一般用 for 语句；如果循环次数是由循环体的执行情况来确定，则采用 while 语句或 do…while 语句。

②当循环体至少要执行一次时，采用 do…while 语句；反之如果循环体可能一次也不执行，则选用 while 或 for 语句。

提示：三种循环语句都是根据循环条件来决定是否重复执行，所以在循环体内部或循环条件中必须存在改变循环条件的动作（语句），否则可能会出现死循环等异常情况。

4.6　改变循环执行的状态

4.6.1　break 语句

break 语句用在 switch 语句或循环语句中，其作用是跳出 switch 语句或跳出本层循环，转去执行后面的程序。break 语句的一般形式为：

```
break;
```

当 break 用于 switch 语句中时，可使程序跳出 switch 而执行 switch 以后的语句；如果没有 break 语句，则将成为一个死循环而无法退出。

当 break 语句用于 do…while、for、while 循环语句中时，可使程序终止循环而执行循环后面的语句，通常 break 语句总是与 if 语句连在一起，即满足条件时便跳出循环。

使用 break 语句可以使循环语句有多个出口，在一些场合下使编程更加灵活、方便。break 可用于 C 提供的三种循环结构，其作用是跳出循环。

注意：

（1）break 语句对 if...else 的条件语句不起作用。

（2）在多层循环中，一个 break 语句只向外跳一层。

【例 4-5】编程累加 100 个数的和，如在某次计算后结果值超过 1000 则结束处理。（ex4_5.cpp）

由于 100 个数的输入是任意的，因此可能有两种情况出现，一是在 100 个数全部输入后，其和值仍未达到 1000。那么输出这 100 个数的和。另一种情况时，在某次的数据输入后（<=100 次），其和值已达到 1000，则不需要到循环的最后结束，提前结束循环的处理，使 break 语句

实现。程序清单如下：

```
#include <stdio.h>
main()
{
        int sum=0,x,n;
        for(n=1;n<=100;n++)
        {
                scanf("%d",&x);
                sum=sum+x;
                if (sum>=1000) break; /*如输入数的和超过 1000 则退出循环体*/
        }
        printf("sum=%d\n",sum);
}
```

程序执行结果：

```
20
1000
sum=1020
```

因此，break 语句对于减少循环次数，加快程序执行速度起着重要的作用。

【例 4-6】从键盘上输入字符和数字，边输入边在屏幕上显示出来，当输入“*”号时输入结束。（ex4_6.cpp）

程序清单如下：

```
#include <stdio.h>
main()
{
        int i;char numb;
        for(i=1;;i++)
        {
                scanf("%c", &numb);
                if(numb=='*')
                        break;
                else
                        printf("%c" ,numb);
        }
        printf("end\n");
}
```

程序执行结果：

```
输入        输出
&           &
%           %
4           4
*           end
```

4.6.2 continue 语句

continue 语句只能用在循环体中，其一般格式是：

```
continue;
```

其语义是：结束本次循环，即不再执行循环体中 continue 语句之后的语句，转入下一次循环条件的判断与执行。应注意的是，本语句只结束本层本次的循环，并不跳出循环。continue 会致使循环跳过循环体中余下的语句，通常用于加速循环的执行。

【例 4-7】随机输入 20 个字符，统计键入 f 和 K 字符的次数。（ex4_7.cpp）

通过 getchar()函数接受输入的字符，如果是 f 或者 K 字符，则统计计数变量值加 1。程序清单如下：

```
#include <stdio.h>
main()
{
    int count=0,n;
    char ch;
    for(n=1;n<=20;n++)
    {
        ch=getchar();
        if (ch=='K'||ch=='f') count++;
        else continue;
    }
    printf("%d\n",count);
}
```

程序执行结果：

```
asdfghjklasdfgfghjkK
4
```

提示：在 while 和 do…while 结构中，执行 continue 语句后立即测试循环继续的条件，在 for 结构中执行 continue 语句后计算递增表达式，然后测试继续循环的条件。

【例 4-8】计算 100～1000 之间有多少个数，其中各位数字之和为 5。（ex4_8.cpp）

```
#include <stdio.h>
main()
{
    int i,s,k,count=0;
    for (i=100;i<=1000;i++)
    {
        s=0;k=i;
        while (k)
        {
            s=s+k%10;
            k=k/10;
        }
        if (s!=5) continue ;
        else count++;
    }
    printf("count=%d\n" ,count);
}
```

程序执行结果：

```
count=15
```

提示：在循环体中，continue 语句通常与 if 语句配合使用。

4.6.3 break 语句和 continue 语句的区别

continue 语句只能出现在循环结构中，不执行循环体中的后续语句，返回循环的开头进行新的循环处理，continue 只能结束本次循环。

break 语句只能出现在循环结构和 switch 多分支结构中，直接退出当前循环结构和多分支结构。

从下面的例题中可看出 break 和 continue 语句在程序中的不同作用。

【例 4-9】输入一个数据，如果该数据为负，则打印该数据；为正，则不做任何处理；为 0，则结束循环。（ex4_9.cpp）

程序清单如下：

```
#include <stdio.h>
main()
{
    int data;
    while(1)
    {
        scanf("%d",&data);
        if(data==0) break;
        else if(data>0) continue;
        else printf("%d\n",data);
    }
}
```

由此可见：break 用于退出当前循环结构，而 continue 则未能退出循环结构，只是返回到了循环的开始处重新接收数据。

4.7 多重循环

一个循环语句的循环体内包含另一个完整的循环结构，称为循环的嵌套。这种嵌套的过程可以有很多重，一个循环的外面包围一层循环叫双重循环，如果一个循环的外面包围二层循环叫三重循环，……，一个循环的外面包围三层或三层以上的循环叫多重循环。这种嵌套在理论上来说可以是无限的。

正常情况下，应先执行内层的循环体操作，然后是外层循环。例如：对于双重循环，内层循环被执行的次数应为：内层次数×外层次数。

三种循环语句 while、do…while、for 可以互相嵌套，自由组合。外层循环体中可以包含一个或多个内层循环结构，但要注意的是，各循环必须完整包含，相互之间绝对不允许有交叉现象。因此每一层循环体都应该用｛｝括起来。下面的形式是不允许的：

```
do
{…
for（;;）
{…
}while();
}
```

在这个嵌套结果中出现了交叉。

提示：在循环的嵌套中，即使循环体只有一条语句，也不建议省略{}，防止二义性操作。

以下 6 种循环嵌套的格式是允许的：

（1）for 嵌套
```
for( ; ; )
{
for( ; ; )
{
    …
}
}
```
（2）while 嵌套
```
while(  )
{
while(  )
{
    …
}
}
```
（3）do…while 嵌套
```
do
{
do
{
    …
}while( );
}while(  );
```
（4）for 和 while 嵌套
```
for( ; ; )
{
while( )
{
    …
}
}
```
（5）while 和 do…while 嵌套
```
while(  )
{
do
{
    …
}while(  );
}
```
（6）for 和 do…while 嵌套
```
for( ; ; )
{
do
{
    …
}while(  );
}
```

【例 4-10】 计算算式 xyz+yzz=532 中的 x、y、z 的值（其中 xyz 和 yzz 分别代表一个三位数）。

由于 xyz 和 yzz 分别代表一个三位数，所以 x 的取值范围是 1～9，y 的取值范围是 1～9，z 的取值范围则为 0～9。程序清单如下（ex4_10.cpp）：

```
#include <stdio.h>
main()
{
    int x,y,z,i,result=532;
    for( x=1;x<10;x++ )
    {
        for(y=1;y<10;y++)
        {
            for(z=0;z<10;z++)
            {
                i=100*x+10*y+z+100*y+10*z+z;
                if (i==result)
                    printf("x=%d,y=%d,z=%d\n" ,x,y,z);
            }
        }
    }
}
```

程序执行结果：

```
x=3,y=2,z=1
```

提示：循环嵌套的书写，应该采用右缩进格式书写，以体现循环层次的关系。同时太多的嵌套结构会使程序难以读懂，通常情况下要力图避免超过三层的循环结构。

【例 4-11】 求出用数字 0～9 可以组成多少个个、十、百位没有重复的三位奇数。（ex4_11.cpp）

此类问题的解决需要将所有满足条件的可能情况全部列出来，需要用循环嵌套来处理。对百位、十位、个位分别采用循环，依题意，百位的变化是 1～9，十位的变化时 0～9，个位的变化范围是 1～9，由于是奇数，可以不考虑偶数的情况，所以个位的处理每次递增为 2。

程序清单如下：

```
#include <stdio.h>
main()
{
    int n,i,j,k;
    n=0;
    for (i=1;i<=9;i++)                          /*百位数的处理*/
        for (k=1;k<=9;k=k+2)                    /*个位数的处理, k=k+2 为奇数*/
            if (k!=i)
                for (j=0;j<=9;j++)              /*十位数的处理*/
                    if (j!=i && j!=k)n++;
                    printf("n=%d\n" ,n);
}
```

程序执行结果：

```
n=320
```

【例 4-12】 求 1 至 1000 之间的所有完数，完数是指一个数恰好等于它的因子之和（除自身外），则称这个数为完数。（ex4_12.cpp）

```
#include <stdio.h>
main()
{
    int a,j,m;
    for (a=1;a<=1000;a++)
    {
        for (m=0,j=1;j<=a/2;j++)
            if (!(a%j)) m=m+j;
            if (m==a) printf("%4d\n",a);
    }
}
```

程序执行结果：

```
6 28 496
```

提示：在使用循环嵌套时，内层循环与外层循环的循环控制变量不能相同，但是同一层次上的不同循环结构的循环控制变量可以相同。

例如：

```
for(i=1;i<=10;i++)
    for(j=1;j<=10;++)
    {…}
```

又例如：

```
for(i=1;i<=10;i++) {…}
for(i=1;i<=10;i++) {…}
```

这两种方式都是允许的。

但是

```
for(i=1;i<=10;i++)
    for(i=2;i<=20;i++) {…}
```

则是错误的。

4.8 应用举例

循环结构主要是用于解决重复性的计算工作，因此在计算处理过程中，如果能将问题的解决办法设计成能够多次重复进行的工作，就能够利用循环结构进行程序编写，从而利用计算机快速有效地得到问题的解答。

【例 4-13】用 公式$\frac{\pi}{4}=1-\frac{1}{3}+\frac{1}{5}-\frac{1}{7}+\dots$求 π，结果精确到小数点后 6 位。

问题分析：首先明确此问题的关键是求解各通项累加后的结果。显然公式中各通项的表达式可记为：$(-1)^n\times\frac{4}{2\times n+1}(n\geqslant 0)$。利用循环结构，可以通过重复地将各通项公式的计算结果进行累加从而得到问题的最终解。可以看出，求解过程并不能明确知道重复计算的次数，因此可以利用标记式循环过程来构造循环结构。为保证循环结构能顺利结束，就应该构造出循环结束标记的形式，而此问题中循环结束的条件为：通项的绝对值小于1×10^{-6}。通过以上分析可得到具体算法如图 4-6 所示。

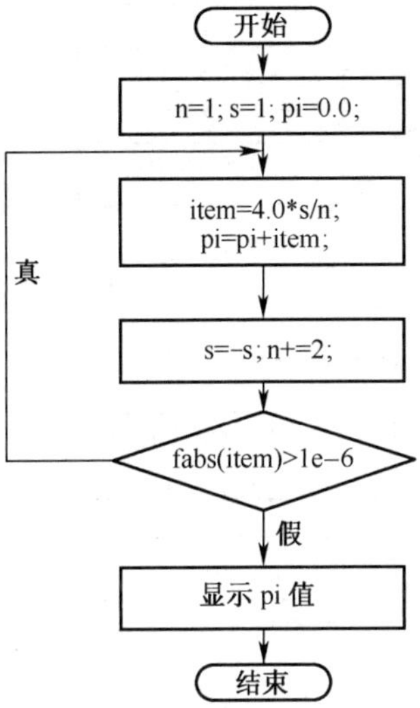

图 4-6　例 4-13 程序实现的流程图

程序清单如下（ex4_13.cpp）：

```
#include <stdio.h>
#include <math.h>
main()
{
      int n,s;                 /* n，通项中的分母；s，通项的正负符号*/
      float item,pi;           /* item，不带符号的通项值；pi，最终的计算结果*/
      n=1; s = 1;pi=0.0 ;      /*循环初始化，注意符号位 s 的初值为 1*/
      do
      {
            item= 4.0*s/n;
            pi = pi +item;
                               /*以上是重复计算的内容，即循环体*/
            s =-s ;
            n+=2;              /*修改 s 和 n 使得 item 以便下次重复累加计算*/
      }while(fabs(item)>1e-6); /*循环控制标记检测*/
      printf("pi=%10.6f\n",pi);
}
```

【例 4-14】从键盘输入任意一个正整数 m，判断其是否为素数。

问题分析：判断一个整数 m 是否为素数，只需用 2～m−1 之间的每一个整数去除，如果都不能被整除，那么 m 就是一个素数。若 m 为合数，则其可表示为 m = a×b 的形式，显然 a

和 b 两数中必然会有一个小于 $\sqrt{m}$ 。因此为减少检测次数，只需用 2～ $\sqrt{m}$ 之间的每个整数去除即可。

由此可知：对于任意一个正整数 m，只要由 2 开始至 $\sqrt{m}$ 为止，对 m 依次反复进行整除检测，若其中任意一个数能整除 m，即可确定 m 不为素数，不用再进行后续数字的检测。即循环检测次数为 2～ $\sqrt{m}$ ，若至中间某数中止了检测（发现能整除的情况），则 m 为合数；只有当所有的数字都检测过，没有中间中止情况发生，才表示 m 为素数。

通过以上分析可得到具体算法如图 4-7 所示。

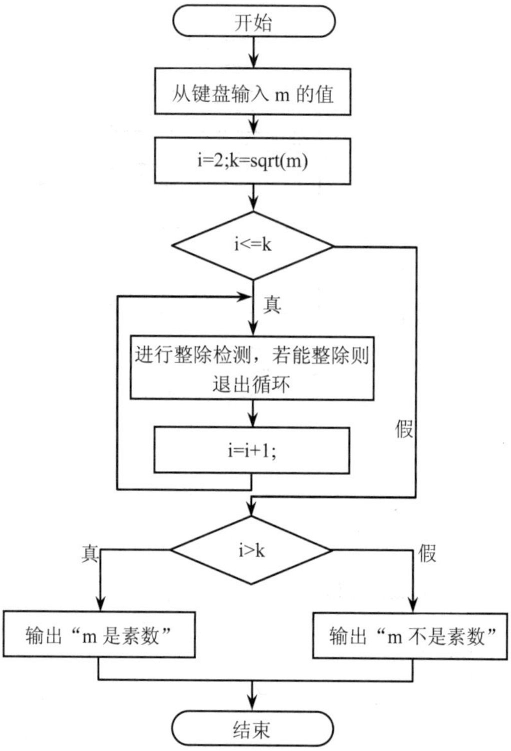

图 4-7 例 4-14 程序实现的流程图

程序清单如下（ex4_14.cpp）：

```
#include<stdio.h>
#include<math.h>
main()
{
    int m,i,k;
    scanf("%d",&m);
    k=sqrt(m);
    for(i=2;i<=k;i++)
        if(m%i==0)break;            /*若出现能整除 m 则中止检测*/
    if(i>k)                         /*未出现中途中止检测的情况*/
        printf("%d is a prime number\n",m);
    else
        printf("%d is not a prime number\n",m);
}
```

【例 4-15】求 100 至 200 间的全部素数。

问题分析：对于 100 至 200 多个整数，检测它们是否为素数的问题，可以分解成两个层次：第一层次是从 100 至 200 反复检测特定的数 m 是否为素数，若是素数则输出；第二层次是用上题中的算法去检测 m 是否能被 2～$\sqrt{m}$ 整除。

程序清单如下（ex4_15.cpp）：

```
#include <stdio.h>
#include<math.h>
main()
{
    int m,i,k,n=0;
    for(m=101;m<=200;m=m+2)         /*第一层次*/
    {
        k=sqrt(m);
        for(i=2;i<=k;i++)           /*第二层次*/
          if(m%i==0)break;
        if(i>=k+1)
        {
            printf("%d",m);
            n=n+1;
        }
        if(n%6==0)printf("\n");     /*每行输出 6 个数*/
    }
    printf("\n");
}
```

4.9　本章小结

循环结构是通过编写少量的可让计算机反复执行的语句来进行大量的类同性计算的程序控制结构。C 语言程序设计中用于实现循环控制的语句有三种：while、do…while、for 循环语句，其主要的结构成分都是循环体和循环控制条件。三者语句形式不同，相互之间有一定的区别，for 语句使用最为灵活。为加快循环的执行可利用 break 和 continue 语句来控制循环的具体流程。

在程序设计中使用循环结构，关键在于设计出可以重复处理的循环体和用于结束循环的控制条件。合理运用循环结构进行程序设计能让计算机解决大量需要重复计算处理的问题，充分发挥计算机处理速度快的特点。

习题四

一、选择题

1．在 C 语言中，三种基本的语句结构是（　　）。

A．顺序结构，选择结构，循环结构　　B．函数结构，选择结构，循环结构

C．顺序结构，嵌套结构，循环结构　　D．递归结构，转移结构，循环结构

2．下面有关 for 循环的正确描述是（　　）。

A．for 循环只能用于循环次数已经确定的情况

B．for 循环是先执行循环体语句，后判断表达式

C．在 for 循环中，不能用 break 语句跳出循环体

D．for 循环的循环体语句中，可以包含多条语句，但必须用花括号括起来

3．在循环语句的循环体中，break 语句的作用是（　　）。

A．继续执行 break 语句之后的循环体各语句

B．提前结束循环，接着执行该循环后续的语句

C．结束本次循环

D．暂停程序的运行

4．语句 while(!E)中的表达式!E 等价于（　　）。

A．E==0　　B．E!=1　　C．E!=0　　D．E==1

5．若 i 为整型变量，则以下循环执行次数是（　　）。

for (i=2;i == 0;) printf("%d",i--);

A．无限次　　B．0 次　　C．1 次　　D．2 次

6．下面程序段的运行结果是（　　）。

```
int n=0;
while(n++<=2);
printf("%d",n);
```

A．2　　B．3　　C．4　　D．有语法错

7．设变量已正确定义，以下不能统计出一行中输入字符个数（不包含回车符）的程序段是（　　）。

A．n=0;while((ch=getchar())!='\n')n++;

B．n=0;while(getchar()!='\n')n++;

C．for(n=0;getchar()!='\n';n++);

D．n=0;for(ch=getchar();ch!='\n';n++);

二、填空题

1．C 语言三个循环语句分别是________语句、________语句和________语句。

2．至少执行一次循环体的循环语句是________。

3．循环功能最强的循环语句是________。

4．执行 for 和 while 循环时，每次是先进行________的判断，然后再执行________，执行 do 循环时则相反。

5．若有 do while(++i<10);循环，并且 i 的初值为 0，同时在循环体不会修改 i 的值，该循环体将被重复执行________次后正常结束。

6．当在程序执行到________语句时，将结束本层循环语句或 switch 语句的执行。

7．程序段 int k=10; while(k=0)　k=k-1 循环体语句执行________次。

8．以下 do-while 语句中循环体的执行次数是________。

```
a=10;      b=0;      do { b+=2; a-=2+b; } while (a>=0);
```

9．设 i、j、k 均为 int 型变量，则执行完下面的 for 循环后，k 的值为________。

```
for(i=0,j=10;i<=j;i++,j--) k=i+j;
```

10．若所用变量均已正确定义，则执行下面程序段后的值是________。

```
for(i=0 ; i<2 ; i++ )   printf("YES"); printf("\n");
```

三、阅读程序，写出运行结果

```
#include"stdio.h"
void main()
{
    int i, a=0;
    for(i=1;i<=5;i++)
```

```
    {
        do
        {
            i++;
            a++;
        }
        while(i<3);
    }
    i++;
    printf("a=%d,i=%d",a,i);
}
```

四、程序填空题

下面程序的功能是从键盘输入的一组字符中统计出大写字母的个数 m 和小写字母的个数 n，并输出 m、n 中的较大者，请将程序补充完整。

```
#include "stdio.h"
main()
{
    int m=0,n=0;
    char c;
        while((c=getchar())!='\n')
        {
            if(c>='A' && c<='Z') 【 1 】;
            if(c>='a' && c<='z') 【 2 】;
        }
        printf("%d\n", m<n?n:m);
}
```

五、程序改错题

以下程序计算正整数 num 的各位上的数字之积。例如，输入 252，则输出应该是 20。请改正其中存在的错误。程序中有 3 处错误，请更正。

```
#include <stdio.h>
main()
{
  long num;
  printf("\nPlease enter a number:");
  scanf("%ld", num);
  long k;
  do
  {
   k*=num%10;
   num\=10;
   }while (num);
  printf("\n%ld\n",k);
}
```

六、编程题

1．输入一行字符（以$结束），统计其中的数字字符、空格字符出现的次数。

2．编写程序，求 1000 以内的奇数之和及偶数之和。

3．编写程序，求任意两个整数之间的所有能被 3、4、5 同时整除的数。

4．编写程序，求 1000 至 9999 之间的回文数。回文数是指正读与反读都一样的数，如 1221。

5．编写程序，求任意两个整数之间的所有完数。完数是指其小于自身的所有因子之和等于自身的整数，如 6=1+2+3。

6．编写程序，以上三角形式输出九九乘法表。

7．编写程序，求 1！+2！+…+n！小于 1000 的项数 n。

8．某门课程有 n 个同学参加考试，编写程序计算这门课程的最高分、最低分及平均分。

9．编写程序，求分数序列 1/2、3/2、3/5、8/5、8/13…的前 20 项及它们之和。

10．编写程序，求满足下式的数字 A、B、C 的值。

$$\begin{array}{r} A\,B\,C \\ +\,B\,C\,C \\ \hline 2\,3\,4 \end{array}$$

11．猴子吃桃问题。猴子第一天摘下若干个桃子，当即吃了一半，不过瘾，还多吃了一个。以后每天如此，至第十天，只剩下一个桃子。编写程序计算第一天猴子摘得桃子个数。

12．百鸡问题。百元买百鸡，公鸡 8 元钱 1 只，母鸡 6 元钱 1 只，鸡仔 2 元钱 4 只。编写程序，计算百元所买的公鸡、母鸡和鸡仔数。

13．将十元钱兑换成一元、五角、一角的硬币，共计 40 枚，计算有多少种兑换方法。

14．两个乒乓球队进行比赛，各出三人。甲队为 A、B、C 三人，乙队为 X、Y、Z 三人。有人打听比赛对阵安排，A 说他不和 X 比，C 说他不和 X、Z 比。编写程序，找出三队赛手名单。

15．阶梯问题。有一阶梯，若每步跨 2 阶，最后余 1 阶；若每步跨 3 阶，最后余 2 阶；若每步跨 5 阶，最后余 4 阶；若每步跨 6 阶，最后余 5 阶；若每步跨 7 阶，刚好到达阶梯顶部。编写程序，求最后的阶梯数。

16．编写程序，用牛顿迭代法求 $\sqrt{a}$ 。

第 5 章　数组

本章学习目标

- 熟练掌握一维数组的定义和引用以及掌握数组中的筛选法、选择法、冒泡法、折半查找法等
- 熟练掌握二维数组的定义和引用
- 掌握字符数组的定义、初始化和引用
- 掌握字符数组的输入/输出和字符串处理函数

5.1　数组和数组元素

先看下面的程序，输入 5 个学生的考试成绩，计算并输出 5 个学生的平均成绩。

【例 5-1】求 5 个学生的平均成绩。（ex5_1.cpp）

```
#include <stdio.h>
void main( )
{
    float a0, a1, a2, a3, a4, aver;
    scanf("%f%f%f%f%f", &a0, &a1, &a2, &a3, &a4);
    aver = (a0 + a1 + a2 + a3 + a4) / 5;
    printf("平均成绩是:%4.1f\n", aver);
}
```

如果有 100 个学生，程序也不复杂，但很不方便。定义存放成绩的 100 个变量就是一件麻烦事，而利用 C 语言中数组可以轻易地解决这个问题。

在程序设计中，为了处理方便，把具有相同类型的若干变量按有序的形式组织起来，这些按序排列的同类变量的集合称为数组。定义一个数组，就是定义了一组变量，并且这组变量属于同一种类型，数组中的变量称为数组元素。

在 C 语言中，数组属于构造数据类型。一个数组可以分解为多个数组元素，这些数组元素可以是基本数据类型或是构造类型。因此按数组元素的类型不同，数组又可分为数值数组、字符数组、指针数组、结构体数组等各种类别。本章介绍数值数组和字符数组，其余的在以后各章陆续介绍。

5.2　一维数组

在程序设计语言中，一维数组是一个有序数据的集合。数组中的每个元素都有相同的类型。用一个统一的数组名和集合中的位置唯一确定一个数组中的元素。元素在集合中的位置称为数组的下标。

5.2.1 一维数组的定义和引用

1. 一维数组的定义

数组是变量，在使用前必须先定义。定义一个一维数组要说明三个问题：第一，数组是一个变量，应该有一个名字；第二，数组包含多少个元素；第三，每个元素的数据类型是什么。综合上述三点，C语言中定义一维数组的一般形式为：

类型说明符 数组名 [常量表达式];

其中：类型说明符用来指明数组元素的类型，它可以是整型、浮点型、字符型，也可以是后面章节要介绍的指针类型、结构体等构造类型。数组名用来标识这组变量，是一个用户定义的标识符，应符合标识符的命名规则。方括号可算作数组的标志，方括号中的常量表达式表示数据元素的个数，也称为数组的长度。

例如：

```
int a[10];          说明整型数组a，有10个元素。
float b[20];        说明实型数组b，有20个元素。
char c[30];         说明字符数组c，有30个元素。
```

对于数组类型说明应注意以下几点：

（1）数组的类型实际上是指数组元素的取值类型。对于同一个数组，其所有元素的数据类型都是相同的。

（2）数组名的书写规则应符合标识符的书写规定。

（3）数组名不能与其他变量名相同。

（4）允许在同一个类型说明中，说明多个数组和多个变量，如 int a,b,c[10],d[20];。

2. 一维数组的引用

数组中的每一个元素称为数组元素，通常也称为下标变量。C语言通过下标来区分同一个数组中不同元素，并规定下标从0开始，到数组长度减1。

引用数组元素的一般形式为：

数组名[下标]

其中下标是数组元素在数组中的顺序号，可以是整型常量、整型变量或整型表达式，也可以是字符表达式或后面将讲述的枚举类型表达式。

如有定义“int a[5];”，则数组a的下标为0到4，a[0]、a['d'-'a']、a[2+1]、a[2*2]都是合法的数组元素引用，但a[5]不是数组a的元素。

注意，在C语言中只能逐个地使用数组元素，而不能一次引用整个数组。

例如，输入10个元素的数组必须使用循环语句逐个输入各下标变量：

```
for (i=0; i<10; i++)
    scanf("%d", &a[i]);
```

而不能通过以下一个语句来完成对整个数组a的输入：

```
scanf("%d", a);
```

C语言中的数组名实质上是数组的首地址，是一个常量地址。这行语句的作用是输入一个整数到a所对应的内存单元，即数组a的第1个元素a[0]，与语句“scanf("%d",&a[0]);”等价。

3. 一维数组在内存中的存放

定义数组就是定义了一块连续的空间，空间的大小等于元素个数乘以每个元素所占的空间大小。数组元素按序存放在这块空间中。例如，在Visual C++中定义 int a[10];，则数组占了40个字节，因为每个整型数占4个字节。如果这块空间的起始地址为100，那么100～103存放 a[0]，104～107 存放 a[1]，……，136～139 存放 a[9]。

5.2.2　一维数组的初始化

除了用赋值语句对数组元素逐个赋值外，还可采用数组初始化的方法给数组元素赋值。

C 语言允许在定义数组的同时，对数组元素赋初值，这个过程称为数组初始化。数组初始化是在编译阶段进行的。

一维数组初始化的一般形式为：

```
类型说明符 数组名[常量表达式]={值,值,…,值};
```

其中在{ }中的各数据值即为各元素的初值，各值之间用逗号间隔。

数组初始化可以分为以下几种情形。

（1）对所有元素赋初值，例如：

```
int a[5]={ 5, 6, 7, 8, 9 };
```

相当于 a[0]=5; a[1]=6; a[2]=7; a[3]=8; a[4]=9;。

（2）对部分元素赋初值。当值的个数少于元素个数时，只给前面部分元素赋初值，未赋值的元素自动赋 0 值。

例如：

```
int a[5]={ 2, 3, 4};
```

表示只给 a[0]～a[2]这 3 个元素赋值，而后 2 个元素自动赋 0 值。

（3）对所有元素赋初值时，可以不指定数组长度。例如：

```
int a[ ]={ 5, 6, 7, 8, 9 };
```

相当于 int a[5]={ 5, 6, 7, 8, 9 };。

初始化只能给数组元素逐个赋值，不能给数组整体赋值。例如，给 5 个元素全部赋 1 值，只能写为：

```
int a[5]={ 1, 1, 1, 1, 1 };
```

而不能写为：

```
int a[5]=1;
```

5.2.3　一维数组应用举例

将一维数组和循环结合起来，可以解决以下常见的问题：

（1）数据统计，如计算若干个数据的最大值、最小值、总和、平均值等。

（2）数学中某些数列的表示，如 Fibonacci 数列、约瑟夫问题的求解等。

（3）若干个数据的排序，常见的排序算法有冒泡法、选择法等。

（4）数据的检索，在未排序或已排序的数据序列中查找指定的数据是否存在。

【例 5-2】求 100 个学生的平均成绩。（ex5_2.cpp）

分析：整个程序可以分为两步，首先输入 100 个成绩，并计算 100 个成绩的和，再计算平均成绩。

程序如下：

```
#include <stdio.h>
void main( )
{
    float a[100], sum=0,aver;
    int i;
```

```
    for (i=0; i<100; ++i)
    {
        scanf("%f", &a[i]);
        sum+= a[i];
    }
    aver =sum/100;                              // 计算平均成绩
    for (i=0; i<100; ++i)
    {
        if (i % 10 == 0)    printf("\n");       //一行显示 10 个
        printf("%5.1f", a[i]);
    }
    printf("\n 平均成绩为:%4.1f\n", aver);
}
```

本例程序中第一个 for 语句逐个输入 100 个实数到数组 a 中并计算它们的和，第二个 for 语句按每行 10 个显示这 100 个实数。

【例 5-3】输入 10 个整数，计算并输出其中的最大值。（ex5_3.cpp）

程序如下：

```
#include <stdio.h>
void main()
{
    int i, max, a[10];
    printf("input 10 numbers:\n");
    for(i=0;i<10;i++)
        scanf("%d",&a[i]);
    max=a[0];
    for(i=1;i<10;i++)
        if(a[i]>max) max=a[i];
            printf("maximum=%d\n",max);
}
```

本例程序中首先通过 for 语句逐个输入 10 个整数存入数组 a 中，然后设置 max 的初值为 a[0]。再通过 for 语句将 max 依次与元素 a[1]到 a[9]进行比较，若元素的值比 max 大，则修改 max 为该元素的值，max 总是为已比较元素中的最大者。比较结束后，输出 max 的值。

【例 5-4】输出 Fibonacci 数列的前 20 项。（ex5_4.cpp）

分析：Fibonacci 数列是这样定义的，它的前 2 个数是 1，从第 3 个数开始，每个数都是前 2 个数的和。

程序如下：

```
#include <stdio.h>
void main()
{
    int i, f[20]={1,1};
    for (i=2;i<20;i++)
        f[i]=f[i-1]+f[i-1];
    for (i=0;i<20;i++)
    {     if (i%5==0)   printf("\n");           //每行显示 5 个
          printf("10%d\", f[i]);
    }
}
```

程序中用数组 f 保存该数列，由于前 2 个是已知的，可以使用数组部分赋值，再使用 for 语句计算后面的 18 个元素。第 2 个 for 语句用来显示数列的 20 个数，循环体中的 if 语句表示如果循环变量 i 能够被 5 整除，就另起一行，目的是保证每一行显示 5 个数。

本例程序利用数组实现的好处是，计算结果可以保存起来。当需要某个元素时可以直接使用下标取得，不用重复计算，也不需要交换变量的值。

【例 5-5】用选择法对输入的 10 整数按从小到大排序。（ex5_5.cpp）

选择法是指先将 a[0]～a[n]中的最小元素与 a[0]交换；再将 a[1]～a[n]中的最小元素与 a[1]交换……每进行一轮比较，找出当前未排序数中的最小元素。比较 n-1 轮后，排序结束。

程序如下：

```
#include <stdio.h>
void main()
{
    int i, j, p, t, a[10];
    printf("\n input 10 numbers:\n");
    for (i=0;i<10;i++)
        scanf("%d", &a[i]);
    for (i=0;i<10;i++)                          //第 i 轮排序
    {   p=i;
        for (j=i+1;j<10;j++)                    //找最小元素
          if (a[j]<a[p])   p=j;
            if (i!=p)   { t=a[i];   a[i]=a[p];   a[p]=t; }   //交换
            printf("%8d",a[i]);
    }
}
```

本例程序中用了两个并列的 for 循环语句，在第二个 for 语句中又嵌套了一个循环语句。第一个 for 语句用于输入 10 个元素的初值。第二个 for 语句用于排序。本程序的排序采用逐个比较的方法进行。在第 i 次循环时，把第一个元素的下标 i 赋予 p，然后进入内循环，从 a[i+1]起到最后一个元素止逐个与 a[i]作比较，有比 a[i]小者则将其下标送 p。一次内循环结束后，p 即为最小元素的下标，若 i 不等于 p，则交换 a[i]和 a[p]的值。

【例 5-6】把一个整数按大小顺序插入已排好序的数组中。（ex5_6.cpp）

为了把一个数按大小插入已排好序的数组中，应首先确定排序是从大到小还是从小到大进行的。设排序是从大到小进行的，则可把欲插入的数与数组中各数逐个比较，当找到第一个比插入数小的元素 i 时，该元素之前即为插入位置。然后从数组最后一个元素开始到该元素为止，逐个后移一个单元。最后把插入数赋予元素 i 即可。如果被插入数比所有的元素值都小则插入最后位置。

程序如下：

```
#include <stdio.h>
void main()
{
     int a[11]={170,131,6,48,34,30,7,135,60,18};
     int i,j,k,p,t,x;
     for(i=0;i<10;i++)   //对数组 a 的前 10 个元素排序
     {
        p=i;
        for(j=i+1;j<10;j++)
```

```
                if (a[j]<a[p]) p=j;
            if (p!=i) { t=a[i]; a[i]=a[p]; a[p]=t; }
            printf("%d ",a[i]);
        }
    printf("\ninput number:\n");
     scanf("%d",&x);                         //输入待插入的元素
     for (i=0;i<10;i++)
         if (x<a[i])                         //找到插入位置
         {
         for (k=9;k>=i;k--) a[k+1]=a[k];     //元素值依次后移
              break;
              }
     a[i]=x;                                 //插入元素 x
     for (i=0;i<=10;i++)
         printf("%d ",a[i]);
     printf("\n");
}
```

本例程序先对数组 a 的前 10 个数从小到大排序并输出排序结果。然后输入要插入的整数 x 后，通过 for 语句将 x 和数组元素逐个比较，当 x<a[i]时，插入位置为 i，则通过内循环依次将下标为 9～i 的数组元素后移一个位置，并结束外循环。最后将 x 赋值给 a[i]。

【例 5-7】编写程序，在任意数组中查找是否存在某个特定数据。（ex5_7.cpp）

分析：最基本的查找方法就是从数组的第 1 个元素开始，依次往下比较，直到找到要找的元素。这种方法即为顺序查找。

程序如下：

```
#include <stdio.h>
void main()
{
    int i, x, a[10];
    printf("\n 输入 10 个整数:");
    for (i=0;i<10;i++)
         scanf("%d",&a[i]);
        printf("\n 输入待查找元素:");
        scanf("%d",&x);
    for (i=0;i<10;i++)
     if (a[i]==x)    break;
     if (i<10)   printf("元素%d 存在\n",x);   else   printf("元素%d 不存在\n",x);
}
```

【例 5-8】编写程序，在已排序的一批整数 0、4、5、6、13、27、50、90、100、999 中查找是否存在某个特定数据。（ex5_8.cpp）

分析：如果待查数据是已排序的，则可以每次检查待查数据中排在最中间的元素，如果中间元素等于要查找的元素则查找完成；否则，确定要找的数据是在前一半还是后一半，然后缩小范围，在前一半或后一半内继续查找，这种查找方法称为二分查找。为了实现这种查找方法，需要记录两个下标值，即分别表示待查范围的两个端点的下标值。

程序如下：

```
#include <stdio.h>
```

```
void main()
{
    int a[10]={ 0, 4, 5, 6, 13, 27, 50, 90, 100, 999 };
    int low, high, mid, x;
    printf("\n 输入待查找元素:");
    scanf("%d",&x);
    low=0;    high=9;                    //待查范围为整个数组
    while (low<=high)
    {
        mid=(low+high)/2;                //范围最中间
        if (a[mid]==x)                   //查找成功
          {
           printf("%d 的位置是%d\n",x,mid);
               break;
          }
          if (a[mid]<x)   low=mid+1;     //在后一半
          else high=mid-1;               //在前一半
      }
      if (low>high)   printf("%d 不存在\n",x);
}
```

本例程序使用 low 和 high 表示待查范围两个端点的下标值，low 表示左边界，high 表示右边界。开始时，待查范围为整个数组，随着查找的继续进行，查找范围变小。如果 low 大于 high，表示要查找的值不在数组中。

5.3　二维数组

如果数据之间在逻辑上具有若干行、若干列的关系，如数学中的矩阵、行列式，10 个学生的 5 门课程的成绩，这样的数据可以使用二维数组表示，二维数组使用两个下标，分别表示数据所在的行和列。

5.3.1　二维数组的定义与引用

1．二维数组的定义

前面介绍的数组只有一个下标，称为一维数组，其数组元素也称为单下标变量。在实际问题中有很多量是二维的或多维的，因此 C 语言允许构造多维数组。多维数组元素有多个下标，以标识它在数组中的位置，所以也称为多下标变量。本小节只介绍二维数组，多维数组可由二维数组类推而得到。

二维数组定义的一般形式是：

类型说明符 数组名[常量表达式 1][常量表达式 2]

其中常量表达式 1 表示第一维下标的长度，常量表达式 2 表示第二维下标的长度。

例如：

```
int a[3][4];
```

定义了一个 3 行 4 列的二维数组 a。二维数组可以看成是由若干个一维数组组成，如上面定义的数组 a 可以看成由 3 个一维数组组成，这 3 个一维数组名分别为 a[0]、a[1]、a[2]，每个一维数组都是由 4 个元素组成。例如：一维数组 a[0]的元素为 a[0][0]、a[0][1]、a[0][2]、a[0][3]。

类似地，可以定义多维数组。例如，下面的语句定义了两个三维数组 a 和 b：

```
int a[2][3][4], b[2][4][5];
```

2. 二维数组的引用

使用二维数组时，也只能引用单个的数组元素，引用格式如下：

```
数组名[下标 1][下标 2]
```

这两个下标可以是整型常量、整型变量或整型表达式，也可以是字符表达式或后面将讲述的枚举类型表达式。

下标 1 表示元素所在的行，下标 2 表示元素所在的列，它们都从 0 开始。

“int a[3][4];”定义的数组元素共有 3×4 个，即：

```
a[0][0],a[0][1],a[0][2],a[0][3]
a[1][0],a[1][1],a[1][2],a[1][3]
a[2][0],a[2][1],a[2][2],a[2][3]
```

在引用二维数组的元素时，通常结合双重循环，用两个循环变量分别表示数组元素的两个下标，即分别对应二维数组的行和列。

3. 二维数组在内存中的存放

二维数组在概念上是二维的，即其下标在两个方向上变化，下标变量在数组中的位置也处于一个平面之中，而不是像一维数组只是一个向量。但是，实际的硬件存储器却是连续编址的，也就是说存储器单元是按一维线性排列的。如何在一维存储器中存放二维数组，可有两种方式：一种是按行排列，即放完一行之后顺次放入第二行。另一种是按列排列，即放完一列之后再顺次放入第二列。在 C 语言中，二维数组是按行排列的，即先存放 a[0]行，再存放 a[1]行，最后存放 a[2]行。每行中有四个元素也是依次存放。由于数组 a 说明为 int 类型，在 Visual C++中 int 类型占 4 个字节的内存空间，所以每个元素均占 4 个字节。

5.3.2 二维数组的初始化

二维数组初始化也是在定义数组时给数组元素赋初值。二维数组可按行分段赋值，也可按行连续赋值。

数组初始化可以分为以下几种情形。

（1）对所有元素赋初值，例如：

```
int a[4][3]={ { 1, 2, 3 }, { 4, 5, 6 }, { 7, 8, 9 }, { 10, 11, 12 } };
```

也可以省略中间的花括号，定义为

```
int a[4][3]={ 1, 2, 3, 4, 5, 6, 7, 8, 9, 10, 11, 12 };
```

编译器依次将花括号中的值赋给第 1 行的每个元素，然后是第 2 行的每个元素，以此类推。初始化后的数组元素如下所示：

1	2	3
4	5	6
7	8	9
10	11	12

（2）对部分元素赋初值。同一维数组一样，当值的个数少于元素个数时，只给前面部分

元素赋初值，未赋值的元素自动赋 0 值。二维数组的部分元素赋值有多种不同情况。

例如，下面的语句表示给每一行的第 1 个元素分别赋值为 1、2、3、4，而每一行的后面 2 个元素自动赋 0 值。

```
int a[4][3]={ { 1 }, { 2 }, { 3 }, { 4 } };
```

又如，下面的语句表示给矩阵形式中的下三角形部分元素赋值。

```
int a[3][3]={ { 1 }, { 2, 3 }, { 4, 5, 6 } };
```

（3）对所有元素赋初值时，省略第一维的长度。例如：

```
int a[ ][3]= { { 1, 2, 3 }, { 4, 5, 6 }, { 7, 8, 9 }, { 10, 11, 12 } };
int a[ ][3]= { { 1, 2, 3 }, { 4 }, { 7, 8 } };
```

但是，不能省略第二维的长度。

5.3.3 二维数组应用举例

利用二维数组，可以解决以下常见的问题：

（1）计算 m×n 矩阵中的每行、每列、对角线上元素的和、平均值。

（2）计算 m×n 矩阵中的每行、每列元素的最大值、最小值。

【例 5-9】编写程序，将 2 行 3 列的二维数组 a 中的每个元素行列互换，存到另一个 3 行 2 列的数组 b 中。（ex5_9.cpp）

分析：这是矩阵中的行列转置的问题，关键要弄清两个数组行、列下标之间的对应关系，即数组 a 的第 i 行的第 j 个元素在数组 b 中是第 j 行第 i 列。

```
#include <stdio.h>
void main( )
{
    int a[2][3]={ { 1, 2, 3 }, { 4, 5, 6 } };
    int b[3][2], i, j ;
    printf("数组  a:\n");
    for (i=0; i<=1; i++)
    {
      for (j=0; j<=2;j++)
           {
             printf("%5d",a[i][j]);              //输出数组 a 中的元素
             b[j][i]=a[i][j];                    //将元素 a[i][j]的值赋给 b[j][i]
           }
           printf("\n");
    }
    printf("数组  b:\n");
    for (i=0;i<=2;i++)
    {
           for (j=0;j<=1;j++)
             printf("%5d",b[i][j]);          //输出数组 b 中的元素
           printf("\n");
    }
}
```

【例 5-10】编写程序，在二维数组 a 中选出各行最大的元素组成一个一维数组 b。（ex5_10.cpp）

二维数组 a 中元素如下所示：

81	23	50	93
41	15	82	16
17	86	32	92

分析：这是矩阵中的求行的最大值问题。编程思路是，在数组 a 的每一行中寻找最大的元素，找到之后把该值赋予数组 b 相应的元素即可。

程序如下：

```
#include <stdio.h>
void main()
{
    int a[ ][4]={ 81, 23, 50, 93, 41, 15, 82, 16, 17, 86,32,92};
    int b[3],i,j,max;
    for (i=0;i<=2;i++)
    {
        max=a[i][0];
            for (j=1;j<=3;j++)
                if (a[i][j]>max) max=a[i][j];
                  b[i]=max;
    }
    printf("\n 数组 a:\n");
    for (i=0;i<=2;i++)
    {
        for (j=0;j<=3;j++)
            printf("%5d",a[i][j]);
            printf("\n");
     }
     printf("\n 数组 b:\n");
     for (i=0;i<=2;i++)
          printf("%5d\n",b[i]);
}
```

本例程序中第一个 for 语句中又嵌套了一个 for 语句组成了双重循环。外循环控制逐行处理，并把每行的第 0 列元素赋予 max。进入内循环后，把 max 与后面各列元素比较，并把比 max 大者赋予 max。内循环结束时 max 即为该行最大的元素，然后把 max 值赋予 b[i]。等外循环全部完成时，数组 b 中已装入了数组 a 各行元素中的最大值。后面的两个 for 语句分别输出数组 a 和数组 b。

【例 5-11】有一个 3 行 4 列的矩阵，要求编程找出其中值最大的那个元素，以及其所在的行号和列号。（ex5_11.cpp）

分析：这是矩阵中的求最大值问题。编程思路是，使用双重循环在二维数组 a 中寻找最大的元素，并保存最大元素及其行列号。

程序如下：

```
#include <stdio.h>
void main( )
{
    int i, j, row, colum, max;
    int a[3][4]={ { 1, 2, 3, 4 }, { 9, 8, 7, 6 }, { -10, 10, -5, 2} };
```

```
        max=a[0][0];   row=0;   colum=0;        //设第 0 行 0 列的元素为最大元素
        for (i=0;i<=2;i++)
            for (j=0;j<=3;j++)
                if ( a[i][j]>max)               //元素 a[i][j]大于当前的最大值 max
                {
                  max=a[i][j];                  //修改最大值
                    row=i;                      //修改行号
                    colum=j;                    //修改列号
                }
        printf("矩阵中的最大值为%d,在第%d 行的第%d 列\n",max,row,colum);
    }
```

本例程序中用了一个双重循环在数组 a 中寻找最大元素，每当发现一个元素的值大于当前已求出的最大值时，保存该元素的值和行列号。最后按题意输出最大值和行列号。

【例 5-12】一个学习小组有 5 个人，每个人有三门课的考试成绩。求全组分科的平均成绩和各科总平均成绩。（ex5_12.cpp）

假设学习小组的成员及各科成绩如下所示：

	张三	李四	王五	赵六	周七
语文	80	61	59	85	76
数学	75	65	63	87	77
英语	92	71	70	90	85

分析：可设一个二维数组 a[5][3]存放五个人三门课的成绩。再设一个一维数组 v[3]存放所求得各分科平均成绩，设变量 average 为全组各科总平均成绩。

程序如下：

```
#include <stdio.h>
void main()
{
    int i,j,s,a[5][3];
    float average,v[3];
    printf("输入五个学生三门功课的成绩\n");
    for (i=0;i<3;i++)
    {
          s=0;
          for (j=0;j<5;j++)
              {
                      scanf("%d",&a[j][i]);  //输入各科成绩
                      s=s+a[j][i];           //计算各科总分
              }
           v[i]=s/5.0;                       //计算各科平均成绩
    }
    average =(v[0]+v[1]+v[2])/3;             //计算总平均成绩
    printf("语文:%.1f\n 数学:%.1f\n 英语:%.1f\n",v[0],v[1],v[2]);
    printf("总平均分:%.1f\n", average );
}
```

本例程序中用了一个双重循环。在内循环中依次读入某一门课程的各个学生的成绩，并把这些成绩累加起来，退出内循环后再把该累加成绩除以 5 存入 v[i]，这就是该门课程的平均成绩。外循环共循环三次，分别求出三门课各自的平均成绩并存放在 v 数组之中。退出外循环

之后，把 v[0]、v[1]、v[2]相加除以 3 即得到各科总平均成绩。最后按题意输出各个成绩。

【例 5-13】N 阶魔方阵是由一个 N×N 的 1 到 N^2 之间的自然数构成的矩阵。它的每一行、每一列和对角线之和均相等。例如，一个三阶魔方阵如下所示，它的每一行、每一列和对角线之和均为 15。编写程序，输出 N 阶魔方阵。（ex5_13.cpp）

8	1	6
3	5	7
4	9	2

分析：有一个简单的方法可以生成魔方阵。依次将 1 到 N^2 填入矩阵，填入的位置由如下规则确定。

①第 1 个元素放在第 0 行的正中间一列。

②下一个元素放在当前元素的上一行的下一列。

③如上一行的下一列已经填好，则下一个元素的填入位置为当前列的下一行。

在找上一行、下一行或下一列时，必须把矩阵看成是回绕的。也就是说，如果当前行是最后一行时，下一行为第 0 行；当前行是第 0 行时，上一行为最后一行；当前列是最后一列时，下一列为第 0 列。

程序如下：

```
#include <stdio.h>
#define MAX 15
void main( )
{
        int i, row, col, n, a[MAX][MAX]={ 0 };
        printf("输入 n：\n");
        scanf("%d",&n);
        row=0;   col=(n-1)/2;   a[row][col]=1;          // 填入 1
        for (i=2;i<=n*n;i++)                            // 依次填入 2 至 n×n
            {
              if ( a[(row-1+n)%n][(col+1)%n]==0 )     // 如果下一个位置未填数
              {
                    row=(row-1+n)%n;                  // 计算下一个位置的行号
                    col=(col+1)%n;                    // 计算下一个位置的列号
                }
                else   row=(row+1)%n;                 // 如果已经填数，下一个位置为当前行的下一列
            a[row][col]=i;                              // 填入 i
            }
            printf("%d 阶魔方阵如下：\n", n);
            for (row=0; row<n; row++)
            {
              for (col=0; col<n; col++)
                      printf("%4d",a[row][col]);
                      printf("\n");
            }
}
```

5.4 字符数组

字符数组是指数组中每个元素的类型都是字符型，即每一个元素存放一个字符，确切的

说是存放每个字符的 ASCII 码，这样用整个一维数组就可以存放一个字符串。

因此，对于一个字符串，可以用一维数组来存放和处理，而对多个字符串进行处理时，可以使用多个一维数组分别存储，也可以用一个二维字符数组实现，即每一行保存一个字符串。

5.4.1 字符数组的定义与引用

和其他数组的使用一样，使用字符数组之前也要先定义，其定义与前面介绍的数组定义相同。

例如：

```
char c[10];
```

定义一个有 10 个元素的字符数组。

字符数组也可以是二维或多维数组。例如：

```
char c[5][10];
```

即为二维字符数组。

字符数组元素的引用方法与其他数组的引用一样。

5.4.2 字符数组的初始化

与前面介绍的数组初始化一样，在定义字符数组的同时可以进行初始化。初始化的方法是将字符常量以逗号分开写在花括号中。

例如：

```
char c[7]={ 'P',  ' r',  ' o',  'g',  'r',  'a',  'm' };
```

赋值后各元素的值为：

P	r	o	g	r	a	m

当对全体元素赋初值时也可以省去长度说明。

例如：

```
char c[ ]={ 'P' ,  'r',  'o',  'g',  'r',  'a',  'm' };
```

这时数组 c 的长度为 7。

在 C 语言中没有专门的字符串变量，通常用一个字符数组来存放一个字符串。前面介绍字符串常量时，已说明字符串总是以“\0”作为串的结束符。因此当把一个字符串存入一个数组时，也把结束符“'\0'”存入数组，并以此作为该字符串是否结束的标志。有了“\0”标志后，就不必再用字符数组的长度来判断字符串的长度了。

C 语言允许用字符串的方式对数组作初始化赋值。

例如：

```
char c[ ]={ 'P' , 'r',  'o',  'g',  'r',  'a',  'm' ,  '\0' };
```

可写为：

```
char c[ ]={ "Program" };
```

或去掉{ }写为：

```
char c[ ]="Program";
```

用字符串方式赋值比用字符逐个赋值要多占一个字节， 用于存放字符串结束标志“'\0'”。上面的数组 c 在内存中的实际存放情况为：

P	r	o	g	r	a	m	\0

其中的“\0”是由C编译系统自动加上的。由于采用了“\0”标志，所以在用字符串赋初值时一般无须指定数组的长度，而由系统自行处理。

二维字符数组也可以在定义的同时赋初值，这时每个字符串分别从各行的第0列开始保存。

例如：

```
char str[4][10]={ "BASIC", "PASCAL", "Java", "Access"};
```

以上定义将4个字符串保存到二维字符数组str中，也可以省略第一维的长度而写成下面的形式：

```
char str[ ][10]={ "BASIC", "PASCAL", "Java", "Access"};
```

系统分配40个字节的空间，4个字符串的保存形式如下所示，每个字符串总是从第0个元素开始存放。

str[0]	B	A	S	I	C	\0				
str[1]	P	A	S	C	A	L	\0			
str[2]	J	a	v	a	\0					
str[3]	A	c	c	e	s	s	\0			

5.4.3 字符数组的输入和输出

字符数组的输入与输出实际上是对字符数组所保存的字符串进行输入与输出，可以对每个字符顺序进行，也可以对整个字符串整体处理。

1. 分别处理字符串中的每个字符

要逐个输入或者输出字符串中的每个字符，可以结合循环对每个元素分别进行输入与输出。

【例5-14】初始化字符数组并输出。(ex5_14.cpp)

```
#include <stdio.h>
void main()
{
      int i;
      char c[ ]="BASIC\nPASCAL";
      i=1;
           while ( c[i]!='\0')
           {
              printf("%c", c[i]);
              i++;
           }
      printf("\n");
}
```

注意在本例的printf函数中，使用的格式字符串为“%c”，表示输出的是一个字符。

2. 输入/输出整个字符串

除了使用“%c”格式输入与输出一个字符外，还可用printf函数和scanf函数一次性输出或输入一个字符数组中的整个字符串，而不必使用循环语句逐个地输入或输出每个字符，采用这种方式，字符数组的输入与输出将变得简单方便。

【例5-15】初始化字符数组并输出。(ex5_15.cpp)

```
#include <stdio.h>
void main()
{
        char c[ ]="BASIC\nPASCAL";
        printf("%s\n", c);
}
```

注意在本例的 printf 函数中，使用的格式字符串为“%s”，表示输出的是一个字符串。而在输出表列中给出数组名即可。不能写为：

```
printf( "%s", c[ ] );
```

【例 5-16】字符串的输入和输出。（ex5_16.cpp）

```
#include <stdio.h>
void main()
{
      char st[15];
      printf("input string:\n");
      scanf("%s", st);
      printf("%s\n", st);
}
```

本例中由于定义数组长度为 15，因此输入的字符串长度必须小于 15，以留出一个字节用于存放字符串结束标志“'\0'”。应该说明的是，对一个字符数组，如果不作初始化赋值，则必须说明数组长度。还应该特别注意的是，当用 scanf 函数输入字符串时，字符串中不能含有空格，否则将以空格作为串的结束符。

例如，当输入的字符串中含有空格时，运行情况为：

```
input string:
      this is a book
```

输出为：

```
this
```

从输出结果可以看出空格以后的字符都未能输出。为了避免这种情况，可多设几个字符数组分段存放含空格的串。

程序可改写为例 5-17 中的形式。

【例 5-17】字符串的输入和输出。（ex5_17.cpp）

```
#include <stdio.h>
void main()
{
      char st1[6],st2[6],st3[6],st4[6];
      printf("输入字符串:\n");
      scanf("%s%s%s%s", st1, st2, st3, st4);
      printf("%s %s %s %s\n", st1, st2, st3, st4);
}
```

本程序分别设了 4 个数组，输入的一行字符的空格分段分别装入 4 个数组。然后分别输出这 4 个数组中的字符串。

在前面介绍过，scanf 的各输入项必须以地址方式出现，如&a、&b 等。但在前例中却是以数组名方式出现的，这是由于在 C 语言中规定，数组名就代表了该数组的首地址。整个数组是以首地址开头的一块连续的内存单元。

如有字符数组 char c[8]，在内存可表示如下：

c[0]	c[1]	c[2]	c[3]	c[4]	c[5]	c[6]	c[7]

设数组 c 的首地址为 2000，也就是说 c[0]单元地址为 2000。则数组名 c 就代表这个首地址。因此在 c 前面不能再加地址运算符&。如写作 scanf("%s",&c);则是错误的。在执行函数 printf("%s", c) 时，按数组名 c 找到首地址，然后逐个输出数组中各个字符，直到遇到字符串终止标志为止。

5.4.4 字符处理函数

C 语言提供了丰富的字符串处理函数，大致可分为字符串的输入、输出、合并、修改、比较、转换、复制等。使用这些函数可大大减轻编程的负担。用于输入与输出的字符串函数，在使用前应包含头文件 stdio.h，使用其他字符串函数则应包含头文件 string.h。

下面介绍几个最常用的字符串函数。

1．字符串输出函数 puts()

格式：puts (字符串)

格式中的字符串可以是字符数组名，也可以是字符串常量。

功能：把字符数组中的字符串显示在屏幕上，格式中字符串可以是字符数组名，也可以是字符串常量。

【例 5-18】字符串输出。（ex5_18.cpp）

```
#include <stdio.h>
void main()
{
    char st[ ]="BASIC";
    puts(st);
    puts("PASCAL");
}
```

从程序中可以看出 puts 函数输出字符串后自动换行，因此输出结果成为两行。puts 函数完全可以由 printf 函数取代。当需要按一定格式输出时，通常使用 printf 函数。

2．字符串输入函数 gets()

格式：gets (字符数组名)

功能：从标准输入设备（键盘）上输入一个字符串。本函数得到一个函数值，即为该字符数组的首地址。

【例 5-19】字符串的输入与输出。（ex5_19.cpp）

```
#include <stdio.h>
void main()
{
    char st[15];
    printf("输入字符串:\n");
    gets(st);
    puts(st);
}
```

可以看出当输入的字符串中含有空格时，输出仍为全部字符串。说明 gets 函数并不以空格作为字符串输入结束的标志，而只以回车符作为输入结束标志。这是与 scanf 函数的不同之处。

3．字符串连接函数 strcat()

格式：strcat (字符串 1,字符串 2)

格式中的字符串 1 是字符数组名，字符串 2 可以是字符数组名，也可以是字符串常量。

功能：把字符串 2 中的字符串连接到字符串 1 中字符串的后面，并删去字符串 1 后的结束标志“'\0'”。要注意的是，字符串 1 应足够长，否则不能全部装入被连接的字符串。

本函数返回值是字符数组 1 的首地址。

【例 5-20】字符串的连接。（ex5_20.cpp）

```
#include <stdio.h>
#include <string.h>
void main()
{
    char st1[30]="我的名字是：  ";
    char st2[10];
    printf("输入你的名字:\n");
    gets(st2);
    strcat(st1,st2);
    puts(st1);
}
```

4. 字符串复制函数 strcpy()

格式：strcpy (字符数组名,字符串)

格式中的字符串可以是字符数组名，也可以是字符串常量。

功能：把字符串中的字符串复制到字符数组中，字符串结束标志“'\0'”也一同复制。要注意的是，字符数组应足够长，否则不能全部装入所复制的字符串。

【例 5-21】字符串的复制。（ex5_21.cpp）

```
#include <stdio.h>
#include <string.h>
void main()
{
    char st1[20], st2[ ]="C 语言程序设计";
    strcpy(st1,st2);
    puts(st1);
}
```

5. 字符串比较函数 strcmp()

格式：strcmp(字符串 1，字符串 2)

格式中的字符串 1 和字符串 2 都可以是字符数组名，也可以是字符串常量。

功能：按照 ASCII 码顺序比较两个数组中的字符串，并由函数返回值返回比较结果。如果字符串 1 等于字符串 2，返回值为 0；如果字符串 1 大于字符串 2，返回值大于 0；如果字符串 1 小于字符串 2，返回值小于 0。

【例 5-22】字符串的比较。（ex5_22.cpp）

```
#include <stdio.h>
#include <string.h>
void main()
{
    int k;
    char st1[15],st2[]="C Language";
    printf("input a string:\n");
    gets(st1);
    k=strcmp(st1,st2);
```

```
        if(k==0) printf("st1=st2\n");
            else  if(k>0) printf("st1>st2\n");
                    else  printf("st1<st2\n");
    }
```

本程序中把输入的字符串和数组 st2 中的字符串比较，比较结果返回到 k 中，根据 k 值再输出结果提示串。当输入为 BASIC 时，由 ASCII 码可知“BASIC”小于“C Language”故 k 小于 0，输出结果“st1<st2”。

6. 测字符串长度函数 strlen()

格式：strlen(字符串)

格式中的字符串可以是字符数组名，也可以是字符串常量。

功能：测字符串的实际长度（不含字符串结束标志）并作为函数返回值。

【例 5-23】测字符串长度。（ex5_23.cpp）

```
#include <stdio.h>
#include <string.h>
void main()
{
    char st[ ]="C language";
    printf("字符串的长度为：%d\n", strlen(st));
}
```

7. 查找子字符串函数 strstr()

格式：strstr(字符串 1,字符串 2)

格式中的字符串 1 和字符串 2 都可以是字符数组名，也可以是字符串常量。

功能：在字符串 1 中从左边开始查找字符串 2，如果查找成功则返回从找到位置开始一直到末尾的所有字符，如果没有找到，则返回 NULL。

【例 5-24】查找子字符串。（ex5_24.cpp）

```
#include <stdio.h>
#include <string.h>
void main()
{
    char str1[ ]="abcdxyzabc";
    char str2[ ]="xyz";
    printf("%s\n",strstr(str1,str2) );
    printf("%s\n",strstr(str1,"bc") );
    printf("%s\n",strstr("abcdef","bc") );
}
```

8. 字母变小写函数 strlwr()

格式：strlwr(字符串)

格式中的字符串可以是字符数组名，也可以是字符串常量。

功能：将字符串中的大写字母转换成小写字母。

【例 5-25】字母变小写。（ex5_25.cpp）

```
#include <stdio.h>
#include <string.h>
void main()
{
    char str1[ ]="abcdXYZabc";
    printf("%s\n", strlwr(str1) );
```

```
    printf("%s\n", strlwr("abcdef") );
}
```

9. 字母变大写函数 strupr()

格式：strupr(字符串)

格式中的字符串可以是字符数组名，也可以是字符串常量。

功能：将字符串中的小写字母转换成大写字母。

【例 5-26】字母变大写。（ex5_26.cpp）

```
#include <stdio.h>
#include <string.h>
void main()
{
    char str1[ ]="abcdXYZabc";
    printf("%s\n", strupr(str1) );
    printf("%s\n", strupr("abcDEF") );
}
```

5.4.5 字符数组应用举例

【例 5-27】输入一行字符，统计其中有多少个单词。（ex5_27.cpp）

分析：输入字符串存入字符数组中，结合循环对每个元素分别进行判断，如果是空格，说明一个单词结束。

```
#include <stdio.h>
void main( )
{
    char str[81], c;
    int i,num=0,word=0;
    gets(str);
    for(i=0;(c=str[i])!='\0';i++)
        if (c==' ')   word=0;
            else if (word==0)   {    word=1;   num++;    }
    printf("字符串中包含%d 个单词\n",num);
}
```

本例程序使用 gets 函数将输入的字符串保存在一维字符数组 str 中，变量 num 用来对单词个数进行计数，变量 word 用作判定一个单词的标志。

【例 5-28】从键盘输入一串英文大写字母，统计并输出每个大写字母的个数。（ex5_28.cpp）

分析：输入字符串存入字符数组中，结合循环对每个元素分别进行判断统计。

```
#include <stdio.h>
void main( )
{   char str[81];
    int i,num[26]={0};
    gets(str);
    for(i=0;str[i]!='\0';i++)
        num[str[i]-65]++;
    for(i=0;i<26;i++)
        printf("字符串中包含字母%c 个数为%d：\n",i+65,num[i]);
}
```

本例程序使用 gets 函数将输入的字符串保存在字符数组 str 中，根据大写字母的序号 str[i]-65 统计字母的个数。

【例 5-29】从键盘输入 10 个字符串，将这 10 个字符串排序并输出。（ex5_29.cpp）

分析：10 个字符串应由一个二维字符数组来处理。由于 C 语言可以把一个二维数组当成多个一维数组处理。因此又可以按 10 个一维数组处理，而每一个一维数组就是一个字符串。用字符串比较函数比较各一维数组的大小，排序并输出结果。

程序如下：

```
#include <stdio.h>
#include <string.h>
void main()
{
      int i, j, p;
      char tmp[20], str[10][20];
      printf("输入 10 个字符串:\n");
      for (i=0;i<10;i++)
            gets(str[i]);
            printf("10 个字符串的排序结果如下:\n");
      for (i=0;i<10;i++)
      {
            p=i;
            for (j=i+1;j<10;j++)
            if (strcmp(str[j],str[p])<0) p=j;
              strcpy(tmp,str[i]);
              strcpy(str[i],str[p]);
              strcpy(str[p],tmp);
              puts(str[i]);
      }
}
```

本例程序使用 gets 函数输入 10 字符串并存入二维字符数组 str 中，使用选择法对 10 个字符串进行排序并输出。

5.5 本章小结

本章介绍了数组的概念及其应用。数组通常用来存储具有同一数据类型并且按顺序排列的一系列数据。数组中的每一个值称为数组元素，使用下标值来表示它们在数组中的位置。在 C 语言中，数组的下标从 0 开始。数组元素通过数组名和下标来引用，数组的下标可以是任意的计算结果，计算结果能够自动转换成整型数的表达式即可，包括整型、字符型或枚举型。

当定义一个数组时，必须说明数组的大小，而且它必须是常量。在存储器中，数组元素是连续存储的。数组第 1 个元素的地址称为首地址。

数组可分为数值数组（整型数组，实型数组）、字符数组以及后面将要介绍的指针数组、结构数组等。数组可以是一维的、二维的或多维的。

对数组的赋值可以用数组初始化赋值、输入函数赋值和赋值语句赋值三种方法实现。 对数值数组不能用赋值语句整体赋值、输入或输出，而必须用循环语句逐个对数组元素进行操作。

习题五

一、选择题

1．在 C 语言中，引用数组元素时，其数组下标的数据类型允许是（　　）。

A．整型常量　　B．整型表达式

C．整型常量或整型表达式　　D．任何类型的表达式

2．若有说明 int a[10]; 则对 a 数组元素的正确引用是（　）。

A．a[10]　　B．a[3.5]　　C．a(5)　　D．a[10-10]

3．以下对一维整型数组 a 进行正确初始化的语句是（　）。

A．int a[5]=(0,0,0,0,0);　　B．int a[5]={ };

C．int a[5]={0};　　D．int a[5]={1,2,3,4,5,6};

4．以下对二维数组 a 的正确说明是（　）。

A．int a[3][];　　B．float a(3,4);　　C．double a[1][4];　　D．float a(3)(4);

5．若有说明 int a[3][4]; 则对 a 数组元素的正确引用是（　）。

A．a[2][4]　　B．a[1,3]　　C．a[1+1][0]　　D．a(2)(1)

6．若有说明 int a[3][4]; 则对 a 数组元素的非法引用是（　）。

A．a[0][2*1]　　B．a[1][3]　　C．a[4-2][0]　　D．a[0][4]

7．以下对二维整型数组 a 进行正确初始化的语句是（　）。

A．int a[2][]={{1,01},{5,2,3}};　　B．int a[][3]={{1,2,3},{4,5,6}};

C．int a[2][3]={{1,2,3},{4,5},{6}};　　D．int a[2][3]={{1,0,1},{},{1,1}};

8．若有说明 int a[3][4]={0}; 则以下正确的叙述是（　）。

A．只有元素 a[0][0]可得到初值 0

B．此说明语句不正确

C．数组 a 中各元素都可得到初值，但其值不一定为 0

D．数组 a 中每个元素均可得到初值 0

9．若定义数组并初始化 char a[10]={"hello"}，该数组的元素中“'\0'”的个数是（　）。

A．10　　B．5　　C．6　　D．不确定

10．若有以下定义和语句，则输出结果是（　）。

```
char string[ ]="Sunny";
printf("%.3s",string);
```

A．Su　　B．Sun　　C．Sunn　　D．Sunny

二、填空题

1．数组中的每一个变量称为________，数组中的所有元素都属于________数据类型。

2．在定义一个一维数组时，数组长度只能是________。

3．若有定义 double x[3][5];则 x 数组中列下标的上限为________。

4．若有定义 int a[3][4]={{1,2},{0},{4,10}};则 a[1][2]得到的初值是________。

5．若已有 char b[10][50]; 则该二维字符数组在内存所占字节数为________。

6．设有数组定义 char string[ ]="China";则数组 string 所占的空间为____。

7．已知 char x[10]= "abc\"d"，则表达式 strlen(x)的值为________。

8．使用 strlen( )计算字符串的长度时，应该包含的头文件是________。

9．在内存中，二维数组存放的顺序是________。

10．C 语言数组的下标必须是________类型的常量或变量。

三、阅读程序，写出运行结果

```
#include <stdio.h>
void main()
```

```
{   char ch[7]={"12ab56"};
    int i,s=0;
    for (i=0; ch[i]!='\0'; i+=2)
        if ( ch[i]>='0' && ch[i]<='9' )    s=10*s+ch[i]-'0';
    printf("%d\n",s);
}
```

四、程序填空题

下面程序的功能是统计年龄在 16～30 岁之间的学生人数，请填空。

```
#include <stdio.h>
void main()
{   int a[15],n,age,i;
    for (i=0;i<15;i++)   ____【1】____
    printf("Enter the number of the students(<30)\n");
    scanf("%d",&n);
    printf("Enter the age of each student:\n");
    for (i=0;i<n;i++)
    {   scanf("%d",&age);
        a[  ____【2】____  ]++ ;
    }
    printf("age number\n");
    for (i=16;i<32;i++)
        if (a[i-16]!=0)printf("%3d   %6d\n",i,a[i-16]);
}
```

五、程序改错题

1．下面的程序设是将一个字符串的内容颠倒过来，程序中有一处错误，请更正。

```
#include <stdio.h>
#include <string.h>
void main()
{   char str[80],c;
    int len,i,j;
    printf("Enter string:");
    gets(str);
    len=strlen(str);
    for (i=0,j=len-1;   i<len;   i++,j--)
    {   c=str[i];     str[i]=str[j];     str[j]=c;     }
    printf("The result is: %s\n",str);
}
```

2．下面程序用来查找数组 a 中是否存在某一关键字，程序中有一处错误，请更正。

```
#include <stdio.h>
void main()
{   int a[8]={25,57,48,37,12,92,86,33}, i,x;
    scanf("%d",&x);
    for (i=0;i<8;i++)
        if   (x==a[i])       break;
    if   (i>8)      printf("Can't found !\n");
    else printf("Found ! The index is : %d\n",i+1);
}
```

3．下面程序是把数字字符串转换成整数，程序中有一处错误，请更正。

```
#include <stdio.h>
void main()
```

```
{	char str[6];
	int i,num=0;
	printf("Enter string:");
	scanf("%s",str);
	for (i=0;str[i]!='\0';i++)
		num=num*10+str[i];
	printf("The integer is: %d\n",num);
}
```

六、编程题

1．输入 10 个整数，计算它们的平均值。找出最小数，再找出与平均值最接近的整数。

2．输入 20 个 1～5 之间的整数，给出 1～5 每个数出现的次数。

3．找出整型数组中的最大值，把它后面的元素依次前移一位，再把它放在数组的末尾。

4．输入 20 个整数到数组 num 中，并对 num 中的偶数号元素按升序排序。

5．利用筛选法求 1000 以内的素数。步骤如下：

第 1 步：将 2、3、4、5、…、1000 存入数组，并确定第一个素数 2；

第 2 步：删除数组中该素数的倍数；

第 3 步：取数组中第一个没有被删除的数作为新素数，重复第 2 步。

6．找出矩阵 m 中的最大、最小元素，并输出它们的位置。

7．计算矩阵 m 的两条主对角线上元素的和。

8．计算矩阵 m 上三角元素的和。

9．用 putchar 函数模拟 puts 函数。

10．在任意的字符串 a 中将与字符 c 相等的所有元素的下标值分别存放在整型数组 b 中。

11．编程输出下列杨辉三角形（n=5）。

```
          1
        1   1
      1   2   1
    1   3   3   1
  1   4   6   4   1
1   5   10  10  5   1
```

第6章　函数

本章学习目标

- 理解模块化程序设计的基本概念
- 掌握C语言函数的概念、定义和函数的调用
- 掌握C语言函数的参数传递规则
- 掌握函数的嵌套调用
- 了解变量的作用域和生存期
- 了解内部函数与外部函数的使用方法

6.1　模块化程序设计

模块化程序设计是一种以功能模块为基础的编程方法，简单地说就是程序的编写不是开始就逐条录入计算机语句和指令，而是首先将问题分解为多个功能模块，并用主程序、子程序、子过程等框架把软件的主要结构和流程描述出来，并定义和调试好各个框架之间的输入、输出链接关系。模块化的目的是为了降低程序复杂度，使程序设计、调试和维护等操作简单化。

6.1.1　模块化程序设计概述

人们在求解一个复杂问题时，通常采用的是逐步求精、分而治之的方法，也就是把一个大问题分解成若干个比较容易求解的小问题，然后分别求解。逐步求精的结果是得到一系列以功能块为单位的算法描述，每一个功能块称为一个程序模块。这种以功能块为单位进行程序设计，然后把所有的功能模块像搭积木一样装配起来，实现复杂问题的求解的方法称为模块化程序设计。

程序设计模块化的过程就是把复杂问题分解成独立模块的过程，每个模块完成一个单独的功能。通常首先把复杂问题分解为主要功能模块，然后在主要功能模块中再进一步细分为一系列子功能模块，直到所有的功能都被确定。这种先定主要功能，再逐步细分成子功能的过程称为自顶向下（top-down）设计方法。

自顶向下的设计方法可以让程序设计人员把全部精力集中在算法的总体设计上，而不必过多地考虑较低级模块的设计细节。该设计方法的另一个优点是，相对独立的模块很容易理解，也很容易编写和修改，具有较好的重用性，必要的话还可以单独对其进行修改。

在C语言程序设计中，这种功能模块通常用函数来实现，其模块化结构如图6-1所示。图中方框表示用函数定义的功能模块，线条表示调用关系，其中→表示单向调用，即其他函数不允许调用main()，不带箭头的线条表示可以相互调用。

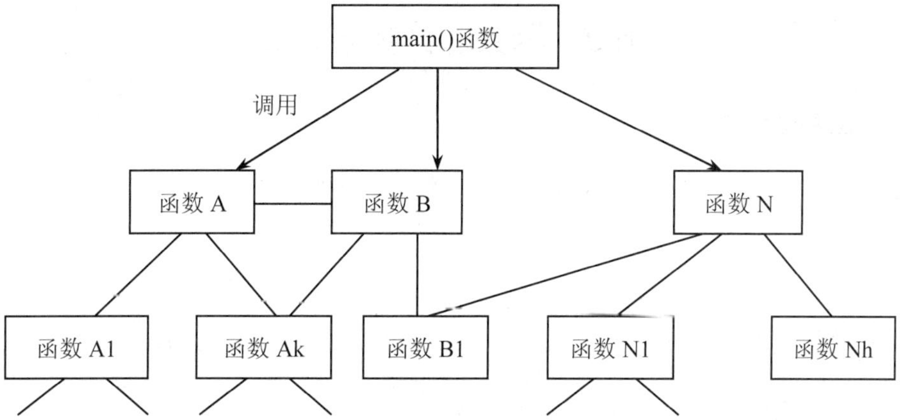

图 6-1　模块化程序结构

6.1.2　函数概述

数学中的函数如 z=f(x,y)表示给出 x 和 y 的值，可以计算出 z 的值。将 x 和 y 称为函数的参数，z 称为函数的值。在 C 语言中函数具有类似的概念，但比数学中的函数功能更加丰富，它不仅可以用于公式计算，更重要的是它可以实现一组功能。

函数是实现一定功能模块的子程序，它是 C 源程序的基本模块，用来表示模块化程序设计中的各个功能模块。在程序设计时规划与设计合理的函数可以使整个程序结构清晰，容易阅读、调试和维护。

C 语言不仅提供了极为丰富的库函数(如 VC 中提供了 500 多个函数)，还允许用户建立自己定义的函数。用户可把自己的算法编成一个个相对独立的函数模块。

C 语言程序的全部工作都是由各式各样的函数来完成的，它们通过函数调用的方法来实现对函数的使用，因此也把 C 语言称为函数式语言。

从程序设计的角度来讲，通常宜将一个功能相对独立的功能模块编写为一个函数，不宜将一个函数的功能过于复杂化。

在 C 语言中，一个程序通常由多个函数构成，所有的函数在程序书写格式上（包括主函数 main 在内）是平等的，如图 6-2 所示。即

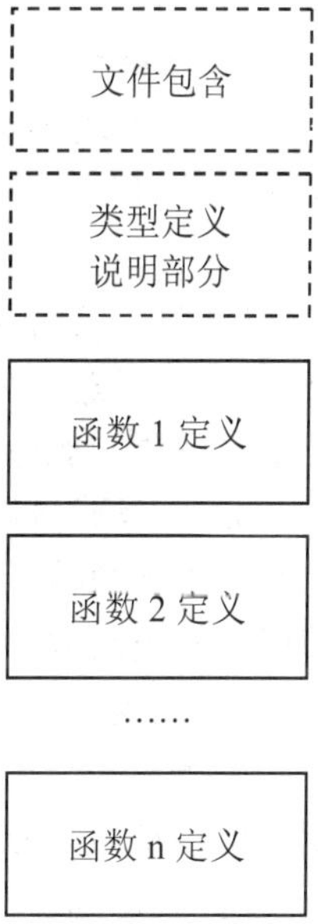

图 6-2　程序的书写结构

（1）在一个函数的函数体内，不能再定义另一个函数，即不能嵌套定义。但是函数之间允许相互调用，也允许嵌套调用。函数还可以自己调用自己，称为递归调用。

（2）函数在程序中出现的先后顺序没有关系，但如果函数调用在先，定义在后，则必须在所调用的函数前先说明被调用的函数。

（3）main()函数称为主函数，一个程序有且仅有一个 main()，它表示程序的执行总是从 main()开始，完成对其他函数的调用后再返回到 main()，最后由 main()结束整个程序。main()可以调用其他函数，而不允许被其他函数调用。main()可以放在任意位置，但一般将 main()函数放在函数定义的最前面（函数 1 定义的位置）或最后面（函数 n 定义的位置），以方便程序员阅读。

6.2 函数的分类与定义

6.2.1 函数的分类

在 C 语言中可从不同的角度对函数进行分类，其分类如图 6-3 所示。

- 函数分类
  - 从函数定义的角度分
    - 库函数，如 printf()
    - 用户函数，如 arraysort()
  - 从函数返回值角度分
    - 无返回值函数
    - 有返回值函数
  - 从数据传递的角度分
    - 无参数函数
    - 有参数函数

图 6-3　函数的分类

1. 库函数

由 C 系统提供，用户无须定义，只需在程序前包含该函数原型的头文件即可在程序中直接调用。如在前面各章中反复用到 printf、scanf、getchar、putchar、gets、puts、strcat 等函数均属此类。

2. 用户定义函数

由用户按需要编写的函数。对于用户自定义函数，不仅要在程序中定义函数本身，而且必要时需要增加函数说明语句。

3. 有返回值函数

此类函数被调用执行完后将向调用者返回一个执行结果，称为函数返回值。如数学函数即属于此类函数。

4. 无返回值函数

此类函数用于完成某项特定的处理任务，执行完成后不向调用者返回函数值。在定义时类型标识符必须使用 void。

5. 无参函数

函数定义、函数说明及函数调用中均不带参数。主调函数和被调函数之间不进行参数传送。此类函数通常用来完成一组指定的功能，可以返回或不返回函数值。

6. 有参函数

在函数定义及函数说明时都有参数，称为形式参数（简称为形参）。在函数调用时也必须给出参数，称为实际参数（简称为实参）。进行函数调用时，主调函数将把实参的值传送给形参，供被调函数使用。

6.2.2 函数的定义

1. 函数定义的一般形式

```
类型标识符 函数名(形式参数列表)
{
```

```
    声明部分
    语句
  }
```

说明：

（1）函数定义的第 1 行中，类型标识符和函数名(形式参数表列)称为函数头。

（2）{ }中的内容称为函数体。在函数体中的声明部分，是对函数体内部所用到的变量的类型进行说明，如同前面介绍过的 main()函数一样。

（3）类型标识符指明了本函数的类型。函数的类型实际上是函数返回值的类型，该类型标识符为数据类型的名称。如省略类型说明符，则 VC 编译器自动将整型（int）作为函数的返回类型。如果一个函数不要求有返回值，此时函数类型标识符必须为 void，表示空类型。

（4）函数名是由用户定义的标识符（保留字除外），函数名的命名最好能体现出函数的功能。

（5）函数名后必须有一对括号。括号中的形式参数列表可以省略，但括号不能省略，如省略形式参数，则此称函数为无参数函数。如形式参数不省略，它们可以是各种类型的变量，各参数之间用逗号间隔。

2. 函数定义的几种具体形式

（1）空函数的定义如下：

```
void 函数名()
{

}
```

空函数不完成任何功能，表明程序员在此想使用一个函数，但具体内容暂未书写，在程序开发过程中再予以补充完成，它常用于程序调试初期。

（2）无返回值、无参数函数的定义如下：

```
void 函数名( )
 {
   声明部分
   语句
 }
```

如：

```
void hello( )
     {
         printf ("Hello,world \n");
}
```

这里，只把 main 改为 hello 作为函数名，其余不变。hello 函数是一个无参函数，当被其他函数调用时，输出“Hello,world”字符串。

3. 无返回值、有参数函数

一个函数可以有 0 个或多个参数，如果参数个数为 0，即是前面介绍的无参数函数。参数个数多于 1 个时，称为多参数函数，参数用“形式参数列表”表示，每个参数之间用“,”分隔。

形式参数（简称形参）是一个变量，它出现在形式参数列表时必须给出该形参的类型说明。

如用“*”打印一个具有 n 行的直角三角形，第 i 行有 i 个“*”，程序代码如下所示：

```
void print_stars(int n)
```

```
{
    int i,j;
    for(i=1;i<=n;i++)
    {
        for(j=0;j<i;j++)
        printf("%c",'*');
        printf("\n");
    }
}
```

（4）有返回值、无参数函数的定义如下所示：

```
类型标识符 函数名()
{
    声明部分
    语句
}
```

如计算 1+2+…+100 的和，程序代码如下所示：

```
int sum()
{
    int i,s=0;
    for(i=1;i<=100;i++) s+=i;
    return s;
}
```

函数中的 return s;语句表示将变量 s 的值返回给 sum()函数。

有返回值函数中至少应有一个 return 语句。

（5）有返回值、有参数函数。

如定义一个函数，求两个数中的大数，程序代码如下所示：

```
int max(int a, int b)
{
    if (a>b) return a;
    else return b;
}
```

第一行说明 max 函数是一个整型函数，其返回的函数值是一个整数。形参为 a 和 b 均为整型量。a 和 b 的具体值是由主调函数在调用时传送过来的。在{}中的函数体内，除形参外没有使用其他变量，因此只有语句而没有声明部分。在 max 函数体中的 return 语句是把 a（或 b）的值作为函数的值返回给主调函数。

6.3 函数的调用与执行

6.3.1 函数的调用

1．函数调用

在模块化程序设计中，一个问题往往通过逐步求精的方式分解为多个小的功能模块来实现。在 C 语言程序设计中，每一个小功能模块均由一个函数来实现，这些函数尽管功能相对独立，但必须存在着一些小函数为另一函数服务的情况，如图 6-1 中，main()函数就是通过函数 A、函数 B、函数 N 来实现其功能的。把这种一个函数要求其他函数为其服务以完成其功能的情况称为函数的调用。

图 6-1 的调用关系用如下程序结构表示：

```
void main( )
{
    …
    A( );    //调用函数 A()
    …
    B( );    //调用函数 B()
    …
    N( );    //调用函数 N()
}
```

这里，我们称函数 main()调用了三个函数，分别是 A()、B()和 N()函数，同时称 main()为主调函数，A()、B()和 N()为调用函数。

A，B 和 N 为调用函数。

2. 函数调用的规则

（1）main()是一个程序的主函数，其他任何函数均不能调用 main()。但它可以调用其他任何函数，如库函数与自定义函数。

（2）用户自定义函数之间只要有必要，可以任意调用，如 A 调用 B，B 调用 C 等。

（3）函数自己可以调用自己，多个函数之间可以形成循环调用。这两种情况均称为递归调用，前者称直接递归，后者称间接递归。

（4）函数调用遵循“先定义，后调用”的调用规则。如果出现“先调用，后定义”的情形，则必须增加函数说明语句。如直接递归：

```
A ()
{
   …
   A( );
   …
}
```

3. 函数调用的一般形式

C 语言中，函数调用的一般形式为：

函数名(实际参数表)

对无参函数调用时则无实际参数表。

对有形参函数的调用，实参的个数与类型均必须与所对应的形参满足一一对应的条件，即个数相同，类型满足赋值兼容。实参可以是常数、变量或其他构造类型数据及表达式，多个实参之间用逗号分隔。

4. 函数调用的方式

在 C 语言中，可以用以下几种方式调用函数。

（1）函数表达式：函数作为表达式中的一项出现在表达式中，以函数返回值参与表达式的运算，这种方式要求函数是有返回值的。例如：z=max(x,y)是一个赋值表达式，把 max 的返回值赋予变量 z。

（2）函数语句：函数调用的一般形式加上分号即构成函数语句。

例如：printf ("%d",a);和 scanf ("%d",&b);都是以函数语句的方式调用函数。此方式通常用于返回类型为 void 的函数的调用。

（3）函数实参：函数作为另一个函数调用的实际参数出现。这种情况是把该函数的返回值作为实参进行传送，因此要求该函数必须是有返回值的。

例如语句

```
printf("%d",max(x,y));
```

是把 max()调用的返回值又作为 printf ()函数的实参来使用的。

6.3.2 函数说明语句

函数说明语句的格式为：

```
类型标识符 函数名(形式参数列表);
```

或

```
类型标识符 函数名(参数类型列表);   //省略形式参数列表中的变量名
```

说明语句的定义为对应函数定义的第一行后面加一个”;”号，而函数定义中没有”;”号。

由于在 C 程序遵守“先定义，后调用”的调用规则，当一个程序中有两个以上的函数，为了正确地调用函数，可能需要增加函数说明语句。

设有 2 个函数，函数 funA()和函数 funB()，其程序书写与调用关系如图 6-4 所示。图（a）中，由于满足“先定义，后调用”的调用规则，所以不需要函数说明语句；图（b）由于 funA()中在 funB()还未书写之前就调用了 funB()，因此必须先函数说明 funB()；图（c）结合了图(a)和图（b）两种方式，由于 funA()中在 funB()还未书写之前就调用了 funB()，因此必须先函数说明 funB()，而 funB()中调用 funA()则因已经定义过而不要函数说明。

注：在图（b）和（c）中，函数说明语句也可以放在程序中位置①处，但其作用范围不同，如只在①处定义说明语句，则表示允许在 funA()中调用 funB()，假如此时在 funA()和 funB()之间又定义了 funC()，它也要调用 funB()，则还必须在 funC()中对 funB()进行函数说明。而将对 funB()的函数说明放在 funA()之前，则在 funA()和 funC()中均不再需要对 funB()进行函数说明。

```
int funA(…)
{…
…;
…
}

int funB(…)
{…
 s=funA(…);
…
}
```

（a）先定义函数后调用

```
int funB(…);   //说明语句
int funA(…)
{ ①…
 s=funB(…);
…
}

int funB(…)
{…
…;
…
}
```

（b）先调用函数后定义,加说明语句

```
int funB(…);   //说明语句
int funA(…)
{ ①…
 s=funB(…);
}

int funB(…)
{…
 t=funA(…);
}
```

（c）嵌套调用必须加说明语句

图 6-4　函数说明语句的应用

例如下面的程序 max 函数放在 main 之后的情形，在 main()中增加了对 max()函数的说明语句。

【例 6-1】求两个数的最大值。（ex6_1.cpp）

```
#include<stdio.h>
void main()
```

```
{    int max(int a,int b);        //函数说明语句
     int x,y,z;
     printf("input two numbers:\n");
     scanf("%d%d",&x,&y);
     z=max(x,y);
     printf("maximum=%d",z);
}
int max(int a,int b)
{
     if(a>b) return a;
     else return b;
}
```

对库函数的调用不需要再作说明，但必须把该函数的头文件用 include 命令包含在源文件前部。

6.3.3　函数的参数与参数传递

1．函数的参数

由于函数存在着调用与被调用关系，因此将函数的参数分为形式参数（简称形参）和实际参数（简称实参）两种。

形参出现在函数的定义中，其作用范围是整个函数体内，离开该函数则不能使用。实参出现在主调函数中，进入被调函数后，实参变量也不能使用。

形参和实参的功能是传递数据。发生函数调用时，主调函数把实参的值传送给被调函数的形参，从而实现主调函数向被调函数的数据传递。

2．参数及参数传递的特点

（1）形参变量只有在被调用时才分配内存单元，在调用结束时，即刻释放所分配的内存单元。因此，形参只有在函数内部有效。函数调用结束返回主调函数后则不能再使用该形参变量。

（2）实参可以是常量、变量、表达式、函数等，无论实参是何种类型的量，在进行函数调用时，它们都必须具有确定的值，以便把这些值传送给形参。因此应预先用赋值、输入等办法使实参获得确定值。

（3）参数传递实质是一种赋值运算，即将实参赋给对应的形参（形参变量=对应实参值），因此要求实参和形参在数量上、类型上、顺序上严格一致，否则会发生“类型不匹配”的错误。

（4）C 语言函数参数传递的规则是“单向值传递”，即函数调用时数据传送是单向的值传递，即只能把实参的值传送给形参，而不能把形参的值反向地传送给实参。因此在函数调用过程中，形参的值发生改变，而实参中的值不会发生变化。

【例 6-2】说明参数传递的单向性。（ex6_2.cpp）

```
#include<stdio.h>
void main()
{    int a=3,b=4;
     void swap(int x,int y);                    //函数说明语句
     swap(a,b);                                 //函数调用语句         (1)
     printf("a=%d,b=%d\n",a,b);
}
void swap(int x,int y)
{    int temp;
     temp=x;x=y;y=temp;
}
```

分析：main()函数中（1）为函数调用语句，它表示将 a 赋给 x，将 b 赋给 y，然后转入 swap()函数执行，此时 main()中的变量 a 和 b 在 swap()中不再起作用（如图 6-5 所示）。在 swap()中交换 x 和 y 的值，然后释放为 swap()所分配的内存空间，继续执行下一语句（此处为 printf()语句），由于 x、y 已经被释放，a、b 的值无改变，最后输出 a 和 b 的值仍为 3 和 4。

注意：即使将 swap()函数改写成如下形式：

```
void swap(int a,int b)
{    int temp;
     temp=a;a=b;b=temp;
}
```

程序运行的结果依然不变，因为 swap()中的变量 a 和 b 与 main()中的 a 和 b 根本就是两个不同的变量。

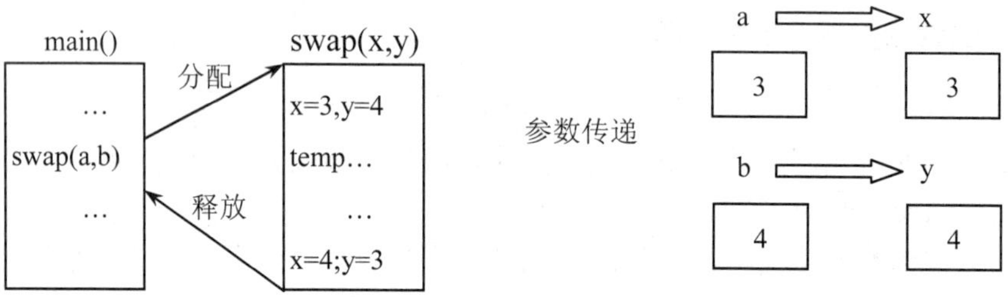

图 6-5　函数调用与参数传递

6.3.4　函数的返回值

函数的值是指函数被调用之后，执行函数体中的程序段所取得的并返回给主调函数的值。如调用正弦函数取得正弦值，调用例 6-1 的 max()函数取得的最大数等。

对函数的值（或称函数返回值）的约定：

（1）函数的值只能通过 return 语句返回。

return 语句的一般形式为：

```
return 表达式;
```

或者为：

```
return (表达式);
```

该语句的功能是计算表达式的值，并返回给主调函数。在函数中允许有多个 return 语句，但每次调用只能有一个 return 语句被执行，因为当函数执行到 return 语句时，立即终止函数的执行，将 return 后面的表达式的值返回给主调函数，所以一个函数只能返回一个函数值。但是这并不等于一个函数只有一个 return 语句，相反，对于有多分支的函数必须保证每一条只有一个 return 语句。如 ex6_1.cpp 中的 max()函数。

（2）函数返回值的类型和函数定义中函数的类型应保持一致。如果两者不一致，则以函数类型为准，自动进行类型转换。

（3）如函数值为整型，在函数定义时可以省去类型说明。

（4）没有返回值的函数，可以明确定义为“空类型”，类型说明符为 void。为了使程序有良好的可读性并减少出错，凡不要求返回值的函数都应定义为空类型，如例 ex6_2.cpp 中函数 swap()并不向主函数返函数值。

一旦函数被定义为空类型后，就不能在主调函数中使用被调函数的函数值了。

如：

```
void s(int n)
{ …
}
```

在定义 s()为空类型后，在主调函数中书写语句 t=s(10);就是错误的。

6.3.5　函数的执行

C 语言程序总是先执行 main()函数，而不管 main()放在程序中的哪个位置。当执行 main()时，依次调用相应的函数，以完成程序的各种功能。

下面以 funB()调用 funA()为例分析函数的执行过程，如图 6-6 所示。

函数的执行策略：

（1）函数的执行过程采用动态内存分配策略，即未执行到的函数不分配内存空间；当函数被调用执行时立即给该函数分配新的内存空间，当执行结束时立即释放所分配的内存空间。

（2）利用堆栈保存调用主调函数的下一语句的地址等，当程序转入函数的执行时，首先进行参数的值传递，以使函数的形参获得所需要的值。

（3）执行函数体，完成函数的功能。

（4）函数执行结束，释放内存，通过弹栈返回到主调函数调用的下一语句继续执行。

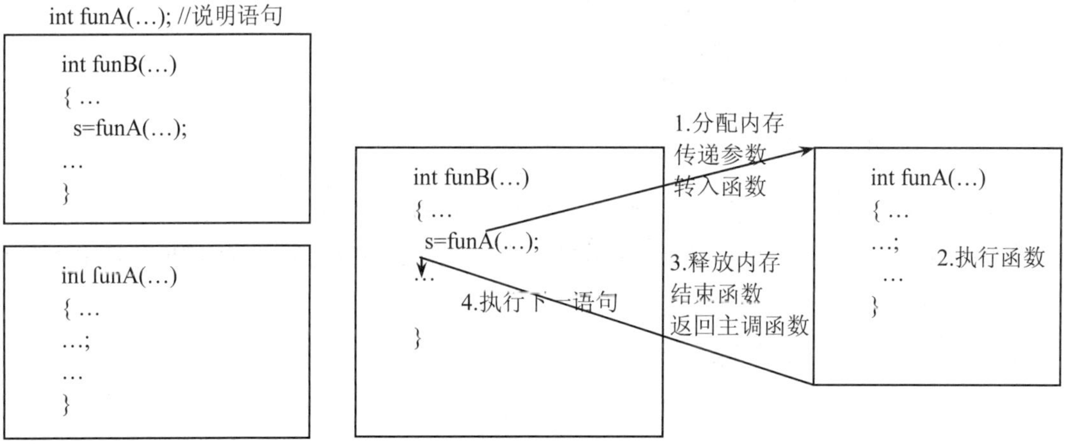

（a）程序中函数的调用关系　　　　（b）函数调用与执行

图 6-6　函数调用与执行图解

6.4　数组作为函数参数

数组可以作为函数的参数使用，进行数据传送。把数组用作函数参数有两种形式，一种是把数组元素（下标变量）作为实参使用；另一种是把数组名作为函数实参使用。

6.4.1　数组元素作函数参数

函数参数有形参与实参之分，而用数组元素作函数参数的情况通常只限于作函数的实参。由于数组元素本身就是具有一定数据类型的变量，它与普通变量并无实质区别，因此它作为函数实参的使用与普通变量作函数实参的作用是完全相同的，在发生函数调用时，把数组元素的值传送给形参，实现单向的值传送。

【例 6-3】求一个数组中所有素数的和。(ex6_3.cpp)

分析：由于数组有多个元素，对每个元素均作同样的是否是素数的判断，因此通过定义一个素数判定函数来实现将使问题的求解更加清晰。

用素数判别函数判定一个整数是否为素数，如是则返回 1，否则返回 0。

编程如下：

```
#include<stdio.h>
int  prime(int v)                       //判断 v 是否为素数，如是返回 1，不是返回 0
{  int i,flag=1;                        //素数 flag 标记
 if(v<=1)
      return 0;
    else
      {for(i=2;i<v;i++)
          if (v%i==0)
            {flag=0;break;}             //表示数 v 只要被 2～v-1 中的一个数整除，则它不是素数
       return flag;
      }
}
void main()
{   int a[5],i,sum=0;
    printf("input 5 numbers\n");
    for(i=0;i<5;i++)
      {  scanf("%d",&a[i]);
         sum=sum+a[i]*prime(a[i]);      //计算素数之和
      }
     printf("sum of prime=%d",sum);
}
```

本程序中 prime(int v)实现对一个整数是否为素数的判定。在 main 函数中用一个 for 语句输入数组各元素，每输入一个就以该元素作实参调用一次 prime()，即把 a[i]的值传送给形参 v，供 prime()函数使用。

6.4.2 数组名作为函数参数

1. 定义格式

用数组名作为函数参数，不仅可以作为函数的形参，而且可以作为函数的实参，其基本形式有以下两种。

(1) 带下标说明的数组形参。

如函数定义：

```
int sum(int a[10])              //求数组 a[10]的所有元素之和
 {
    int i,s=0;
    for(i=0;i<10;i++)
        s+=a[i];
    return s;
 }
```

则其函数调用为：

```
s=sum(b);                       //其中数组 b 的说明为：int b[10];
```

(2) 不带下标说明的数组形参。

如函数定义：

```
int sum(int a[],int n)          //求数组 a[]前 n 个元素之和
{
    int i,s=0;
    for(i=0;i<n;i++)
        s+=a[i];
    return s;
}
```

则其函数调用为：

```
s=sum(b,10);                    //其中数组 b 的说明为：int b[10];
```

2. 用数组名作函数参数与用数组元素作函数参数的区别

（1）类型说明不同。用数组元素作实参时，只要数组类型和函数的形参变量类型一致即可。换句话说，对数组元素的处理按普通变量对待。用数组名作函数参数时，则要求形参和相对应的实参都必须是类型相同的数组，都必须有明确的数组说明，当二者不一致时，即会发生错误。

（2）内存分配不同。在用普通变量或下标变量作函数参数时，形参变量和实参变量是由编译系统分配的两个不同的内存单元。在用数组名作函数参数时，因为实际上形参数组并不存在，编译系统不为形参数组分配内存空间，所以它不能进行值的传送，即不是把实参数组的每一个元素的值都赋予形参数组的各个元素。

（3）参数传递方式不同（传值与传地址）。在函数调用时发生的值传送是把实参变量的值赋予形参变量（即传值，又称值传递）。而在用数组名作函数参数时所进行的传送把实参数组的首地址传送给形参数组名（即传地址，又称为引用传递），形参数组名取得该首地址之后，也就等于有了实在的数组。实际上是形参数组和实参数组为同一数组，共同拥有一段内存空间，如图 6-7 所示。

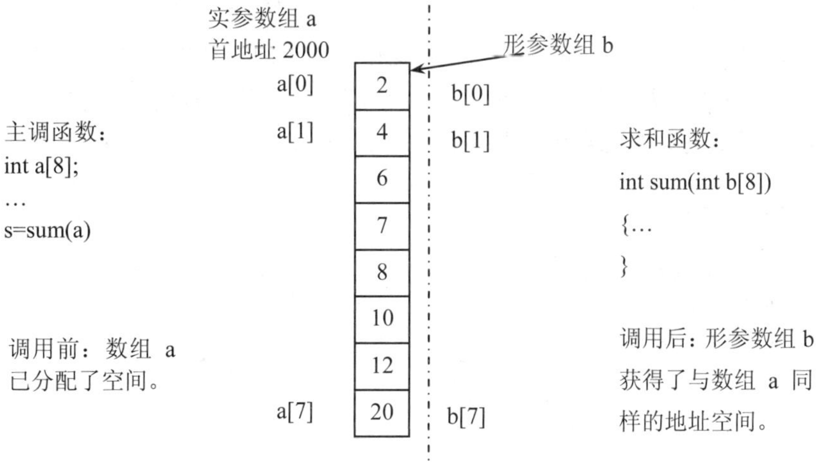

图 6-7　用数组名作为函数的参数

图 6-7 中设 int a[8]为实参数组。a 占有以 2000 为首地址的一块内存区。b 为形参数组名。当发生函数调用时，进行地址传送，把实参数组 a 的首地址传送给形参数组名 b，于是 b 也取得该地址 2000。于是 a 和 b 两数组共同占有以 2000 为首地址的一段连续内存单元。从图中还可以看出 a 和 b 下标相同的元素实际上也占相同的内存单元。

【例 6-4】数组 a 中存放了一个学生 5 门课程的成绩，通过函数求其总分与平均分。（ex6_4.cpp）

```
#include<stdio.h>
float sum(float a[],int n)
{    int i;
     float s=0;
     for(i=0;i<n;i++)
        s=s+a[i];
     return s;
}
void main()
{
     float score[5],total,average;
     int i;
     printf("\ninput 5 scores:\n");
     for(i=0;i<5;i++)
          scanf("%f",&score[i]);
     total=sum(score,5);
     average=total/5;
     printf("total score is %5.2f",total);
     printf("average score is %5.2f",average);
}
```

本程序首先定义了一个实型函数 sum()以求出数组所有元素的和，其形参为实型数组 a[]和元素个数 n。主函数 main() 中首先完成数组 score 的输入，然后以 score 和 5 作为实参调用 sum()函数，函数返回值送给变量 total，最后输出 total 和 average 值。

（4）函数执行后对实参的影响不同。

在用变量作函数参数时，所进行的值传送是单向的，即只能从实参传向形参，不能从形参传回实参。形参的初值和实参相同，而形参的值发生改变后，实参并不变化，两者的终值是不同的。

当用数组名作函数参数时，由于实际上形参和实参为同一数组，因此当形参数组发生变化时，实参数组也随之变化。当然这种情况不能理解为发生了“双向”的值传递。

【例 6-5】用函数对数组元素进行升序排序。（ex6_5.cpp）

```
#include <stdio.h>
void sortarr(int a[],int n)
{    int i,j,t;
     for(i=0;i<n;i++)
     for(j=0;j<n-1-i;j++)                    //使用冒泡法进行排序
          if (a[j]>a[j+1])
               {t=a[j];a[j]=a[j+1];a[j+1]=t;}
}
void main()
{
     int b[5]={118,24,6,78,5},i;
     sortarr(b,5);
     printf("\nLast values of array b are:\n");
     for(i=0;i<5;i++)
          printf("%d ",b[i]);
}
```

本程序中函数 sortarr 的形参为整型数组 a，长度为 n。主函数中实参数组 b 也为整型数组，长度为 5。在主函数中调用排序函数 sortarr(b,5)，返回主函数之后，输出数组 b 的值。从运行结果可以看出，数组 b 的值是按由小到大的顺序排列的。这说明实参和形参为同一数组，它们的值同时得以改变。

3. 二维数组作为函数参数

用二维数组作为函数的形参，在定义时可以省略第一维参数的大小，但不能省略第二维参数的大小，调用时要求其对应的实参必须是同样的二维数组，并且其类型与各维大小均一致。

【例 6-6】用函数求二维数组的转置。（ex6_6.cpp）

```
#include <stdio.h>
void reverse(int b[][5])              //对二维数组进行转置
{
        int i,j,t;
        for(i=0;i<5;i++)
                for(j=0;j<i;j++)
                {
                        t=b[i][j];
                        b[i][j]=b[j][i];
                        b[j][i]=t;
                }
}

void printarr(int a[][5])             //输出二维数组
{
        int i,j;
        for(i=0;i<5;i++)
        {
                for(j=0;j<5;j++)
                        printf("%4d",a[i][j]);
                printf("\n");
        }
}
void main()
{
        int a[5][5],i,j;
        for(i=0;i<5;i++)
                for(j=0;j<5;j++)
                        a[i][j]=i*10+j;
       printf("initial values of array a are:\n");
        printarr(a);
        reverse(a);
       printf("\nreverse values of array a are:\n");
       printarr(a);
}
```

6.5 函数的嵌套调用与递归调用

6.5.1 函数的嵌套调用

C 语言不允许一个函数定义在另一个函数之中，即不允许函数嵌套定义，所有函数在程序书写上处于平等关系。

C 语言允许函数之间的嵌套调用，所谓嵌套调用是指函数 A()调用函数 B()，而函数 B()又调用函数 C()，其程序结构如图 6-8 所示。

当函数 A()被执行时，其嵌套结构的执行过程按图 6-9 中标的数字顺序执行：

①执行函数 A()的前部分；

②执行 s=B()语句时先转向调用函数 B()；

③执行函数 B()的前部分；

④执行 t=C()语句时先转向调用函数 C()；

⑤执行函数 C()；

⑥函数 C()执行完毕返回调用语句 t=C()将函数 C()的返回值赋给 t；

⑦执行函数 B()的后部分；

⑧函数 B()执行完毕返回调用语句 s=B()将函数 B()的返回值赋给 s；

⑨执行函数 A()的后部分。

从图 6-9 可以看出，函数的嵌套执行过程是沿调用关系逐层进入，而返回过程恰好相反，最后被调用的函数最先执行完毕。

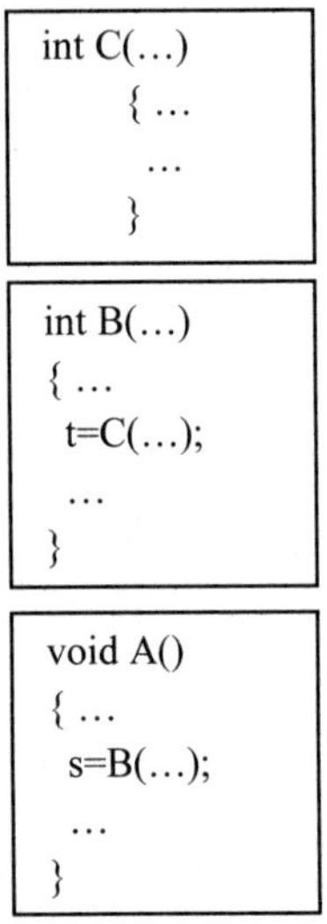

图 6-8　函数嵌套调用的程序结构

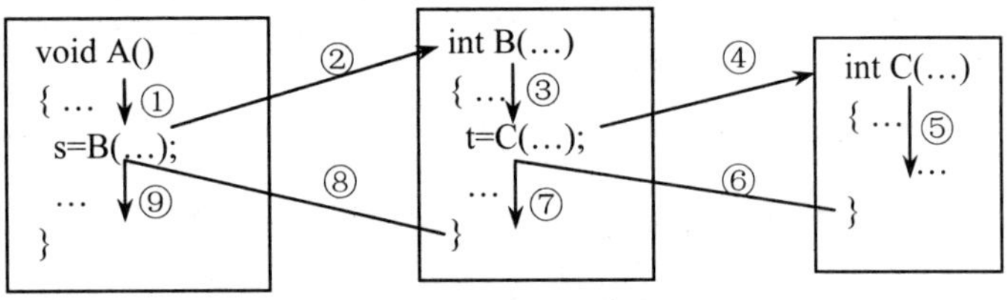

图 6-9　函数嵌套调用执行图解

【例 6-7】验证哥德巴赫猜想，即任何一个大于 6 的偶数均可分解为两个素数之和。（ex6_7.cpp）

分析：本问题的关键是判定一个整数是否为素数，因此用函数 int prime(int x)表示，当 x 是素数时返回 1，否则返回 0；其次写一个函数 judge(int x,int b[2])判断一个大于 6 的偶数能否分解为两素数之和，如能分解，则返回 1，并将分解后的两个数存放在数组 b[2]中，如不能分解返回 0，它要调用 prime()函数。

在本例中，主函数 main()调用 judge()函数，judge()函数调用 prime()函数，从而形成函数的嵌套调用。

```
#include <stdio.h>
int prime(int x)    //判断 x 是否为素数，是返回 1，不是返回 0
{
    int flag=1;
```

```
    int i;
    if (x<=1) return 0;
    for (i=2;i<x/2;i++)
        if (x%i==0)
        { flag=0;   break;
        }
    return flag;
}

int judge(int x,int b[2])                    //判断 x 能否表示两个素数之和，是返回 1，不是返回 0
{
    int i;
   for (i=3;i<x/2;i+=2)
    {
        if (prime(i) && prime(x-i))
        {
            b[0]=i;b[1]=x-i;break;           //猜想成立，保存两个素数
        }
    }
   if (i<x/2)
        return 1;
    else
        return 0;
}
 void main()
 {
     int n;
     int a[2];
     while(1)
     {
         printf("Please input a even number:");
         scanf("%d",&n);
         if (n%2==0&&n>=6)                  //只接收大于 6 的偶数数据
             break;
     }
     if (judge(n,a))
         printf("%d=%d+%d\n",n,a[0],a[1]);//分解成立输出两个素数之和
     else
         printf("no solution\n");
 }
```

6.5.2　函数的递归调用

1．递归调用与递归函数

一个函数在它的函数体内调用它自身的过程称为递归调用，这种函数称为递归函数。

递归分为直接递归与间接递归两种，直接递归简单地说就是函数自己调用自己，如 A()调用 A()为直接递归。间接递归是指函数在嵌套调用过程中出现了一种循环调用的现象，也就是出现了函数间接调用自己的情况，如 A()调用 B()，B()调用 A()，或者 A()调用 B()，B()调用 C()，C()调用 A()等为间接递归。两种递归的实质是一样的，均出现了函数自己调用自己的现象。

C 语言允许函数的递归调用。在递归调用中，主调函数又是被调函数。执行递归函数将反

复调用其自身，每调用一次就进入新的一层。

例如有函数 f 如下：

```
int f(int x)
{
   int y;
   z=f(y);
   return z;
}
```

这是一个递归函数。但是运行该函数将无休止地调用其自身，最后造成系统错误。为了防止递归调用无终止地进行，必须在函数内有终止递归调用的语句。常用的办法是加条件判断，满足某种条件后就不再作递归调用，然后逐层返回。

【例 6-8】用递归法计算 f(n)=n!。（ex6_8.cpp）

用递归法计算 f(n)=n!可用下述公式表示：

$$f(0)=f(1)=1 \qquad (n=0,1)$$
$$f(n)=n\times f(n-1) \qquad (n>1)$$

```
#include <stdio.h>
long ff(int n)
{
      long f;
      if(n==0||n==1) f=1;
      else f=ff(n-1)*n;
      return(f);
}
void main()
{
      int n;
      long y;
      printf("\ninput an integer number:\n");
      scanf("%d",&n);
      if(n<0) printf("n<0,input error");
       else
       {
             y=ff(n);
             printf("%d!=%ld",n,y);
       }
}
```

程序中给出的函数 ff 是一个递归函数。主函数调用 ff 后即进入函数 ff 执行，如果 n==0 或 n==1 时都将结束函数的执行，否则就递归调用 ff 函数自身。由于每次递归调用的实参为 n−1，即把 n−1 的值赋予形参 n，最后当 n−1 的值为 1 时再作递归调用，形参 n 的值也为 1，将使递归终止，然后可逐层返回。

下面以 n=5 来说明该过程。在主函数中的调用语句即为 y=ff(5)，进入 ff 函数后，由于 n=5，不等于 0 或 1，故应执行 f=ff(n-1)*n，即 f=ff(5−1)*5。该语句对 ff 作递归调用即 ff(4)。

进行四次递归调用后，ff 函数形参取得的值变为 1，故不再继续递归调用而开始逐层返回主调函数。ff(1)的函数返回值为 1，ff(2)的返回值为 1*2=2，ff(3)的返回值为 2*3=6，ff(4)的返回值为 6*4=24，最后返回值 ff(5)为 24*5=120。

【例 6-9】用递归方法求数组元素之和。（ex6_9.cpp）

方法一：设 n 个数组元素之和可以表示为 sum(a,n)，则 sum(a,1)=a[0];。

sum(a,n)=sum(a,n-1)+a[n-1]　　　　　　（n>1）

即数组的前 n 个元素之和等于前 n−1 个元素之和再加上最后一个元素。

程序如下：

```
#include <stdio.h>
int sum(int a[],int n)
{ if (n<=1)
        return a[0];
    else
        return sum(a,n-1)+a[n-1];
}
void main()
{
        int a[]={2,4,8,5,78,-34,328,47};
        int s;
        s=sum(a,sizeof(a)/sizeof(int));
        printf("sum=%d\n",s);
}
```

方法二：与方法一对应，但采用数组的前 n 个元素之和，第一个元素再加上后面所有元素之和。即

sum(a,1)=a[0];

sum(a,n)=a[0]+sum(a+1,n-1)　　　　　　　(n>1)

按此方式，重新书写 sum()函数：

```
int sum(int a[],int n)
{ if (n<=1)
        return a[0];
    else
        return a[0]+sum(a+1,n-1);          //为什么不能用 a[0]+sum(a,n-1)?
}
```

注意：既然 sum(int a[],int n)表示求数组的前 n 个元素之和，那么 sum(a,n-1)就是求前 n-1 个元素之和，如果用 a[0]+sum(a,n-1)来递归，它将每次用第一个元素 a[0]再加上后面的元素之和，显然这种表示方式是不对的。应当表示为 a[0]+数组 a 的 a[1]到 a[n−1]的 n−1 个元素之和，其关键是表示 a[1]即新的数组的首地址，由于数组名 a 表示数组的首地址，而 a+1 表示第 1 个元素的地址。

2. 递归问题求解的思路

（1）弄清递归的本质：从未知到已知的倒推求解方式。

（2）分而治之：即严格按将一个规模 n 的问题变为规模较小的 n−1 或 n−2 等问题来解决，而大规模问题与较小规模问题具有同样的解决方案。

（3）按照分而治之的理论，设计一个好的函数模型是递归的关键。

（4）递归终止条件是必不可少的，缺少了递归终止条件意味着递归可能会无限执行而造成系统的崩溃。因为递归是用堆栈来实现的，而显然系统不允许堆栈的无限增长。

【例 6-10】用递归算法求解 Hanoi 塔问题。（ex6_10.cpp）

Hanoi 塔问题：

一块板上有三根柱，A、B 和 C。A 柱上套有 n 个大小不等的圆盘，大的在下，小的在上。

如图 6-10 所示。要把这 n 个圆盘从 A 柱移动 C 柱上，每次只能移动一个圆盘，移动可以借助 B 柱进行。但在任何时候，任何柱上的圆盘都必须保持大盘在下，小盘在上。求移动的步骤。

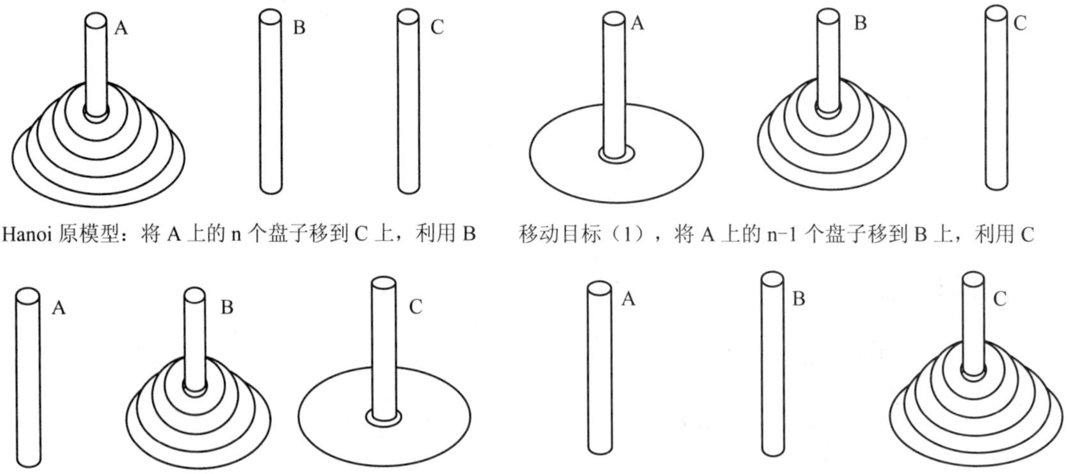

Hanoi 原模型：将 A 上的 n 个盘子移到 C 上，利用 B

移动目标（1），将 A 上的 n-1 个盘子移到 B 上，利用 C

移动目标（2），将 A 上的 1 个盘子直接移到 C 上

移动目标（3），将 B 上的 n-1 个盘子移到 C 上，利用 A

图 6-10 Hanoi 塔问题移动分解图

设 A 上有 n 个盘子，其算法如下：

如果 n=1，则将圆盘从 A 直接移动到 C。

当 n 大于等于 2 时，移动的过程可分解为三个步骤：

第一步，把 A 上的 n-1 个圆盘移到 B 上，利用 C；

第二步，把 A 上的一个圆盘直接移到 C 上；

第三步，把 B 上的 n-1 个圆盘移到 C 上，利用 A；其中第一步和第三步是类同的。

显然这是一个递归过程，据此算法可编程如下：

```
#include <stdio.h>
move(int n,char a,char b,char c)   //a 为起始柱，b 为可用柱，c 为目标柱
{   int i;
    if(n==1)
     {  for (i=0;i<5-n;i++) printf("          ");
     printf("%c-->%c\n",a,c);}
    else
    {
      move(n-1,a,c,b);
      for (i=0;i<5-n;i++) printf("          ");
       printf("%c-->%c\n",a,c);
      move(n-1,b,a,c);
    }
}
void main()
{   int h;
    printf("\ninput number:\n");
    scanf("%d",&h);
    printf("the step to moving %2d diskes:\n",h);
    move(h,'A','B','C');
}
```

程序执行结果示例：

```
input number:
3
the step to moving 3 diskes:
                                        A-->C
                            A-->B
                                        C-->B
                 A-->C
                                        B-->A
                            B-->C
                                        A-->C
```

n=3 时程序的运行轨迹如图 6-11 所示。

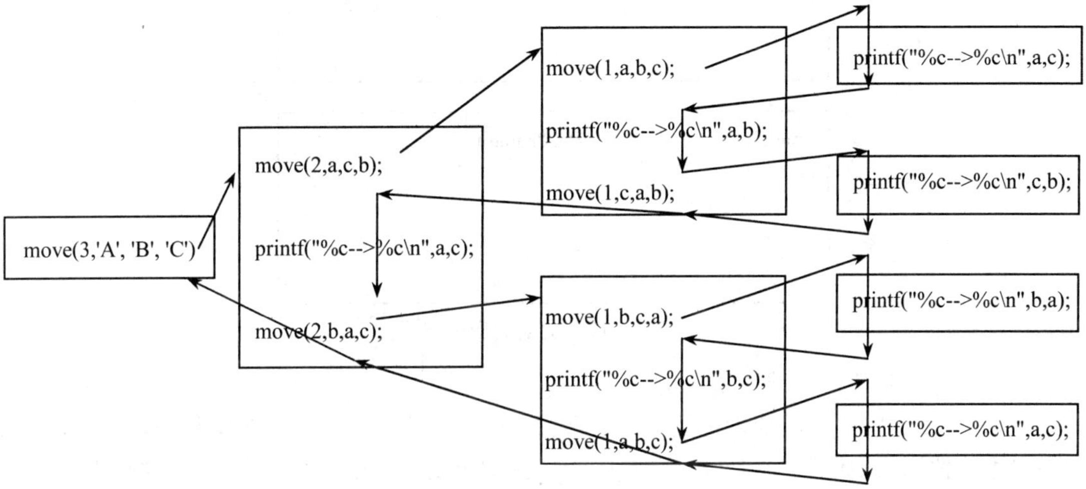

图 6-11　n=3 的 Hanoi 函数调用及执行顺序图

6.6　变量的作用域

变量是 C 语言中的重要符号，使用正确的变量在编译时不会出现“error C2065: 't' : undeclared identifier”（没有定义的标识符 t）的错误，同时在讨论函数的形参变量时曾经提到，形参变量只在被调用执行期间才分配内存单元，调用结束立即释放。这一特征表明形参变量只有在函数内才是有效的，离开该函数就不能再使用了。这种变量有效性的范围称为变量的作用域。不仅对于形参变量，C 语言中所有的变量都有自己的作用域。变量说明的方式不同，其作用域也不同。C 语言中的变量，按作用域范围可分为两种，即局部变量和全局变量。

6.6.1　局部变量

在函数中定义或说明的变量称为局部变量，局部变量也称为内部变量。其作用域仅限于函数内，从变量定义点、变量说明点开始到函数的结束止，离开该函数后再使用这种变量是非法的。

如图 6-12 所示，在函数 f1 内定义了三个变量，a 为形参，b 和 c 为一般变量。在 f1 的范围内 a、b、c 有效，或者说 a、b、c 变量的作用域限于 f1 内。同理，a、y、z 的作用域限于 f2 内（值得注意的是此处的 a 与 f1 中的 a 是两个完全无关的变量）。m 和 n 的作用域限于 main 函数内。

```
int f1(int a)              //函数 f1
    {
     int b,c;
     …
    }
```

```
int f2(int a)              //函数 f2
    {
     int y,z;
     …
    }
```

```
main()                     //函数 main
    {
       int m,n;
       …
    }
```

图 6-12　变量的作用域

关于局部变量的作用域还要说明以下几点：

（1）主函数中定义的变量也只能在主函数中使用，不能在其他函数中使用。同时，主函数中也不能使用其他函数中定义的变量。因为主函数也是一个函数，它与其他函数是平行关系。

（2）形参变量是属于被调函数的局部变量，实参变量是属于主调函数的局部变量。

（3）允许在不同的函数中使用相同的变量名，它们代表不同的对象，分配不同的单元，互不干扰，也不会发生混淆。

（4）在复合语句中也可定义变量，其作用域只在复合语句范围内。

例如：

```
void main()
{
   int s,a;
   …
{
   int b;
   s=a+b;
   …                //b 的作用域      //s 和 a 的作用域
}
     …
}
```

【例 6-11】相同变量名，不同的作用域示例。（ex6_11.cpp）

```
#include <stdio.h>
void main()
```

```
{
    int i=3,j=4,k;                   ──┐
    k=i*j;                             │
    {                                  │
      int k=78;        ┐               │
      printf("%d\n",k);┘ //此定义屏蔽外面的 k   ┆ //main 中的 k，虚线部分不起作用
    }                                  │
    printf("%d %d\n",i,k);           ──┘
}
```

本程序在 main 中定义了 i、j、k 三个变量，其中 k 未赋初值。而在复合语句内又定义了一个变量 k，并赋初值为 78。应该注意这两个 k 不是同一个变量。在复合语句外由 main 定义的 k 起作用，而在复合语句内则由在复合语句内定义的 k 起作用。因此程序第 4 行的 k 为 main 所定义，其值应为 12。第 7 行输出 k 值，该行在复合语句内，由复合语句内定义的 k 起作用，其初值为 78，故输出值为 78。第 9 行输出 i 和 k 的值，i 是在整个程序中有效的，第 7 行对 i 赋值为 3，故输出也为 3。而第 9 行已在复合语句之外，输出的 k 应为 main 所定义的 k，此 k 值由第 4 行获得为 12，故输出也为 12。

6.6.2　全局变量

在函数外面定义的变量称为全局变量，全局变量也称为外部变量。外部变量不属于哪一个函数，它属于一个源程序文件。其作用域是从定义点开始到整个源程序的结束。在上面的函数的表示中，通常以方框代表一个函数，那么两个方框之间的部分所定义的变量就是外部变量。

外部变量定义必须在所有的函数之外，且只能定义一次。其定义格式为：

[extern] 类型说明符 变量名,变量名,…;

其中方括号内的 extern 可以省去不写。

如果外部变量定义在程序的后面，或程序的末尾部分，则可以通过外部变量说明来改变其作用域。外部变量说明可以出现在要使用该外部变量的各个函数内或者在整个程序中，外部变量说明可能出现多次。

外部变量说明的一般形式为：

extern [类型说明符] 变量名,变量名,…;

其中类型说明符可以省略。

外部变量在定义时就已分配了内存单元，外部变量定义可作初始赋值，外部变量说明不能再赋初始值，只是表明在函数内要使用某外部变量。

如果全局变量与局部变量同名，则在局部变量的作用范围内，外部变量被“屏蔽”，即它不起作用。

外部变量可加强函数模块之间的数据联系，但是又使函数要依赖这些变量，因而使得函数的独立性降低。从模块化程序设计的观点来看这是不利的， 因此在不必要时尽量不要使用全局变量。

例如有如图 6-13 的程序结构。

从图 6-13 可以看出 x、y、m、n、a、b、c 都是在函数外部定义的外部变量，都是全局变量。函数方框右侧为上述外部变量的作用域标记，标记线中虚线部分因为在函数内部定义同名的局部变量而使得外部变量被屏蔽起来了，起作用的是同名的局部变量。

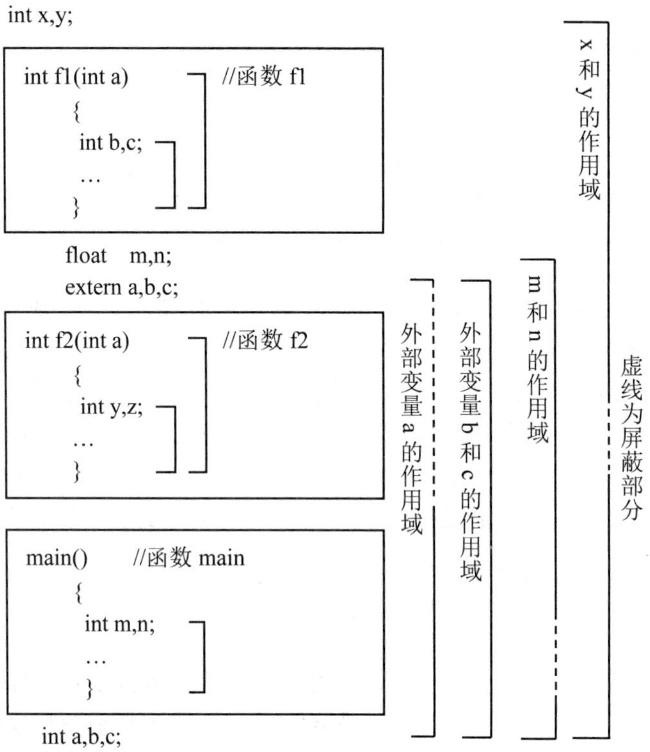

图 6-13　外部变量的作用域

【例 6-12】外部变量的作用域示例。(ex6_12.cpp)

```
#include <stdio.h>
int vs(int l,int w)
{
        extern h;                    //说明外部变量 h 在函数 vs()中可用
        int v;
        v=l*w*h;
        return v;
}
void main()
{
        extern w,h;                  //说明外部变量 w 和 h 在函数 main()中可用
        int l=5;                     //此处定义了局部变量，以屏蔽外部变量 l
        printf("v=%d",vs(l,w));
}
extern int l=3,w=4,h=5;              //定义外部变量并赋初值
```

本例程序中，外部变量在最后定义，因此在前面函数中对要用的外部变量必须进行说明。外部变量 l、w 和 vs 函数的形参 l、w 同名。外部变量都作了初始赋值，main 函数中也对 l 作了初始化赋值。执行程序时，在 printf 语句中调用 vs 函数，实参 l 的值应为 main 中定义的 l 值，等于 5，外部变量 l 在 main 内不起作用；实参 w 的值为外部变量 w 的值 4，进入函数 vs 后这两个值传送给形参 l 和 w，vs 函数中使用的 h 为外部变量，其值为 5，因此 v 的计算结果为 100，返回主函数后输出。

【例 6-13】用全局变量实现函数之间的信息交换。输入正方体的长（l）、宽（w）和高（h）。求体积及三个面 x*y、x*z、y*z 的面积。(ex6_13.cpp)

```
#include <stdio.h>
int s1,s2,s3;
int vs( int a,int b,int c)
{
      int v;
      v=a*b*c;
      s1=a*b;
      s2=b*c;
      s3=a*c;
      return v;
}
void main()
{
       int v,l,w,h;
       printf("\ninput length,width and height\n");
       scanf("%d%d%d",&l,&w,&h);
       v=vs(l,w,h);
       printf("\nv=%d,s1=%d,s2=%d,s3=%d\n",v,s1,s2,s3);
}
```

【例 6-14】外部变量与局部变量同名情况的举例。（ex6_14.cpp）

```
#include <stdio.h>
int a=3,b=5;                    //a 和 b 为外部变量
max(int a,int b)                //a 和 b 为外部变量
{
      int c;
      c=a>b?a:b;
      return(c);
}
void main()
{
      int a=8;
      printf("%d\n",max(a,b));
}
```

运行结果为 8。

6.7　变量的存储类别

前面已经介绍了变量可分为局部变量和全局变量，它是从变量的作用域（即从空间）角度来分。从另一个角度讲，即从变量值存在的作用时间（即生存期）角度来分，可以分为静态存储方式和动态存储方式。

6.7.1　变量的存储方式

所谓存储类型是指变量占用内存空间的方式，也称为存储方式。变量的存储方式可分为静态存储和动态存储两种。

静态存储变量：通常是在变量定义时就分配存储单元并一直占有该存储单元，直至整个程序结束。

动态存储变量：通常是在程序执行过程中，使用它时才分配存储单元，使用完毕立即释放相应存储单元。典型的例子是函数的形式参数，在函数定义时并不给形参分配存储单元，只是在函数被调用时，才予以分配，调用函数完毕立即释放。如果一个函数被多次调用，则反复

地分配、释放形参变量的存储单元。

从以上分析可知，静态存储变量是一直存在的，而动态存储变量则时而存在时而消失。又把这种由于变量存储方式不同而产生的特性称为变量的生存期。

生存期表示了变量存在的时间。生存期和作用域是从时间和空间这两个不同的角度来描述变量的特性，这两者既有联系，又有区别。一个变量究竟属于哪一种存储方式，并不能仅从其作用域来判断，还应有明确的存储类型说明。

6.7.2 变量的存储类别

在C语言中，对变量的存储类型说明有以下4种：

auto	自动变量	局部变量使用（auto、register、static）
register	寄存器变量	
static	静态变量	全局变量使用（static、extern）
extern	外部变量	

自动变量和寄存器变量采用动态存储方式，外部变量和静态变量属于静态存储方式。

局部变量使用auto、register和static三种存储类型，全局变量使用static和extern存储类型。

在介绍了变量的存储类型之后，可以知道对于一个变量不仅应说明其数据类型，还应说明其存储类型。因此变量说明的完整形式应为：

存储类型说明符 数据类型说明符 变量名,变量名,…;

例如：

```
static int a,b;                  //说明 a 和 b 为静态整型变量
auto char c1,c2;                 //说明 c1 和 c2 为自动字符变量
static int a[5]={1,2,3,4,5};     //说明 a 为静态整型数组
extern int x,y;                  //说明 x 和 y 为外部整型变量
```

下面分别介绍以上4种存储类型。

1. 自动变量

这种存储类型是C语言程序中使用最广泛的一种类型。C语言规定，函数内凡未加存储类型说明的变量均视为自动变量，也就是说自动变量可省去说明符auto。在前面各章的程序中所定义的变量凡未加存储类型说明符的都是自动变量。例如：

```
main()
{
 int i,j,k;
 char c;
   …
}
```

等价于

```
main()
 {
    auto int i,j,k;
    auto char c;
    …
}
```

自动变量具有以下特点：

（1）自动变量仅适合于局部变量，其作用域仅限于定义该变量的个体内。在函数中定义

的自动变量，只在该函数内有效。在复合语句中定义的自动变量只在该复合语句中有效。例如：

```
int kv(int a)
{
auto int x,y;
{ auto char c;
…
}//c 的作用域*
…
} //a、x、y 的作用域
```

（2）自动变量属于动态存储方式，只有在使用它，即定义该变量的函数被调用时才给它分配存储单元，开始它的生存期。函数调用结束，释放存储单元，结束生存期。因此函数调用结束之后，自动变量的值不能保留。在复合语句中定义的自动变量，在退出复合语句后也不能再使用，否则将引起错误。例如以下程序：

```
void main()
{
    auto int a;
    printf("/ninput a number:/n");
    scanf("%d",&a);
    if(a>0)
    {
        auto int s,p;
        s=a+a;
        p=a*a;
    }
    printf("s=%d p=%d/n",s,p);        //此语句引用变量 s、p 有错
}
```

s 和 p 是在复合语句内定义的自动变量，只能在该复合语句内有效。而程序中的 printf()语句却是退出复合语句之后输出 s 和 p 的值，这显然会引起错误。

（3）由于自动变量的作用域和生存期都局限于定义它的个体内（函数或复合语句内），因此不同的个体中允许使用同名的变量而不会混淆。即使在函数内定义的自动变量也可与该函数内部的复合语句中定义的自动变量同名。

【例 6-15】变量生存期与作用域示例。（ex6_15.cpp）

```
#include <stdio.h>
void main()
{
    auto int a,s=100,p=100;
    a=6;
        if(a>0)
        {
            auto int s,p;
            s=a+a;
            p=a*a;
            printf("s=%d p=%d\n",s,p);
        }
    printf("s=%d p=%d\n",s,p);
}
```

程序输出结果为：

```
s=12 p=36
```

s=100 p=100

（4）对构造类型的自动变量如数组等，不可作初始化赋值。

2. 寄存器变量

通常情况下变量都存放在存储器内，因此当对一个变量频繁读写时，必须要反复访问内存储器，从而花费大量的存取时间。为此，C语言提供了另一种变量，即寄存器变量。这种变量存放在CPU的寄存器中，使用时，不需要访问内存，而直接从寄存器中读写，这样可提高效率。寄存器变量的说明符是register。对于循环次数较多的循环控制变量及循环体内反复使用的变量均可定义为寄存器变量。

求1+2+3+…+200的和，编程如下：

```
void main()
{
register i,s=0;
for(i=1;i<=200;i++)
      s=s+i;
printf("s=%d/n",s);
}
```

本程序循环200次，i和s都将频繁使用，因此可定义为寄存器变量。

对寄存器变量还要说明以下几点：

（1）只有局部自动变量和形式参数才可以定义为寄存器变量。因为寄存器变量采用动态存储方式。凡需要采用静态存储方式的量不能定义为寄存器变量。

（2）能真正使用寄存器变量的机器，由于CPU中寄存器的个数是有限的，因此使用寄存器变量的个数也是有限的。

3. 静态变量

静态变量的类型说明符是static。静态变量当然是属于静态存储方式，但是属于静态存储方式的量不一定就是静态变量，例如外部变量虽属于静态存储方式，但不一定是静态变量，必须由static加以定义后才能成为静态外部变量，或称静态全局变量。对于自动变量通常使用动态存储方式，但是也可以用static定义它为静态自动变量，或称静态局部变量，从而采用静态存储方式。

由此看来，一个变量可由static进行再说明，并改变其原有的存储方式。

（1）静态局部变量。在局部变量的说明前再加上static说明符就构成静态局部变量。

例如：

```
static int a,b;
static float array[5]={1,2,3,4,5}；
```

静态局部变量属于静态存储方式，它具有以下特点：

①静态局部变量在函数内定义，但不像自动变量那样，当调用时就存在，退出函数时就消失。静态局部变量始终存在着，也就是说它的生存期为整个源程序。

②静态局部变量的生存期虽然为整个源程序，但是其作用域仍与自动变量相同，即只能在定义该变量的函数内使用该变量。退出该函数后，尽管该变量还继续存在，但不能使用它。

③允许对构造类静态局部量赋初值。在数组一章中，介绍数组初始化时已作过说明。若未赋以初值，则由系统自动赋以0值。

④对基本类型的静态局部变量若在说明时未赋以初值，则系统自动赋予0值。而对自动变量不赋初值，则其值是不定的。

⑤静态局部变量在编译时赋初值，即只赋初值一次；而对自动变量赋初值是在函数调用时进行，每调用一次函数重新给一次初值，相当于执行一次赋值语句。

根据静态局部变量的特点，可以看出它是一种生存期为整个源程序的量。虽然离开定义它的函数后不能使用，但如再次调用定义它的函数时，它又可继续使用，而且保存了前次被调用后留下的值。因此，当多次调用一个函数且要求在调用之间保留某些变量的值时，可考虑采用静态局部变量。虽然用全局变量也可以达到上述目的，但全局变量有时会造成意外的副作用，因此仍以采用局部静态变量为宜。

【例 6-16】求 1+(1+2)+(1+2+3)+...+(1+2+...+10)的和。（ex6_16.cpp）

```
#include <stdio.h>
void main()
{
	int i,sum=0;
	int f(int i);			//函数说明
	for(i=1;i<=10;i++)
		sum+=f(i);		//函数调用
	printf("sum=%d\n",sum);
}
int f(int i) //函数定义
{
	static int s=0;			//静态变量的初始赋值只在第一次函数调用时执行
	s+=i;
	return s;
}
```

运行结果：

```
sum=220
```

由于在函数 f()中定义了静态变量 s，其初值为 0。此初始赋值只在第一次函数调用时执行，以后多次调用均不再执行初始赋值语句，因为在每次调用后保留其值并在下一次调用时继续使用，所以输出值成为累加的结果。

（2）静态全局变量。全局变量（外部变量）的说明之前再冠以 static 就构成了静态的全局变量。全局变量本身就采用静态存储方式，静态全局变量当然也采用静态存储方式。这两者在存储方式上并无不同。这两者的区别虽在于非静态全局变量的作用域是整个源程序，当一个源程序由多个源文件组成时，非静态的全局变量在各个源文件中都是有效的。而静态全局变量则限制了其作用域，即只在定义该变量的源文件内有效，在同一源程序的其他源文件中不能使用它。由于静态全局变量的作用域局限于一个源文件内，只能为该源文件内的函数公用，因此可以避免在其他源文件中引起错误。

从以上分析可以看出，把局部变量改变为静态变量后是改变了它的存储方式，即改变了它的生存期。把全局变量改变为静态变量后是改变了它的作用域，限制了它的使用范围。因此 static 这个说明符在不同的地方所起的作用是不同的，应予以注意。

4. 外部变量

外部变量的类型说明符为 extern。

在前面介绍全局变量时已介绍过外部变量。这里再补充说明外部变量的几个特点：

（1）外部变量和全局变量是对同一类变量的两种不同角度的提法。全局变量是从它的作用域提出的，外部变量从它的存储方式提出的，表示了它的生存期。

（2）当一个源程序由若干个源文件组成时，在一个源文件中定义的外部变量在其他的源文件中也有效，如有一个源程序由源文件 F1.cpp 和 F2.cpp 组成：

F1.cpp

```
int a,b; //外部变量定义
char c; //外部变量定义
main()
{
…
}
```

F2.cpp

```
extern int a,b; //外部变量说明
extern char c; //外部变量说明
func (int x,y)
{
…
}
```

在 F1.cpp 和 F2.cpp 两个文件中都要使用 a、b、c 三个变量。在 F1.cpp 文件中把 a、b、c 都定义为外部变量。在 F2.cpp 文件中用 extern 把三个变量说明为外部变量，表示这些变量已在其他文件中定义，并已为其分配了内存空间，编译系统不再为它们分配新的内存空间。对构造类型的外部变量，如数组等可以在说明时作初始化赋值，若不赋初值，则系统自动定义它们的初值为 0。

6.8 内部函数和外部函数

C 语言程序系统由若干个函数组成，这些函数既可在同一文件中，也可分散在多个不同的文件中，根据函数能否被其他源文件调用，可将它们分为内部函数和外部函数。

6.8.1 内部函数

只能在定义它的文件中被调用的函数，称为内部函数，或称为静态函数。

定义内部函数只需在函数定义的前面冠以 static 说明符，即语法格式为：

static 类型标识符 函数名（<形参表>）

例如：

```
static float func(int a, int b)
{
        …
}
```

此时，函数 func 的作用范围仅局限于定义它的文件，而在其他文件中不能调用此函数。

6.8.2 外部函数

在函数定义的前面冠以 extern 说明符的函数，称为外部函数，即语法格式为：

extern 类型标识符 函数名（<形参表>）

因为函数与函数之间都是平行关系，所以函数在本质上都具有外部性质。如果定义为外部函数，不仅可被定义它的源文件调用，而且可以被其他文件中的函数调用，即其作用范围不只局限于本源文件，而是整个程序的所有文件。

需要说明如下两点：

（1）在定义函数时省去了 extern 说明符时，则默认为外部函数。

（2）在需要调用外部函数的文件中，应该用 extern 说明所用的函数是外部函数。

【例 6-17】外部函数举例。输入字符串和在已输入字符串中删除指定的字符。（ex6_17.cpp）

```
# include "d:\\example\\ex6_17_1.cpp"  //说明包含 d:\example\ex6_17_1.cpp
# include "d:\\example\\ex6_17_2.cpp"  //说明包含 d:\example\ex6_17_2.cpp
# include <stdio.h>
void main( )
{
        extern void enters(char str[40]);
        extern void deletes(char str[40],char ch);
        char ch;
        static char str[40];
        enters(str);
        puts(str);
        printf("input char：  ");
        scanf("%c",&ch);
        deletes(str,ch);
        puts(str);
}

// d:\example\ex6_17_1.cpp 文件内容如下，功能为输入字符串
# include <stdio.h>
extern void enters(char str[40])
{
    gets(str);
}

// d:\example\ex6_17_2.cpp  内容如下，删除字符串中指定的字符
# include <stdio.h>
extern void deletes(char str[40],char ch)
{
        int i,j;
        for(i=j=0;str[i]!='\0';i++)
                if(str[i]!=ch)
                {
                        str[j]=str[i];
                        j++;
                }
        str[j]='\0';
}
```

程序运行结果为：

```
aabbccddabc
aabbccddabc
input char：  a
bbccddbc
```

6.9 应用举例

【例 6-18】给定一个整数 n，计算机产生一个 0～n 中的随机数，由操作者来猜测这个数是多少，如不正确，给出大于或小于的提示，如果正确则显示“Congratulation! You win!”。（ex6_18.cpp）

程序如下：

```
#include <stdio.h>
#include <stdlib.h>

#define ERRORNUM    5

int next(void);
int getrange(void);
int getnumber(int limit);

int main()
{
    int m, unknown, guess;
    if ((m = getrange()) < 0) return 1;             // 给范围时出错次数太多
    ++m;                                            // m 作为取模的数，应该比最大的数大一
    do {
        unknown = rand()%m;
        while (1)
         {
            if ((guess = getnumber(m)) < 0)
              {
                printf("Too many errors. Stop!");
                return 2;                           // 猜数时出错次数太多
            }
            if (guess > unknown) printf("Too big!\n");
            else if (guess < unknown) printf("Too small!\n");
            else {
                printf("Congratulation! You win!");
                break;
            }
        }
    } while (next());
    printf("Game over.\n");
    return 0;
}

int getrange(void)
{
    int i, n;
    for (i = 0; i < ERRORNUM; ++i)
     {
        printf("Choose a range [0, n]. Input n: ");
        if (scanf("%d", &n) != 1 || n < 2 || n > 32767)
          {
```

```
                printf("Wrong number. Need a number in 2~32767.\n");
                while (getchar() != '\n') ;
            }
            else return n;
        }
        return -1;
    }

    int getnumber(int m)
    {
        int i, n;
        for (i = 0; i < ERRORNUM; ++i)
        {
            printf("Your guess: ");
            if (scanf("%d", &n) != 1 || n < 0 || n >= m)
            {
                printf("Wrong number. Need a number in 0~%d.\n", m-1);
                while (getchar() != '\n');
            }
            else return n;
        }
        return -1;
    }

    int next(void)
    {
        int c;
        printf("Next game? (y/n): ");
        while ((c=getchar())==' ');
            if (c == 'y') return 1;
        else return 0;
    }
```

【例 6-19】用递归实现字符串的显示及反向显示。（ex6_19.cpp）

程序如下：

```
#include <stdio.h>
#include <string.h>                                          //包含字符串库函数说明的头文件
# include <stdio.h>
void forward_and_backwards(char line_of_char[],int index);   //函数声明
void main()
{
    char line_of_char[80];                                   //定义字符数组
    int index = 0;
    strcpy(line_of_char,"This is a string.");                //字符串函数
    puts(line_of_char);
    printf("\n");
    forward_and_backwards(line_of_char,index) ;              //函数调用
}

void forward_and_backwards(char line_of_char[],int index)    //函数定义
{
    if (line_of_char[index])
```

```
        {
            forward_and_backwards(line_of_char,index+1);          //递归调用
            printf("%c" ,line_of_char[index]);                    //输出字符
        }
    }
```

这是一个递归函数调用的例子。程序中函数 forward_and_backwards()的功能是显示一个字符串后反向显示该字符串。

【例 6-20】全局变量与局部变量的作用。(ex6_20.cpp)

程序如下：

```
#include <stdio.h>
void head1(void);
void head2(void);
void head3(void);

int count;                                    // 全局变量可见范围为从定义之处到源程序结尾

void main()
{
    register int index;                       // 定义为主函数寄存器变量
    count=50;
    for (index = 3;index > 0;index--,count++)   // 主函数 for 循环
    {
          head1() ;
          head2() ;
          head3() ;
        printf(" main:index is now %d\n",index) ;
    }
}

int counter=100;                              // 全局变量

void head1(void)
{
    static int index=23;                      // 此变量只用于 head1
    printf("The header1 :index=%d\n",++index) ;
    count++;
}
void head2(void)
{
    int count;                                // 此变量是函数 head2() 的局部变量
     count = 53;
     printf("The header2:count= %d\n",++count) ;
     ++counter;
}
void head3(void)
{
    printf("The header3 :counter=%d,count=%d\n",++counter,count) ;
}
```

运行程序结果如下：

```
The headerl:index=24
The header2:count=54
The header3:counter=102,count=51
main:index now is 3
The headerl:index=25
```

```
The header2:count=54
The header3:counter=104,count=53
main:index now is 2
The headerl:index=26
The header2:count=54
The header3:counter=106,count=55
main:index now is 1
```

该程序的演示帮助读者来了解全局变量、局部变量的作用域，请仔细理解体会。

6.10　本章小结

1．C 语言可从不同的角度对函数分类

（1）从函数定义的角度看，函数可分为库函数和用户定义函数两种。

（2）C 语言的函数兼有其他语言中的函数和过程两种功能，从这个角度看，又可把函数分为有返回值函数和无返回值函数两种。

（3）从主调函数和被调函数之间数据传送的角度看又可分为无参函数和有参函数两种。

2．C 语言函数的调用的三种方式

①函数表达式；②函数语句；③函数实参。

3．函数参数传递规则

（1）将实参单向值传递给形参。

（2）参数传递严格按照个数、类型相同或赋值兼容的原则进行。

值传递（pass-by-value）过程中，被调函数的形式参数作为被调函数的局部变量处理，即在堆栈中开辟了内存空间以存放由主调函数放进来的实参的值，从而成为了实参的一个副本。值传递的特点是被调函数对形式参数的任何操作都是作为局部变量进行，不会影响主调函数的实参变量的值。

（3）数组名作为函数实参实现的是地址传递。

4．函数的嵌套与递归

（1）所有函数在定义上是平行的（或称函数在程序编写的顺序是平等的）。

（2）函数调用遵循“选定义、后调用”的原则。如果前面的函数调用后面的函数，则必须先进行函数说明。

（3）函数的嵌套执行具有“后被调用的函数先执行完成”的特点。

（4）递归是一种特殊的嵌套，用以解决①数据的定义是按递归定义的（Fibonacci 函数）；②问题解法按递归算法实现（回溯）；③数据的结构形式是按递归定义的（树的遍历，图的搜索）。

5．变量的作用域与存储类别

变量的作用域是指空间上变量使用时语法上的合法性，也就是说能不能使用该变量，或者在多个同名变量情况下使用的是哪一个变量。而变量的存储类别从时间上表明了程序在运行时变量是否分配存储空间的问题。

习题六

一、选择题

1．以下关于函数的叙述正确的是（　　）。

A. C 语言程序将从源程序中第一个函数开始执行

B. 可以在程序中由用户指定任意一个函数作为主函数，程序将从此开始执行

C. C 语言规定必须用 main 作为主函数名，程序将从此开始执行，在此结束

D. main 可作为用户标识符，用以定义任意一个函数

2. 以下关于函数的叙述不正确的是（　　）。

A. C 语言程序是函数的集合，包括标准库函数和用户自定义函数

B. 在 C 语言程序中，被调用的函数必须在 main 函数中定义

C. 在 C 语言程序中，函数的定义不能嵌套

D. 在 C 语言程序中，函数的调用可以嵌套

3. 以下关于函数叙述，错误的是（　　）。

A. 函数未被调用时，系统将不为形参分配内存单元

B. 实参与形参的个数应相等，且实参与形参的类型必须对应一致

C. 当形参是变量时，实参可以是常量、变量或表达式

D. 形参可以是常量、变量或表达式

4. 若函数调用时参数为基本数据类型的变量，以下叙述正确的是（　　）。

A. 实参与其对应的形参共占存储单元

B. 只有当实参与其对应的形参同名时才共占存储单元

C. 实参与对应的形参分别占用不同的存储单元

D. 实参将数据传递给形参后，立即释放原先占用的存储单元

5. 函数调用时，当实参和形参都是简单变量时，它们之间数据传递的过程是（　　）。

A. 实参将其地址传递给形参，并释放原先占用的存储单元

B. 实参将其地址传递给形参，调用结束时形参再将其地址回传给实参

C. 实参将其值传递给形参，调用结束时形参再将其值回传给实参

D. 实参将其值传递给形参，调用结束时形参并不将其值回传给实参

6. 若函数调用时，用数组名作为函数的参数，以下叙述正确的是（　　）。

A. 实参与其对应的形参共用同一段存储空间

B. 实参与其对应的形参占用相同的存储空间

C. 实参将其地址传递给形参，同时形参也会将该地址传递给实参

D. 实参将其地址传递给形参，等同实现了参数之间的双向值的传递

7. 如果一个函数位于 C 程序的前面部分，在该函数体内说明语句后的复合语句中定义了一个变量，则该变量（　　）。

A. 为全局变量，在本程序文件范围内有效

B. 为局部变量，只在该函数内有效

C. 为局部变量，只在该复合语句中有效

D. 定义无效，为非法变量

8. 若在一个 C 源程序文件中定义了一个允许其他源文件引用的实型外部变量 a，则在另一文件中可使用的引用说明是（　　）。

A. extern static float a;　　B. float a;

C. extern auto float a;　　D. extern float a;

二、填空题

1．自顶向下（top-down）设计方法的主要思想是________。

2．我们说 C 语言函数在定义上是平等的，此说法体现在________、________两个方面。

3．在函数定义时省略类型标识符，则函数的返回类型默认为________类型。

4．函数调用遵循________的调用规则。如果一个函数定义在后，而调用在先，则应当在________位置增加________语句。

5．函数参数传递应满足________规则。

6．在函数嵌套调用时遵循________返回规律。

7．从变量作用域来看，函数定义中的形参变量是________变量。

8．当变量的作用域出现重叠的现象时，C 语言规则在重叠处遵循使用________定义的变量的原则。

9．静态存储变量与动态存储变量的区别是________。

10．存储类别的关键字有________、________、________、________4 个。

三、阅读程序，写出运行结果

```
#include<stdio.h>
func(int a,int b);
main()
{
   int k=4,m=1,p;
   p=func(k,m);
   printf("%d,",p);
   p=func(k,m);
   printf("%d\n",p);
}
func(int a,int b)
{
   static int m=0,i=2;
   i+=m+1;
   m=i|a|b;
   return (m);
}
```

四、程序填空题

1．以下程序的功能是计算函数 F(x,y,z)=(x+z)/(y-z)+(y+2z)/(x-2z)的值，请将程序补充完整。

```
#include<stdio.h>
float f(float x,float y)
{
   float value;
   value=【1】;
   return value;
}
main()
{
   float x,y,z,sum;
   scanf("%f%f%f",&x,&y,&z);
   sum=f(x+z,y-z)+f(【2】 );
   printf("sum=%f\n",sum);
}
```

2．以下程序是将输入的一个非零整数以反序形式输出，例如输入 1234，则输出 4321，输入-1234，则输出-4321。请将程序补充完整。

```
#include "stdio.h"

void printopp(long int n)
{
    int i=0;
    while(n)
    {
        if( 【1】 ) printf("%ld",n%10);
        else printf("%ld",-n%10);
        i++;
        【2】;
    }
}
main()
{
   long int n;
   scanf("%ld",&n);
   printopp(n);
   printf("\n");
}
```

五．程序改错题

以下函数 my_cmp( )的功能是比较字符串 s 和 t 的大小，当 s 等于 t 时返回 0，否则返回 s 和 t 的第一个不同字符的 ASCII 码差值，即 s>t 时返回正值，s<t 时返回负值。程序中有一处错误，请更正。

```
#include "stdio.h"
int my_cmp(char s[],char t[])
{
     int i=0;
     while(s[i]==t[i])
     {
          if (s[i]='\0')    return 0;
          ++s; ++t;
     }
     return s[i]-t[i];
}

main()
{
     char s1[]="abcde";
     char s2[]="abcdy";
     printf("%d\n",my_cmp(s1,s2));
}
```

六、编程题

1．写一函数计算 n!，并调用它计算 1! + 2! + ... + k!。

2．编程验证哥德巴赫猜想，即任何一个大于 6 的偶数均可以表示两个素数之和。

3．定义函数 void prt_factors(int x,int a[100])，求 x 的所有因子的个数（存放在 a[0]中），从 a[1]开始存放 x 的所有因子。

4．已知二阶 Fibonacci 数列：

$$
Fib(n)=\begin{cases} 0 & 若\ n=0 \\ 1 & 若\ n=1 \\ Fib(n-1)+Fib(n-2) & 若\ n>1 \end{cases}
$$

请编写一个递归函数，实现求 Fib(n)。

5．一个三位的十进制整数，如果它的各位数字的立方和等于该数，那么它就被称为一个“水仙花数”。定义函数判断一个整数是否为水仙花数，并利用这个函数输出所有的水仙花数。

6．用递归方式写一个函数，求数组 a[n]的最大元素值。

7．用递归方式写一个函数，判断数组 a[n]中的元素是否为不递减方式排列，如果是返回 1，否则返回 0。

8．用递归方法实现将一个数组的所有元素颠倒存放。

9．能够组成直角三角形三条边的最小一组整数是 3、4、5。写程序求出在一定范围内所有可以组成直角三角形三条边的整型数组，输出三个一组的整数(避免重复的组)。

10．search 函数的功能是利用顺序查找法从数组 a 的 10 个元素中对关键字 m 进行查找。顺序查找法的思路是：从第一个元素开始，从前向后依次与关键字比较，直到找到此元素或查找到数组尾部时结束。若找到，返回此元素的下标；若仍未找到，则返回值-1。

11．写一函数将字符串中的指定字符全部替换成另一字符。

12．编写函数 del(int a[],int n,int x)，它的作用是删除有序数组 a 中的指定元素 x。

第 7 章　结构体与共用体

本章学习目标

- 掌握结构体类型变量的定义和使用
- 掌握结构体类型数组的概念和使用
- 掌握共用体与枚举类型的概念和使用
- 掌握用 typedef 定义用户自定义类型

7.1　结构体类型及变量的定义

在此之前，已学习了整型、实型和字符型等基本数据类型，这些基本的数据类型往往只适合简单问题的处理，当遇到复杂数据关系时，却很难用简单的数据类型来描述。为此，本章将介绍另外几种构造类型的数据类型——结构体、共用体和枚举类型。

7.1.1　结构体概述

在实际应用过程中，通常需要编程处理一组具有不同的数据类型的数据。例如，在学生登记表中，姓名应为字符型；学号可为整型或字符型；年龄应为整型；成绩可为整型或实型，家庭住址则应为字符型。 这显然不能用一个数组来存放这一组数据。因为数组中各元素的类型和长度都必须一致，以便于编译系统处理。C 语言中的结构体相当于其他高级语言中的“记录”，它可以把多种类型的数据组合在一起，构成一个整体，一种新的数据类型，从而适应复杂类型数据的要求。

7.1.2　结构体类型的定义

结构体是一种构造类型，它是由若干成员组成的。每一个成员可以是一个基本数据类型或者又是一个构造类型。结构既是一种“构造”而成的数据类型，那么在说明和使用之前必须先定义它，也就是构造它。如同在说明和调用函数之前要先定义函数一样。

定义一个结构的一般形式为：

```
struct  结构体名
{
  数据类型  成员名 1;
  数据类型  成员名 2;
    …
  数据类型  成员名 n;
};
```

结构体的定义以关键字 struct 开头，struct 后为结构体的名称，花括号里面的内容则为结构体内的各成员变量的定义，成员名命名规则与变量名相同。注意，成员名后的分号不能省。

下面给出一个学生“记录”的结构体定义实例：

```
struct stu_record
 {
          int num;
          char name[10];
          int age;
          float score;
          char addr[40];
 };
```

7.1.3 结构体变量的定义

结构体类型的定义和结构体变量的定义有着本质的区别：结构体类型的定义的目的是为了定义一种自定义的数据类型，系统不会分配实际的存储空间；结构体变量的定义是为了能在程序中用结构体变量存储结构体类型的数据，系统将会为结构体变量分配实际的存储空间，结构体变量的存储空间的大小为各个成员所占字节数之和。结构体变量的定义有如下三种。

（1）先声明结构体类型，再定义变量。

如在 7.1.2 节中已定义了一个结构体类型 struct stu_record，可以用它来定义变量。例如：

```
struct    stu_record        stu1,   stu2 ;
  结构体类型名          结构体变量名
```

上例定义了 stu1、stu2 为 struct stu_record 类型的变量，它们具有 struct stu_record 类型的结构，变量 stu1、stu2 所分配的存储空间均为 4+10+4+4+40=62 个字节。

（2）在定义结构体类型的同时定义变量。

例如：在定义结构体类型 struct stu_record 的同时定义变量 stu1 和 stu2，程序段如下：

```
struct stu_record
  {
     int num;
     char name[10];
     int age;
     float score;
     char addr[40];
  } stu1,stu2;
```

这种方法将类型定义和变量定义同时进行，以后仍然可以使用这种结构体类型来定义其他的结构体变量。

（3）直接定义变量。

例如：

```
struct
  {
       int num;
       char name[10];
       int age;
       float score;
       char addr[40];
  } stu1,stu2;
```

这种形式的说明的一般形式为：

```
struct
 {
```

```
    成员表列;
}变量名表列;
```

第（3）种方法与第（2）种方法的区别在于第（3）种方法省去了结构名，而直接给出结构变量。这种方法的不足是以后将无法使用这种结构体类型来定义其他变量。

关于结构体变量的几点说明：

（1）类型与变量是不同的概念，不能混淆。可以对变量进行存取、赋值等运算，却不能对类型进行这些操作或运算。此外，在编译时只对变量分配空间，并不对类型分配空间。

（2）可以单独使用结构体变量中的成员，其地位和作用相当于普通变量，具体见后面的内容。

（3）结构体变量内部的成员名可以与结构体外的其他变量名相同，但两者代表不同对象，互不干扰。

（4）结构体的成员也可以是结构体变量，即构成了嵌套的结构。

例如，下面给出另一个数据结构：

num	name	age	birthday			score	addr
			month	day	year		

按以上结构可给出以下定义：

```
struct date
{
    int month;
    int day;
    int year;
};
struct
{
    int num;
    char name[10];
    int age;
    struct date birthday;
    float score;
    char addr[40];
}stu1,stu2;
```

首先定义一个结构 date，由 month、day、year 三个成员组成。 在定义并说明变量 stu1 和 stu2 时，其中的成员 birthday 被说明为 data 结构类型。

7.2 结构体变量的初始化和引用

7.2.1 结构体变量的引用

在程序中使用结构变量时，往往不把它作为一个整体来使用。在 ANSI C 中除了允许具有相同类型的结构变量相互赋值以外，一般对结构变量的使用，包括赋值、输入、输出、运算等都是通过结构变量的成员来实现的。

表示结构变量成员的一般形式是：

```
结构变量名.成员名;
```

其中“.”为成员（分量）运算符。

结构体变量引用的一般原则是：

（1）不能将一个结构体变量作为整体进行输入和输出，而只能对结构体变量的各个成员进行输入或输出，如

```
stu1.num=10010;stu2.num=20010;
```

（2）只能对结构体中最低级的成员进行赋值、存取以及运算。若成员本身又属于一个结构体类型，则必须要用若干成员运算符，一级一级地找到最低级的成员，才能进行操作。如

```
stu1.birthday.year=1999;stu1.birthday.month=10;stu1.birthday.day=1;
```

（3）对结构体变量成员可以像普通变量一样进行各种运算（只要类型匹配）。例：

```
s = stu1.num + stu2.num;     其中 s 是一个整型变量
```

（4）可以引用结构体变量成员的地址，也可以引用结构体变量的地址。

例：
```
struct student stu1, stu2;
scanf("%d",&stu1.age);            // 输入 age 成员的值
get(&stu1);                       // 将结构体变量 stu1 的地址作为函数入口参数
```

关于结构体变量的地址，在后续章节将进一步讲解。

【例 7-1】结构体变量引用、结构体变量整体赋值并输出。（ex7_1.cpp）

```
#include<stdio.h>
#include <string>
main()
{
    struct stu_record
    {
        int num;
        char name[10];
        int age;
        float score;
        char addr[40];
    } stu1,stu2;
    stu1.num=102;
    strcpy(stu1.name,"Zhang san");
    stu1.age=20;
    stu1.score=89.5;
    strcpy(stu1.addr,"Chang sha");
    stu2.num=stu1.num;                // 结构体变量 stu1 的所有成员的值整体赋予 stu2
    strcpy(stu2.name,stu1.name);
    stu2.age=stu1.age;
    stu2.score=stu1.score;
    strcpy(stu2.addr,stu1.addr);
    printf("Number=%d\nName=%s\n",stu2.num,stu2.name);
    printf("Age=%d\nScore=%f\n", stu2.age,stu2.score);
    printf("Address=%s\n", stu2.addr);
}
```

例 7-1 中的程序用赋值语句给 num 和 name 两个成员赋值，name 和 addr 是一个字符数组。用 scanf 函数动态地输入 age 和 score 成员值，然后把 stu1 的所有成员的值整体赋予 stu2。最后分别输出 stu2 的各个成员值。本例展示了结构变量的引用，结构变量的整体赋值、输入和输出的方法。

7.2.2　结构体变量的初始化

和其他类型变量一样，对结构变量可以在定义时进行初始化赋值。

【例 7-2】对结构变量初始化。（ex7_2.cpp）

```
#include<stdio.h>
#include<string.h>
```

```
main()
{
    struct stu_record
    {
        int num;
        char name[10];
        int age;
        float score;
        char addr[40];
    } stu1,stu2={102, "Zhang san",19,98.5, "Chang sha"};
    stu1.num=stu2.num;                  // 结构体变量 stu1 的所有成员的值整体赋予 stu2
    strcpy(stu1.name,stu2.name);
    stu1.age=stu2.age;
    stu1.score=stu2.score;
    strcpy(stu1.addr,stu2.addr);
    printf("Number=%d\nName=%s\n",stu1.num,stu1.name);
    printf("Age=%d\nScore=%f\nAddress=%s\n", stu1.age,stu1.score, stu1.addr);
}
```

例 7-2 中，stu2 和 stu1 均被定义为结构体变量，并对 stu2 作了初始化赋值。在 main 函数中，把 stu2 的值整体赋予 stu1，然后用两个 printf 语句输出 stu1 各成员的值。

7.3 结构体数组

一个结构体变量中可以存放一个学生的一组数据（如学号、姓名、年龄，成绩），但如果要表示多个学生的信息，则可以采用数组的形式：该数组的每一个元素都是一个结构体变量，则该数组就可以表示多个学生的信息。这样的数组叫结构体数组。

7.3.1 结构体数组的定义

和定义结构体变量的方法类似，也可以有三种定义形式：

（1）第一种形式：

```
struct stu_record              //定义一个结构体类型
 {
    int num;
    char name[10];
        …
 };
struct stu_record stu[10];     //定义一个结构体数组，含 10 个 struct student 类型的元素
```

（2）第二种形式：

```
struct stu_record
 {
        int num;
        char name[20];
        …
 }stu[10];                     //定义类型的同时定义一个数组
```

（3）第三种形式

```
struct
 {
        int num;
        char name[20];
        …
 } stu[10];                    //直接定义一个结构体类型的数组
```

7.3.2　结构体数组的初始化

结构体类型数组的初始化遵循基本数据类型数组的初始化规律，在定义数组的同时，对其中的每一个元素进行初始化。

例如：

```
struct stu_record
 {
     int num;
     char name[10];
     int age;
     float score;
     char addr[40];
 } stu[2]={{102, "Zhang san",19,98.5, "Chang sha"},
           {103, "Li si",18,96.5, "Shang hai"}};
```

在定义数组并同时进行初始化的情况下，可以省略数组的长度，系统根据初始化数据的多少来确定数组的长度。例如：

```
struct key
{
    char word[20];
    int count;
}keytab[]={ {"break",0}, {"case",0},{"void",0}};
```

结构体数组 keytab 的长度，系统自动确认为 3。

注意：初始化是在定义的时候完成的，非定义时只有重新赋值，不能初始化！

例如：

```
struct student
{
     int num;
     int age;
     float score
};
struct student boy[2];
boy[0]={102,19,96.5};
boy[1]={103,18,95.5};
…
```

上述程序编译时会出错，原因是：结构体数组 boy[2]的定义在语句 struct student boy[2]时已完成，因此 boy[0]={102,19,96.5}和语句 boy[1]={103,18,95.5}就不能看成是初始化，它是重新赋值，C 语法是禁止结构体这样赋值的！

7.3.3　结构体数组的应用

【例 7-3】计算学生的平均成绩，并统计不及格的人数。（ex7_3.cpp）

```
#include <stdio.h>
struct stu_record
{
     int num;
     char name[20];
     float score;
}stu[5]={
           {101,"Li jun",45},
           {102,"Zhang san",62.5},
           {103,"Wang fang",92.5},
           {104,"Jiang ling",87},
```

```
            {105,"Deng ming",58},
        };//初始化结构体数组 stu
main()
{
    int i,c=0;
    float ave,s=0;
    for(i=0;i<5;i++)
    {
      s+=stu[i].score;
      if(stu[i].score<60) c+=1;
    }
    printf("s=%f\n",s);
    ave=s/5;
    printf("average=%f\ncount=%d\n",ave,c);
}
```

本例程序中定义了一个外部结构数组 stu，共 5 个元素，并作了初始化赋值。在 main 函数中用 for 语句逐个累加各元素的 score 成员值存于 s 之中，如 score 的值小于 60（不及格）即计数器 c 加 1，循环完毕后计算平均成绩，并输出全班总分、平均分及不及格人数。

【例 7-4】建立同学通讯录。（ex7_4.cpp）

```
#include"stdio.h"
#define N 3
struct yearbook
{
    char name[20];
    char phone[10];
};
main()
{
    struct yearbook cla[N];
    int i;
    for(i=0;i<N;i++)
     {
      printf("input name:\n");
      gets(cla[i].name);
      printf("input phone:\n");
      gets(cla[i].phone);
     }
    printf("name\t\t\tphone\n\n");
    for(i=0;i<N;i++)
      printf("%s\t\t\t%s\n",cla[i].name,cla[i].phone);
}
```

本程序中定义了一个结构体 yearbook，它有两个成员 name 和 phone，用来表示姓名和电话号码。在主函数中定义 cla 为具有 yearbook 类型的结构数组。在 for 语句中，用 gets 函数分别输入各个元素中两个成员的值，然后又在 for 语句中用 printf 语句输出各元素中两个成员值。

7.4 共用体

7.4.1 共用体的概念

共用体（注：在某些书籍中将共用体称之为“联合体”）也是一种由用户自定义的数据类型，也可以由若干种数据类型组合而成，组成共用体数据的若干个数据也称为成员。和结构体不同的是，共用体是把几种不同类型的变量放在同一段内存单元中，且各个变量都是从同一地址开始存放。即使用覆盖技术，几个变量相互覆盖，从而达到使几个不同的变量共同占用同一段内存的目的。

假定在一个 C 语言程序中定义了一个共用体变量 S，S 中含有三个不同类型的成员，第一成员为字符型变量 ch，需要 1 个存储单元，第二个成员为整型变量 i，需要 2 个存储单元，第三个成员为单精度型变量 f，需要 4 个存储单元。实际上定义共用体变量 S 时，系统只给变量 S 分配 4 个存储单元，3 个成员间的对应关系如图 7-1 所示。

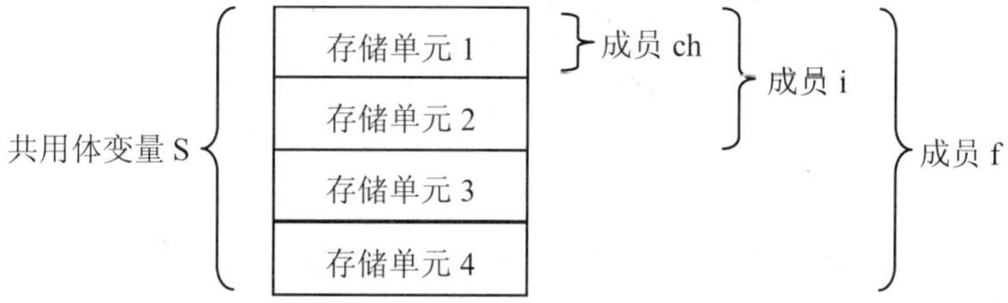

图 7-1　共用体变量存储单元分配示意图

由图 7-1 可知，共用体变量 S 的 3 个成员是不能同时使用的，共用体变量所占用的存储单元数等于占用存储单元数最多的成员所占用的存储单元数。共用体变量 S 占用的存储单元数为 4。

定义共用体类型的方法与定义结构体类型的方法类似：

```
union 共用体名
{
    数据类型 1    成员名 1;
    数据类型 2    成员名 2;
    …
    数据类型 n    成员名 n;
}共用体变量列表;
```

其中：

①共用体名是用户命名的标识符。

②数据类型通常是基本数据类型，也可以是结构体类型、共用体类型等。

③成员名是用户取的标识符，用来标识所包含的成员名称。

例如：

```
union example
{
    char   a[100];   //该成员占用 100 个存储单元
    int    b[100];   //该成员占用 400 个存储单元
    float  c[100];   //该成员占用 400 个存储单元
}array;              //共用体变量 array 占用 400 个存储单元
```

注意：共用体变量中每个成员所占的存储单元是连续的，而且都是从分配的连续存储单元的第一个存储单元开始存放数据，所以对共用体变量来说所有成员的首地址是相同的。

7.4.2　共用体变量的定义

定义了某个共用体后，就可以使用它来定义相应的共用体类型的变量、数组等。方法如下：

（1）先定义共用体，然后定义变量、数组，如下所示：

```
union exam
{
    int   i;
    char  ch;
```

```
};
union exam   a, m[3];
```

（2）同时定义共用体和变量、数组，如下所示：

```
union exam
{
     int     i;
     char    ch;
} a, m[3];
```

（3）定义无名称的共用体的同时定义变量、数组，如下所示：

```
union
{
     int     i;
     char    ch;
} a, m[3];
```

由于共用体变量中的成员不能同时起作用，因此对共用体变量、数组的定义不能赋初值，只能在程序中对其成员赋值。

7.4.3 共用体变量的引用

与结构体变量的引用方式类似：先定义，后使用；只能引用具体成员，而不能直接引用变量。例如，前面已定义了共用体变量 a，下面的引用方式是正确的：

a.i （引用共用体变量中的整型变量 i）

a.ch （引用共用体变量中的字符型变量 ch）

不能只引用共用体变量，如 printf("%d",a); 是错误的。这是因为 a 的存储区有两种类型，分别占不同长度的存储空间，仅写变量名 a，难以让系统确定究竟是要输出哪一个成员。应该写成 printf("%d",a.i)或 printf("%c",a.ch)。

【例 7-5】写出下列程序的输出结果。（ex7_5.cpp）

```
#include <stdio.h>
main()
{
   union zj
   {
      int a;
      char ch[2];
   }au;
   au.a=298;
   printf("%d,%d\n",au.ch[0],au.ch[1]);
}
```

运行结果为：42,1

因为整型变量 a 占 4 个字节，其值 298 化成十六进制为 12A，其存储方式为（低字节在前，高字节在后）：

2A	1	0	0

而 ch[2]与 a 共用同一存储单元，所以 ch[0]=2A（十六进制），ch[1]=1（十六进制），化成十进制输出即为 42,1。

7.4.4 共用体类型数据的特点

使用共用体类型的数据时，要注意以下特点：

（1）同一段内存区域可以用来存放几种不同类型的数据成员，但在每一个瞬时，只能存放其中一种。即每一个瞬时只有一个成员起作用，其他成员都不起作用。

（2）共用体变量中起作用的成员是最后一次存放的成员，即存入新成员后原来的成员就失去作用（原来的成员被覆盖）。故应当十分注意当前起作用的是哪一个成员。

例：

```
union ex
{
    int     i;
    char    ch;
    float   f;
}S;
```

执行 S.i=12; S.ch='A'; S.f=25.3 后，只有 S.f 有效，其余成员均不能再引用。

（3）共用体变量的地址和它的各个成员的地址都是同一个地址，即&S、&S.i、&S.ch 相同。

（4）不能对共用体变量名赋值，也不能企图引用变量名来得到一个值，即不能整体引用。不能在定义时对共用体变量进行初始化。

（5）不能用共用体变量作函数参数，也不能使函数返回一个共用体变量，但可以使用指向共用体变量的指针（指针在后续章节会讲到）。类似于结构体变量的指针的使用，如 p=&a; 则可以有(*p).ch='A';p->f=56.9。

（6）可以定义共用体数组（类似于结构体数组的定义）。共用体类型可以出现在结构体类型的定义中（作为结构体的成员），反之，结构体也可以出现在共用体类型的定义中。此外，数组也可以作为共用体的成员。

例：

```
struct              //该结构体类型有 5 个成员，第 5 个成员属于共用体类型
{ int num;
  char name[10];
  char sex;
  char job;         //当工作为学生时，category（分类）为班级 class
  union             //当工作为教师时，category（分类）为职称 position
  {   int class;
      char position[10];
  } category;       //此共用体占 10 字节
} person[2];        //定义一个结构体数组，含 2 个元素，每个元素占 24 字节
```

7.4.5　共用体变量的应用

【例 7-6】假设教师记录与学生记录的结构分别如下：

教师：编号，姓名，性别，类别，职务

学生：编号，姓名，性别，类别，班级

如果将教师和学生放到同一个结构体数组中进行处理的话，那么职务和班级只能使用共用体了，下面给出结构体数组的定义。

```
struct
{   int   num;                  //编号
    char  name[10];             //姓名
    char  sex;                  //性别
    char  job;                  //类别：s 学生，t 教师
    union
```

```
        {
            int    class;                    //班号
            char   position[10];             //职务
        } category;
    } per[10];
```

结构体成员 category 为共用体，根据 job 成员的值来确定是存放学生的班级还是教师的职务，如果 job 的值是 t，表示是教师，如果 job 的值是 s，表示是学生。

下面是结构体数组 per[10]的输入和输出程序清单（ex7_6.cpp）：

```
#include<stdio.h>
#include<string.h>
struct
{   int    num;                    //编号
    char   name[10];               //姓名
    char   sex[4];                 //性别
    char   job;                    //类别:s 学生,t  教师
    union
     {    int    classnum;         //班号
          char   position[10];     //职务
     } category;
} per[10];

main()
{     int    n,    i;
      for ( i=0;i<2;i++)
      {
            printf("input num:");
            scanf("%d",&per[i].num);
            printf("input name:");
            scanf("%s",per[i].name);
            getchar();
            printf("input sex :");
            scanf("%s",per[i].sex);
            getchar();
            printf("input job(s or t):");
            per[i].job=getchar();
            if ( per[i].job=='s')
            {
                  printf("input student classnum:");
                  scanf("%d",&per[i].category.classnum);
            }
            else if ( per[i].job=='t')
            {
                  printf("input teach position :");
                  scanf("%s",per[i].category.position);
            }
            else
                    printf( "input    error!");
      }
     printf("\n");
     for ( i=0;i<2;i++)
      {
            printf("num=%d\nname=%s\nsex=%s\njob=%c\n", per[i].num, per[i].name, per[i].sex, per[i].job);
            if ( per[i].job=='s')
                    printf("class=%d\n\n",per[i].category.classnum);
            else
                    printf("position=%s\n\n",per[i].category.position);
```

```
        }
    }
```

程序中向共用体输入什么样的数据是由 job 的值来决定的，如果 job 的值是 t，则输入一个字符串到 per[i].category.position，如果 job 的值是 s，则输入一个整数到 per[i].category.class。

7.5　枚举类型

在实际问题中，有些变量的取值被限定在一个有限的范围内。例如，一个星期内只有 7 天，一年只有 12 个月，一个班每周有 6 门课程等。如果把这些量说明为整型、字符型或其他类型显然是不妥当的。为此，C 语言提供了一种称为“枚举”的类型。在“枚举”类型的定义中列举出所有可能的取值，被说明为该“枚举”类型的变量取值不能超过定义的范围。应该说明的是，枚举类型是一种基本数据类型，而不是一种构造类型，因为它不能再分解为任何基本类型。

7.5.1　枚举类型的定义和枚举变量的说明

1. 枚举类型的定义

枚举类型定义的一般形式为：

```
enum 枚举类型名(标识符 1,标识符 2,…,标识符 n)
```

在枚举值列表中应罗列出所有可用值。这些值也称为枚举元素。

枚举元素不是字符常量也不是字符串常量，使用时不要加单、双引号。

例如：

```
enum weekday{ sun,mou,tue,wed,thu,fri,sat };
```

该枚举类型名为 weekday，枚举值共有 7 个，即一周中的 7 天。凡被说明为 weekday 类型变量的取值只能是 7 天中的某一天。

2. 枚举变量的说明

如同结构体变量和共用体变量一样，枚举变量也可用不同的方式说明，即先定义后说明、同时定义说明或直接说明。

设有变量 a、b、c 被说明为上述的 weekday 类型，可采用下述任一种方式：

```
enum weekday{ sun,mou,tue,wed,thu,fri,sat };
enum weekday a,b,c;
```

或者为

```
enum weekday{ sun,mou,tue,wed,thu,fri,sat }a,b,c;
```

或者为

```
enum { sun,mou,tue,wed,thu,fri,sat }a,b,c;
```

7.5.2　枚举类型变量的赋值和使用

枚举类型在使用中有以下规定：

（1）枚举值是常量，不是变量。不能在程序中用赋值语句再对它赋值。

例如对枚举 weekday 的元素再作以下赋值：

```
sun=5;
mon=2;
sun=mon;
```

都是错误的。

（2）枚举元素本身由系统定义了一个表示序号的数值，从 0 开始，顺序定义为 0，1，2，…。如在 weekday 中，sun 值为 0，mon 值为 1……sat 值为 6。

【例 7-7】输出枚举变量的值。（ex7_7.cpp）

```
#include <stdio.h>
main(){
    enum weekday{ sun,mon,tue,wed,thu,fri,sat } a,b,c;
    a=sun;
    b=mon;
    c=tue;
    printf("%d,%d,%d",a,b,c);
}
```

说明：

（1）在 C 的编译系统中，对枚举元素按常量处理，故称枚举常量，不能对它们赋值。

（2）枚举元素作为常量，其本身是有值的。按定义时的顺序，依次为 0，1，2，……

例如上面的定义，sun 的值为 0，mon 的值为 1……sat 的值为 6；故若有 workday=mon;则 workday 的值为 1，可以输出其值：printf("%d",workday);，输出结果为整数 1。也可以在定义时人为指定枚举元素的值，如 enum weekday{sun=7, mon=1,tue,wed,thu,fri,sat} workday,week_end;则 sun 的值为 7，mon 的值为 1，此后顺序加 1，即 tue 为 2，wed 为 3……sat 为 6。

（3）枚举元素的值可以用于判断、比较，规则是按照定义时的顺序号的大小进行比较。如 if(workday==wed)…或 if(workday>fri)…，显然上述示例中 wed<thu。

（4）不能将一个整数直接赋给一个枚举变量，如 week_end=5 是不对的。但可以进行强制类型转换后，再进行赋值，如 week _end=(enum weekday)5 相当于 week _end=fri，也可以在表达式中出现，如 week _end=(enum weekday)(7-2)。

（5）由于枚举变量是有值的，故可以用作循环变量；而枚举元素本身也有值，所以可以用作循环变量的边界值。

【例 7-8】定义一个表示从周一到周日的枚举类型变量 weekday，然后根据输入的是周几，显示输出当天是工作日（周一到周五之间）还是休息日（周六到周日之间）。（ex7_8.cpp）

```
#include<stdio.h>
enum weekday {Monday=1,Tuesday,Wednesday,Thursday,Friday,Saturday,Sunday};
void main()
 {
  weekday day;
  printf("请输入星期数：\n");
  scanf("%d",&day);
  if(day>=Monday && day<=Friday)
        printf("工作日");
  else
        printf("休息日");
 }
```

7.6 用 typedef 定义用户自定义类型

C 语言不仅提供了丰富的数据类型，而且还允许由用户自己定义类型说明符，也就是说允许由用户为数据类型取“别名”。类型定义符 typedef 即可用来完成此功能。例如，有整型变量 a 和 b，其说明如下：

```
int a,b;
```

其中 int 是整型变量的类型说明符。int 的完整写法为 integer，为了增加程序的可读性，可把整型说明符用 typedef 定义为：

```
typedef int INTEGER
```

这以后就可用 INTEGER 来代替 int 作整型变量的类型说明了。

例如：

```
INTEGER a,b;
```

它等效于

```
int a,b;
```

用 typedef 定义数组、指针、结构等类型将带来很大的方便，不仅使程序书写简单而且使意义更为明确，因而增强了可读性。

例如：

```
typedef char NAME[20];
```

表示 NAME 是字符数组类型，数组长度为 20。然后可用 NAME 说明变量，如：

```
NAME a1,a2,s1,s2;
```

完全等效于

```
char a1[20],a2[20],s1[20],s2[20];
```

又如：

```
typedef struct stu
{
    char name[20];
    int age;
    char sex;
} STU;
```

定义 STU 表示 stu 的结构类型，然后可用 STU 来说明结构变量：

```
STU body1,body2;
```

typedef 定义的一般形式为：

```
typedef 已有类型名　自给新类型名;
```

其中已有类型名中含有定义部分，新类型名一般用大写表示，以便于区别。

有时也可用宏定义来代替 typedef 的功能，但是宏定义是由预处理完成的，而 typedef 则是在编译时完成的，后者更为灵活方便。

用 typedef 定义用户自定义类型通常需要包括如下的步骤：

第一步，先按常规定义类型的方法写出定义体；

第二步，将原类型名换成新类型名；

第三步，在最前面加上 typedef;

第四步，可以用新类型名去定义变量。

说明：

（1）用 typedef 可以声明各种类型名，但不能用来定义变量；

（2）用 typedef 只是对已经存在的类型增加一个类型名，并没有创造新的数据类型；

（3）typedef 与#define 有相似之处，如 typedef int COUNT;和#define COUNT int;都是用 COUNT 代替 int。但两者的实质不同：#define 在预编译时处理，它只作简单的字符串替换；而 typedef 则在编译时处理，并且不是作字符串替换，而是采用如同定义变量的方法来声明一个类型。

（4）当不同的源文件中用到同一种数据类型（尤其是像数组、指针、结构体、共用体等类型）时，常用 typedef 声明一些数据类型，并把它们单独放在一个文件中，然后在需要用到这些类型数据的文件中用#include 命令把它们包含进来。

（5）使用 typedef 还有利于程序的通用与移植。

例：假设不同的计算机存放整数时用不同的字节数，则要实现不同计算机之间的程序移植（如从 2 字节到 4 字节），一般的方法是将程序中定义变量的每一个 int 都改为 long，显然数量越多越麻烦。若在程序开始时，用 Integer 来声明 int，即 typedef int Integer;并且在程序中所有用到整型变量的地方都用 Integer 来定义，则程序移植时，只需改动 typedef 定义体即可，即将 typedef int Integer 改为 typedef long Integer 即可。

7.7 本章小结

本章主要描述了结构体和共用体的类型定义和使用方法，结构体和共用体是两种构造类型数据，是用户定义新数据类型的重要方式。结构体和共用体有很多的相似之处，它们都由成员组成。成员可以具有不同的数据类型。成员的表示方法相同，都可用三种方式作变量说明。

在结构体中，各成员都占有自己的内存空间，它们是同时存在的。一个结构变量的总长度等于所有成员长度之和。在共用体中，所有成员不能同时占用它的内存空间，它们不能同时存在。共用体变量的长度等于最长的成员的长度。“.”是成员运算符，可用它表示成员项，成员还可用“->”运算符来表示。结构变量可以作为函数参数，函数也可返回指向结构的指针变量。而共用体变量不能作为函数参数，函数也不能返回指向共用体的指针变量。但可以使用指向共用体变量的指针，也可使用共用体数组。结构定义允许嵌套，结构中也可用共用体作为成员，形成结构和共用体的嵌套。

习题七

一、选择题

1．根据以下定义，能输出字母 M 的语句是（　　）。

定义：

```
struct person{char name[9];int age;};
struct person class[10]={"John",17,"Paul",19,"Mary",18,"Adam",16,};
```

A．printf("%c\n",class[3].name);　　B．printf("%c\n",class[3].name[1]);

C．printf("%c\n",class[2].name[1]);　　D．printf("%c\n",class[2].name[0]);

2．以下程序的输出结果是（　　）。

```
#include<stdio.h>
void main()
{
    struct emplx{int x;int y;}enum[2]={1,3,2,7};
    printf(“%d\n”,enum[0].y/enum[0].x*enum[1].x);
}
```

A．0　　B．1　　C．3　　D．6

3．设有定义 typedef union{long x[2];int y[4];char z[8];}MYTYPE; MYTYPE them; 则 sizeof(them)的值是（　　）。

A．32　　B．16　　C．8　　D．24

4．设有以下语句

```
typedef struct S
{   int g;   char   h;}     T;
```

则下面叙述中正确的是（　　）。

A．可用 S 定义结构体变量　　B．可以用 T 定义结构体变量

C．S 是 struct 类型的变量　　D．T 是 struct S 类型的变量

二、填空题

1．定义结构体的关键字是________，定义共用体的关键字是________。

2．结构体和共用体的相同点是________，不同点是________。

3．若有以下定义和语句，则 sizeof(a)的值是________，而 sizeof(b)的值是________。

```
struct tu
{ int m; char n;   int y;}a;
struct
{ float p, char q; struct tu r;} b;
```

4．设有下面结构类型说明和变量定义，则变量 a 在内存所占字节数是________。如果将该结构改成共用体，结果为________。

```
struct   stud
{ char num[6]; int s[4]; double ave; } a;
```

5．下面程序用来输出结构体变量 ex 所占存储单元的字节数，请填空。

```
struct st
{ char name[20]; double score; };
main()
{ struct st ex ; printf("ex size: %d\n",sizeof(________)); }
```

6．以下程序执行后输出结果是________。

```
main()
{   union {   unsigned int n; unsigned char c; } u1;
    u1.c='A';     printf("%c\n",u1.n);       }
```

三、阅读程序，写出程序结果

1．以下程序的运行结果是（　　）。

```
struct   info
{ char   a,b,c;};
main()
{   struct   info s[2]={{'a', 'b', 'c'},{'d', 'e', 'f'}};int t;
    t=(s[0].b-s[1].a)+(s[1].c-s[0].b);
    printf("%d\n",t);
}
```

2．以下程序的运行结果是（　　）。

```
void main()
{   union { char i[2]; int k; } stu;
    stu.i[0]='2';   stu.k=0;
    printf("%s,%d\n",stu.i,stu.k);
}
```

四、程序填空题

已知学生的记录由学号和学习成绩构成，N 名学生的数据已存入 a 结构体数组中。请编写函数 fun，函数的功能是：找出分数最低的学生记录，通过形参返回主函数（规定只有一个最低分）。已给出函数的首部，请完成该函数。

```
#include <stdio.h>
#include <string.h>
```

```
#include <conio.h>
#define N 10
typedef struct ss
{
  char num[10];
  int s;
} STU;
STU    fun( STU a[])
{
  int k,i;
  STU t;
【 1 】
for( i=0;i<N; i++)
if ( 【2】 )
{ 【3】 ; k=i; }
strcpy ( 【4】 );
return t;
}

main()
{ STU a[N]={ {"A01",81},{"A02",89},{"A03",66}
,{"A04",87},{"A05",77},
{"A06",90},{"A07",79},{"A08",61},
{";A09",80},{"A10",71} }, m;
int i;
printf("**** the original data ****\n");
for(i=0;i<N; i++) printf("N0=%s Mark=%d\n", a.num,a.s);
m=fun( a);
printf("**** the result****\n");
printf(" the lowest: %s ,%d\n", m.num,m.s);
}
```

五、编程题

1．设计一个程序，用结构类型实现两个复数相加。

2．定义一结构体数组存放学生的姓名、总分、名次，编程计算出名次，并按名次顺序输出学生信息。

3．编写程序输入若干人员的姓名和电话号码（11 位数字），以字符#结束输入。然后输入姓名, 查找该人的电话号码。

第 8 章　指针

本章学习目标

- 掌握指针、地址、指针变量的概念与应用
- 掌握指针与数组之间的关系，学会利用指针来操作数组
- 掌握指针与字符串之间的关系，学会利用指针来操作字符串
- 掌握指针作为函数的参数的使用方法
- 了解函数指针和指向函数的指针变量的应用
- 掌握链表的操作与使用

8.1　指针的定义

指针是 C 语言中广泛使用的一种数据类型。运用指针编程是 C 语言最主要的风格之一。利用指针变量可以表示各种数据结构：能很方便地使用数组和字符串，并能像汇编语言一样处理内存地址，从而编出精练而高效的程序。指针极大地丰富了 C 语言的功能，因此指针通常被人们称为“C 语言的灵魂”。

C 语言中的指针的本质就是存储单元的地址，为说明指针的定义，必须掌握计算机存储地址的概念和高级语言对变量的访问的基本方法。

8.1.1　地址与变量的地址

1. 地址

在计算机程序运行时，程序和数据都存放在内存中的。一般把内存中的一个字节称为一个内存单元，不同的数据类型所占用的内存单元数不等，如在 VC 中，int 型变量占 4 个单元，long int 型变量占 8 个单元，char 型变量占 1 个单元等。为了正确地访问这些内存单元，必须为每个内存单元进行编号。根据一个内存单元的编号即可访问该内存单元，称内存单元的编号称为地址。内存地址就如一栋楼的门牌号一样。

内存空间的编址是由计算机系统的地址总线按字节进行编址的，每个存储单元可存放 1 个字节的数据。如计算机 CPU 有 32 根地址总线，则 CPU 的编址空间编址范围为 $0 \sim 2^{32}-1$，每一个存储单元均有一个地址编号，它可以用 4 个字节来表示。不同机器其地址总线数不同，地址编号的位数也不同。

2. 变量的地址

一个程序被装载到内存中运行时，由操作系统负责给程序分配内存空间，这也包含了给程序中的每个变量分配内存区域，其内存区域的首地址用“&变量名”表示，如变量 A 的地址用&A 表示，习惯将&A 称为变量的地址。

设有如下变量说明和初值：

```
int x=-3674,y=23674;
```

```
char *str="abc";   //说明 str 为指针变量
char ch='A';
```

则其变量在内存中分配情况如图 8-1 所示。

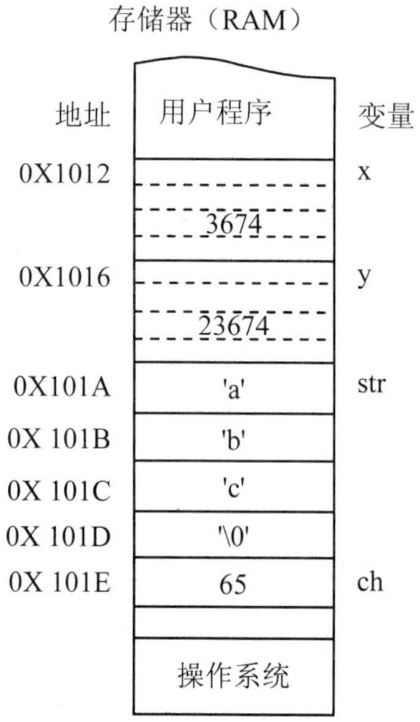

图 8-1 变量与存储空间

在图 8-1 中，RAM 中存放的是各变量的值（数据），左边是变量在内存中的地址（用十六进制表示的数值，不同系统其值不同），右边是变量名，是为了便于理解而标注的。

3. C 语言对变量的访问方法

在 C 语言编译系统中通过“符号名表”将变量名与内存地址联系在一起。符号表的内容如表 8-1 所示。

表 8-1 C 语言程序符号表

标识符名字	类型	变量类型	存储单元长度	存储单元相对地址
x	int	简单变量	4	&x(1012)
y	int	简单变量	4	&y(1016)
str	char *	字符串指针	4	str(101A)
ch	char	简单变量	1	&ch(101E)

程序在访问变量时，首先查找符号表，通过符号表得到变量存放的地址后，便可以直接读/写存储单元的数据，即完成对变量的取值和赋值操作。

在高级语言程序设计中，由于内存分配的动态性，用户一般不需考虑某个变量的具体地址值，为方便起见，而直接使用变量名来对变量存储单元进行访问。由于变量地址的唯一存在性，比较直观的想法是能否直接访问变量的地址单元？这就引出了指针的概念。

8.1.2 指针与指针变量

1. 指针与指针变量的概念

从上面的分析来看，首先应当区分“内存单元的地址”和“内存单元的内容”这两个概念。不妨用一个简单的例子加以说明：一栋房子有 8 层楼，每一层有 12 间房间，我们通常用 201 表示 2 楼的第 1 间房子，812 表示 8 楼的第 12 间房子，这个数字就是房子的编号（对应内存单元的地址），那么房子里面存放的各种物品就相当于内存单元的内容。

内存是存放数据的，而在 32 位计算机中地址实际上是 1 个具有 4 字节长度的二进制值，它也是一个数据，为了和变量的值相区别，称该值为地址值。这样内存空间中就可以存在两类值，即数值和地址值。

在 C 语言中，对于数值通过变量来表示，同样对于地址值也可以用变量来表示，这个变量就称为指针变量。如：

```
char ch='A'; char *p=&ch;
```

变量 ch 和指针变量 p 的内存数据存放如图 8-2 所示。

图 8-2 变量和地址变量的存储

在图 8-2 中，由于指针变量 p 中的内容恰好为变量 ch 的地址值，这样就将这两个变量关联起来了，为了更好地说明这种关系，称变量 p 指向变量 ch，这种指向就是指针。其变量的指向结构如图 8-3 所示。

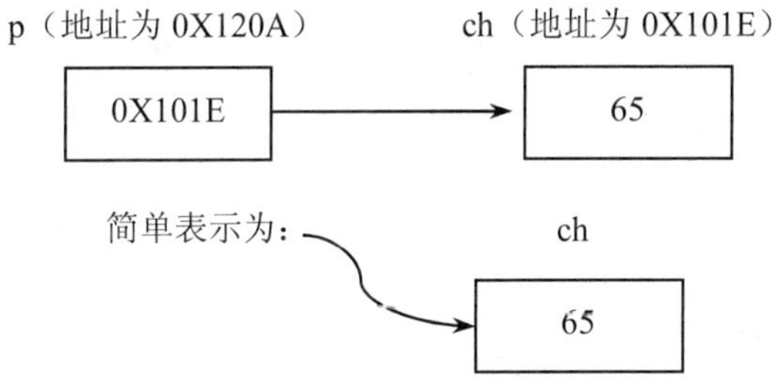

图 8-3 变量的指向结构图

从图 8-3 可以看出，指向就是一个变量的值是另一个变量的地址，它们的联系点是“地址”，因此通常也把这个地址称为指针。

简单地说：

①指针：就是地址，属常量的范畴。

②指针变量：就是指该变量的值为地址值的变量，属变量的范畴。

③指针变量的值：是指向的某一个变量的地址。

2. 定义指针的意义

根据图 8-3，可以通过访问 ch 变量得到其值 65，还可以通过先访问指针变量 p，再访问 p 所指向的内存单元，同样可以得到 65，这样定义指针的目的是为了通过指针去访问内存单元。

既然指针变量的值是一个地址，那么这个地址不仅可以是变量的地址，也可以是其他数据结构的地址，如数组的地址、函数的地址等。

在一个指针变量中存放一个数组或一个函数的首地址有何意义呢？因为数组或函数都是

连续存放的。通过访问指针变量取得了数组或函数的首地址，也就找到了该数组或函数。这样一来，凡是出现数组、函数的地方都可以用一个指针变量来表示，只要该指针变量中赋予数组或函数的首地址即可。这样做，将会使程序的概念十分清楚，程序本身也精炼、高效。在 C 语言中，一种数据类型或数据结构往往都占有一组连续的内存单元。用“地址”这个概念并不能很好地描述一种数据类型或数据结构，而“指针”虽然实际上也是一个地址，但它却是一个数据结构的首地址，它是“指向”一个数据结构的，因而概念更为清楚，表示更为明确。这也是引入“指针”概念的一个重要原因。

需要特别说明的是，由于内存的动态分配性，一个变量在内存中的实际地址值是不确定的，即使是同一程序的两次不同的运行，它们也不可能占用相同的地址空间，因此实际的地址值变得毫无意义，所以 C 语言不允许给指针变量直接赋上一个具体的地址值，两个指针变量相加、相乘等操作也是没有意义的。但为什么还要引入指针？其关键点在于要求我们理解图 8-3 这种指向过程，通过将指针变量与某同类型的变量的地址联系起来，发挥指针的优势。指向非常类似武侠小说中的追踪藏宝图的过程，试想藏宝图不可能一次就找到，也许第一次在甲地找并没有宝藏，但是得到了一张图引领我们到第二个地点，又没发现宝藏，但是同样得到了一张图……不断追踪直到最终我们终于发现宝藏藏匿之处。难道说在这里发现第一张宝藏图就没有意义了吗？

8.2 指针变量的定义和使用

指针就是变量的地址，存放变量地址的变量是指针变量，即在 C 语言中，允许用一个变量来存放指针，这种变量称为指针变量。因此，一个指针变量的值就是某个变量的地址或称为某变量的指针。

8.2.1 指针变量的定义

对指针变量的定义包括三个内容：

（1）指针说明：*，*后面的变量为指针变量；

（2）指针变量名；

（3）指针类型说明符：变量值（指针）所指向的变量的数据类型。

其一般形式为：

```
类型说明符  *变量名;
```

其中，*表示这里定义一个指针变量，变量名即为定义的指针变量名，类型说明符表示本指针变量所指向的变量的数据类型。

例如：int *p1;

表示 p1 是一个指针变量，它的值是某个整型变量的地址。或者说 p1 指向一个整型变量。至于 p1 究竟指向哪一个整型变量，应由向 p1 赋予的地址来决定。

再如：

```
int *p2;        //p2 是指向整型变量的指针变量，而*p2 不是指针变量
float *p3;      //p3 是指向浮点型变量的指针变量
char *p4;       //p4 是指向字符型变量的指针变量
```

C 语言规定，一个指针变量只能指向同类型的变量，如 p3 只能指向浮点型变量，不能时而指向其他类型的变量。

8.2.2　指针变量的赋值

指针变量同普通变量一样，使用之前不仅要定义说明，而且必须赋予具体的值。未经赋值的指针变量称为“游离指针”，它是不能使用的，否则将造成系统混乱，甚至死机。给指针变量赋值时只能赋予相同类型的变量的地址，决不能赋予任何其他数据，否则将引起错误。在 C 语言中，变量的地址是由编译系统分配的，对用户完全透明，用户不知道变量的具体地址。

1. 变量的地址

每一个变量不管占有多少存储单元均需分配内存空间，通过用：

&变量名

来表示该变量在内存中的首地址。

如
```
int a;
long int b;
float f;
char ch;
```
则&a 表示整型变量 a 的地址，&b 表示长整型变量 b 的地址，&f 表示实型变量 f 的地址，&ch 表示字符型变量 ch 的地址。变量本身必须预先说明。

2. 指针变量的赋值

1）指针变量的赋值方法

设有指向整型变量的指针变量 p，如要把整型变量 a 的地址赋予 p 可以有以下两种方式。

（1）指针定义时赋值，如下所示：
```
int a;
int *p=&a;
```
（2）先定义，后赋值，如下所示：
```
int a;
int *p;
p=&a;
```
2）指针变量的赋值原则

（1）不能将一个具体的数值常量赋给任何指针变量。

如
```
int *p;
p=1000; //不允许把一个数赋予指针变量，故此赋值是错误的
```
被赋值的指针变量前不能再加说明符“*”，如写成*p=&a 也是错误的。

（2）一致性原则：只能赋相同类型的变量的地址，不能将不同类型的变量地址赋给指针变量。如果赋值成立，称指针变量指向某变量，即指针变量的类型必须和其所指向的变量类型一致。

换句话说，如果赋值语句：
```
p=&a;   //p 指向 a
```
成立，则两个变量的定义之间只能是变量 p 的定义比变量 a 的定义多出一个“*”号。

如
```
int *p1,a1=128; p1=&a1;                //指向关系如图 8-4 所示
float *p2; float a2; p2=&a2;
```

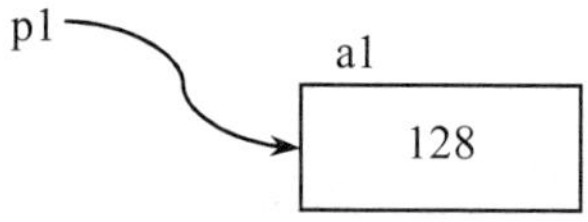

图 8-4 指针变量的指向关系

```
int **p3;int *a3; p3=&a3;a3=&a1;            //指向关系如图 8-5 所示
```

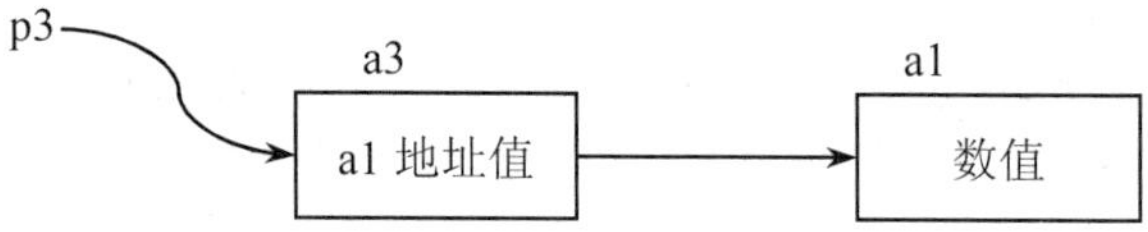

图 8-5 多重指向关系

（3）只要符合类型一致性原则，同一个指针变量可以在不同时期指向不同的变量，但任何一个时刻均只能指向一个变量。

如

```
int x,y,z; int *p;
```

则 p=&x;…p=&y;…p=&z;

在同一个程序中的不同位置均成立。

（4）同类型说明的指针变量之间可以赋值，表示它们指向同一个变量。

如

```
int *p,*q;
int a=128;
p=&a;
```

则 q=p;成立，其指向关系如图 8-6 所示。

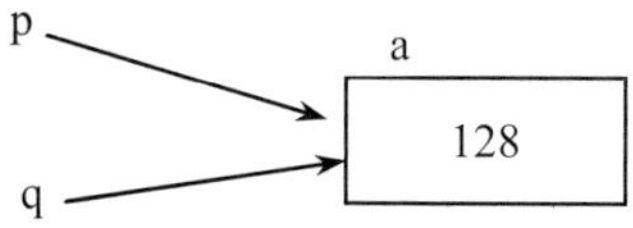

图 8-6 指针变量的指向关系

又如

```
float **p,**q;
```

则 p=q;或 q=p;均成立。

（5）指针与一维数组元素之间的赋值：一维数组元素可以看成是一个简单变量，同样可以按照一致性原则进行赋值。

如

```
int a[10],i=0;
int *p;
```

则如下赋值均是正确的：

```
p=&a[0];或 p=&a[9];或 p=&a[i];        //0<=i<=9
p=a;                                  //因为 a 等于&a[0]
p=a+i;                                //因为 a+i 等于&a[i]，0<=i<=9
```

8.2.3 指针变量的运算

除了指针变量的赋值运算外，对指针变量的运算不多，通常有*、+、-、++、--和比较运算，其中+、-、++、--和比较运算用于指向数组元素的指针，在下一节进行介绍。

1．单指针间接访问运算符

先看下面的程序：

【例 8-1】变量地址与单指针运算示例。（ex8_1.cpp）

```
#include <stdio.h>
void main()
{
   int a=128;
   int *p;
   p=&a;
   printf("&a=%x,p=%x\n",&a,p);
   printf("&p=%x\n",&p);
   printf("a=%d,*p=%d\n",a,*p);
}
```

此程序运行的结果为：

```
&a=12ff7c,p=12ff7c
&p=12ff7a
a=128,*p=128
```

从该程序的运行结果得出如下结论：

（1）p 等于&a，即 p 确实保存的是变量 a 的地址。但值得注意的是此结果为不确定的值，在不同的机器上运行结果可能不一样。

（2）p 是一个变量，它同样具有一个地址，它与变量 a 在内存区域上是相邻的。

（3）*p 的值等于 a。

在 C 语言中，“*”用于指针变量时具有两个含义：

（1）当“*”用于类型说明语句中时，“*”表示定义后面的变量为指针变量。

（2）在其他情形下，当“*”用于指针变量名前表示“间接访问”，即取指针变量所指向的变量的值。

其结果可以从图 8-7 中得到理解。

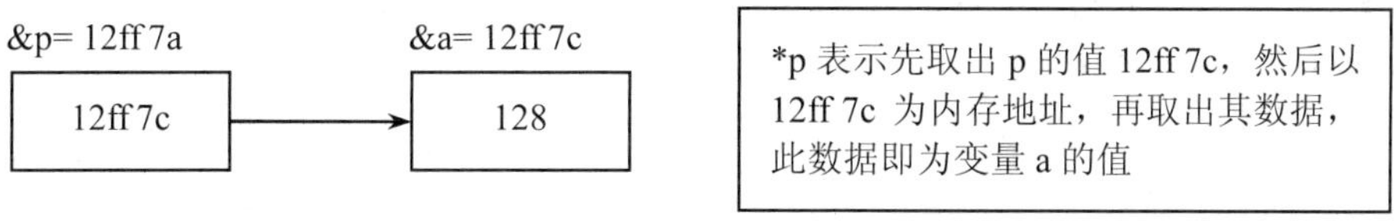

图 8-7　*p 运算图解

一般地，有如下结论：

设 type 为某一数据类型（如 int、long int、float、double、int *、struct 等）。

如果有

```
type a;
type *p;
p=&a;
```

则*p 就是 a，可以用数学中的恒等式表示，即*p≡a，这一式子表明了两方面的含义：

（1）*p 的数据类型就是 a，a 是什么类型的变量，*p 也是什么类型的变量。

（2）对*p 的赋值就是对变量 a 的赋值；反之，改变 a 的值，*p 的值随之改变。

2. 多重指针及运算

已知程序段：

```
int a=128;
int *p;
int **q;
p=&a;
q=&p;
```

根据上面的分析可以得到下面的结论：

*p≡a; （1）

*q≡p; （2）

将（2）代入（1）得到：

**q≡a; （3）

进一步，如增加语句：

```
int ***r;
r=&q;
```

则 *r≡q; （4）

将（4）代入（3）得到：

***r≡a; （5）

联合（1）（3）（5）式得到：

***r≡**q≡a;　　//如图 8-8 所示，其中的地址值随机器和系统不同而不同

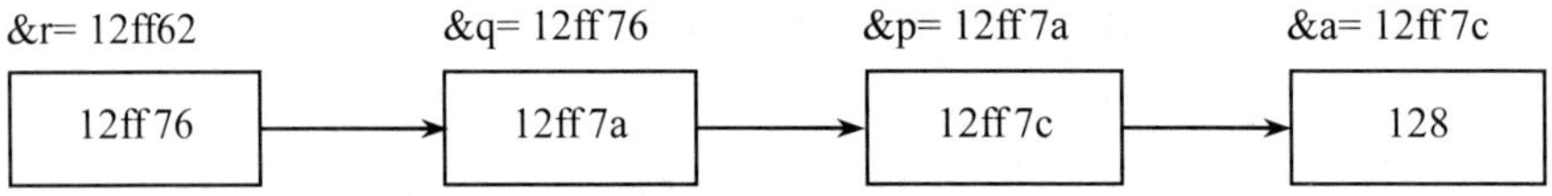

图 8-8　多重指针运算

上面的结论可以通过下面的程序得到验证。

【例 8-2】变量地址与多重指针运算示例。（ex8_2.cpp）

```
#include <stdio.h>
void main()
{
      int a=128;
      int *p;
      int **q;
      int ***r;
      p=&a;
      q=&p;
      r=&q;
      printf("&a=%x,a=%d\n",&a,a);
      printf("&p=%x,p=%x,*p=%d\n",&p,p,*p);
      printf("&q=%x,q=%x,*q=%x,**q=%d\n",&q,q,*q,**q);
      printf("&r=%x,r=%x,*r=%x,**r=%x,***r=%d\n",&r,r,*r,**r,***r);
}
```

思考 1：对 ex8_2.cpp 的第一个输出语句前增加一个语句：

```
***r=1025;
```

再运行程序，会得到什么结果？

思考 2：在上面的说明中，赋值语句 r=&p;是否成立？

这个赋值运算是错误的。首先看这两个变量的说明语句，即 int *p;int ***r;，说明之间相差 2 个“*”，所以它不符合赋值语句中的类型一致性原则，即要使得 r=&p 成立，则它们在类型说明上只能是 r 的说明语句比 p 的说明语句多一个“*”号。

3. 指针变量可出现在表达式中

设：

```
int x,y,*px=&x;
```

指针变量 px 指向整数 x，则*px 可出现在 x 出现的任何地方。例如：

```
y=*px+5;        //表示把 x 的内容加 5 并赋给 y
y=++*px;        //px 的内容加上 1 之后赋给 y，++*px 相当于++(*px)
y=*px++;        //相当于 y=*px; px++
```

4. 对于两个指针变量之间的运算

假设

```
int i,j,*p1,*p2;
i='a';
j='b';
p1=&i;
p2=&j;
```

则建立如图 8-9 所示的联系。

图 8-9 指针变量的指向关系

如果执行如下表达式：

```
*p2=*p1;
```

则表示把 p1 指向的内容赋给 p2 所指的区域, 此时就变成图 8-10 所示。

图 8-10 指针变量的指向关系

再执行赋值表达式：

```
p2=p1
```

就使 p2 与 p1 指向同一对象 i，此时*p2 就等价于 i，而不是 j，如图 8-11 所示。

图 8-11 指针变量的指向关系

通过指针访问它所指向的一个变量是以间接访问的形式进行的，所以比直接访问一个变量要费时间，而且不直观，因为通过指针要访问哪一个变量，取决于指针的值（即指向），例如*p2=*p1;实际上就是 j=i;，前者不仅速度慢而且目的不明。但是这并不能埋没指针在程序设计中的优势，具体来讲，在程序设计中 C 语言的指针具有以下优势：

（1）将指针应用于数组中可以提高程序的运行速度。

（2）将指针作为函数形式参数，可以改变其对应的实在参数（变量）的值。

（3）指针可以使程序接收命令行输入。

（4）指针用于结构体可以构造链表，以解决各种复杂数据结构的存储问题。

这些优势将在后面的内容中介绍，正因为指针具有这些优势，它给程序员编程带来灵活性，也使程序代码编写得更为简洁和有效，使程序运行效率提高，所以许多人将“指针”誉为 C 语言的灵魂。

【例 8-3】交换两个变量的值。（ex8_3.cpp）

```
#include <stdio.h>
void main()
{
        int a,b,c;
        int *pointer_1, *pointer_2;
        a=100;b=10;
        pointer_1=&a;
        pointer_2=&b;
        c=*pointer_1;
        *pointer_1=*pointer_2;
        *pointer_2=c;
        printf("%d,%d\n",a,b);
        printf("%d,%d\n",*pointer_1, *pointer_2);
}
```

分析：由于 pointer_1=&a;则* pointer_1 就是 a；由于 pointer_2=&b;则* pointer_2 就是 b。利用替换法，上述程序等价为：

```
void main()
{
        int a,b,c;
        int *pointer_1, *pointer_2;
        a=100;b=10;
        pointer_1=&a;
        pointer_2=&b;
        c=a;
        a=b;
        b=c;
        printf("%d,%d\n",a,b);
        printf("%d,%d\n",*pointer_1, *pointer_2);
}
```

显然 a 与 b 的值被交换了，同样也可以用图解法来进行分析，请读者自己画图分析。

【例 8-4】输入 a 和 b 两个整数，按先大后小的顺序输出 a 和 b。（ex8_4.cpp）

程序如下：

```
#include <stdio.h>
void main()
{
```

```
    int *p1,*p2,*p,a,b;
    scanf("%d,%d",&a,&b);
    p1=&a;p2=&b;                              //（1）
    if(a<b)
   {p=p1;p1=p2;p2=p;}                         //（2）
    printf("\na=%d,b=%d\n",a,b);              //（3）
    printf("max=%d,min=%d\n",*p1, *p2);       //（4）
}
```

使用图解分析法对本题进行分析如下：

根据（1）得到图 8-12。

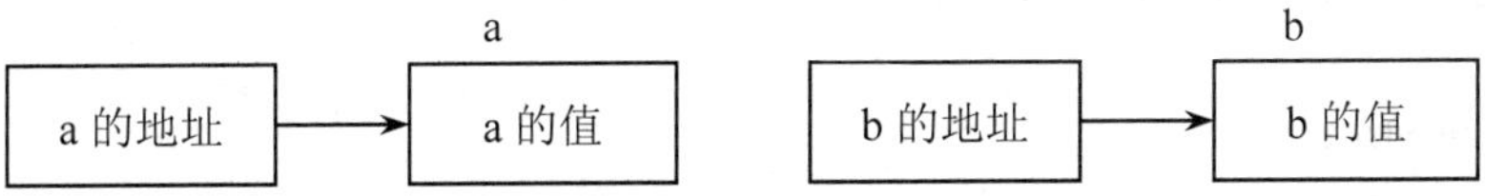

图 8-12　指针变量的指向关系

如果 a<b，执行（2）后得到图 8-13。

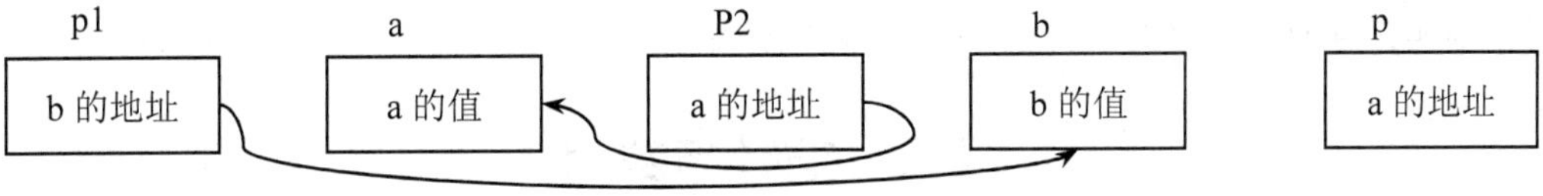

图 8-13　指针变量的指向关系

由图 8-12 和 8-13 可知 a 与 b 的值没有被改变，所以执行语句（3）不一定能得到正确的结果。然而对于语句（4），则总是能得到正确的输出结果。

8.2.4　指针变量的进一步说明

指针变量可以进行某些运算，但其运算的种类是有限的。它只能进行赋值运算和部分算术运算及关系运算。

1. 运算符及其结合律

（1）取地址运算符（&）：取地址运算符是单目运算符，其结合性为自右至左，其功能是取变量的地址。

（2）间接运算符（*）：间接运算符是单目运算符，其结合性为自右至左，用来表示指针变量所指的变量。在*运算符之后跟的变量必须是指针变量。

2. &和*的混合问题

（1）如果执行了语句“pointer_1=&a;”，则&*pointer_1 是&a，或者就是 pointer_1。

（2）*&a 含义就是 a。

（3）(*pointer_1)++和*(pointer_1++)是有区别的，前者表示将 pointer_1 所指向的变量的值加 1，后者表示取 pointer_1 所指向的变量的值，然后 pointer_1+1，移向下一个元素。

3. 运算符的优先级

（1）*p++，由于++和*同优先级，结合方向自右而左，等价于*(p++)。

（2）*(p++)与*(++p)作用不同。若 p 的初值为 a，则*(p++)等价于 a[0]，*(++p)等价于 a[1]。

（3）(*p)++表示 p 所指向的元素值加 1。

（4）如果 p 当前指向 a 数组中的第 i 个元素，则

*(p--)相当于 a[i--]；

*(++p)相当于 a[++i]；

*(--p)相当于 a[--i]。

4. 关于游离指针

凡是没有赋值的指针均称为游离指针，对游离指针 p 进行*p 运算是错误的，有时会出现死机现象，或程序异常出错现象。

5. 空指针

空指针是由对指针变量赋予 0 值而得到的。

设 p 为指针变量，则 p=0 表明 p 是空指针，它不指向任何变量。

例如：

```
#define NULL 0
int *p=NULL;
```

空指针通常用于==和!=两个比较运算，如 p!=0 表示 p 不是空指针。

对指针变量赋 0 值和不赋值是不同的。指针变量未赋值时，可以是任意值，是不能使用的，否则将造成意外错误。而指针变量赋 0 值后，则可以使用，只是它不指向具体的变量而已。空指针通常用于链表结构中，表示一个链表的结束。

8.3 指针与数组

一个变量有一个地址，一个数组包含若干元素，每个数组元素都在内存中占用存储单元，它们都有相应的地址。所谓数组的指针是指数组的起始地址，数组元素的指针是数组元素的地址。

8.3.1 指向数组元素的指针变量

一个数组是由连续的一块内存单元组成的。数组名就是这块连续内存单元的首地址。一个数组也是由各个数组元素（下标变量）组成的。每个数组元素按其类型不同占有一块连续的内存单元。一个数组元素的首地址也是指它所占有的内存单元的首地址。

1. 一维数组变量的地址

数组的定义如下：

```
数据类型 变量名[元素个数]
```

如 int a[10];

其中数组名 a 表示整个数组在内存中的首地址，同时也表示第一个元素的地址，即有

a 等于&a[0]

数组名 a 不是变量，所以不能对 a 进行赋值操作，但 a 可以看成是一个常量值，可以进行简单的加或减运算，如 a+1 表示第 2 个元素 a[1]的地址，a+i 表示第 i+1 个元素 a[i]的地址。

对每个数组元素，如 a[i]，其地址还可以用&a[i]表示，则 a+i 等于&a[i]。

数组元素的地址如图 8-14 所示。

2. 指向数组元素的指针变量的定义

定义一个指向数组元素的指针变量的方法，与前面介绍的指针变量的定义方法相同，它取决于数组元素的数据类型。

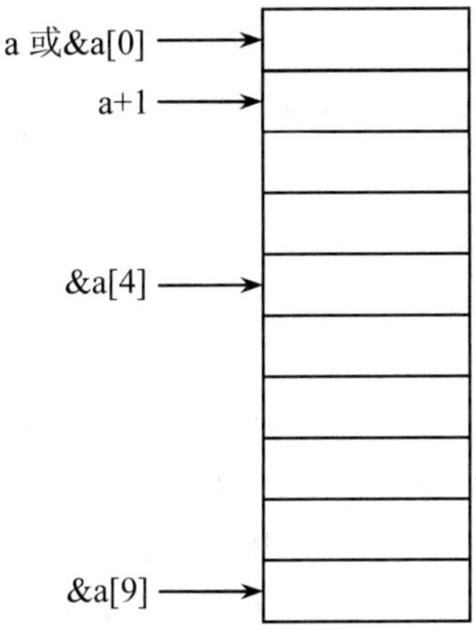

图 8-14　数组元素的地址

指向数组元素的指针变量说明的一般形式为：

　　类型说明符　*指针变量名;

其中类型说明符表示所指数组元素的类型。从一般形式可以看出指向数组的指针变量和指向普通变量的指针变量的说明是相同的。

例如：

```
int a1[10];        //定义 a1 为包含 10 个整型数据的数组
int *p1;           //定义 p1 为指向整型变量的指针
```

因为数组为 int 型，所以指针变量也应为指向 int 型的指针变量。

又如：

```
int a2[10][10];    //定义 a2 为包含 10×10 个整型数据的二维数组
```

所以仍然可以用定义：

```
int *p2;           //定义 p2 为指向整型变量的指针
```

用 p2 来指向一个二维数组的元素，因为每一个数组元素 a2[i][j]均是一个 int 型变量。

3. 指向数组元素的指针变量的赋值

如有上面的定义，则可用下面语句对指针变量赋值：

```
p1=&a1[i];         //把 a1[i]元素的地址赋给指针变量 p1。也就是说，p1 指向 a1 数组中下标为 i
的元素（第 i 个元素）
p1=a1;             //a1 代表一维数组的首地址，它等于&a1[0]
p1=&a1[0];         //对一维数组而言，本语句与上一语句等价
p2=&a2[i][j];      //把 a2[i][j]元素的地址赋给指针变量 p2。也就是说，p2 指向数组 a2 中的第 i
行第 j 列的元素
```

对二维数组 a2，下面的赋值是错误的：

```
P2=a2;
```

原因是 a2 是二维数组，一个二维数组可以看成是多个一维数组组成的，所以它也是第一个一维数组的首地址，所以上面的赋值不正确。

4. 通过指向数组元素的指针变量引用数组元素

定义了指向数组元素的指针变量 p 后就可以通过“*”运算符来引用数组元素。

【例 8-5】用指针变量对数组元素进行赋值并输出。(ex8_5.cpp)

```
#include <stdio.h>
void main()
{
```

```
    int a[10],i;
    int *p=a;
    for(i=0;i<10;i++)
        *(p+i)=i*i;                //对 a[i]赋值
    for(i=0;i<10;i++)
        printf("%4d",*(p+i));      //输出 a[i]
    printf("\n");
}
```

5. 指向数组元素的指针变量的赋值

前面介绍了指针变量的“*”运算，指向数组元素的指针变量除使用“*”运算外，由于其与数组元素之间的关系，还可以使用+、-、++、--运算和关系运算。

（1）对于指向数组元素的指针变量，可以加上或减去一个整数 n。

设 pa 是指向一维数组 a 首地址的指针变量，则 pa+n、pa−n、pa++、++pa、pa−−、−−pa 运算都是合法的。指针变量加或减一个整数 n 的意义是把指针指向的当前位置（指向某数组元素）向前或向后移动 n 个位置。

应该注意，数组指针变量向前或向后移动一个位置和地址加 1 或减 1 在概念上是不同的，因为数组可以有不同的类型，各种类型的数组元素所占的字节长度是不同的。如指针变量加 1，即向后移动 1 个位置，表示指针变量指向下一个数据元素的首地址，而不是在原地址基础上加 1。例如：

```
int a[5]={2,5,8,10,7},*p;
p=a;            //p 指向数组 a，也是指向 a[0]
++p;            //p 指向 a[1]
p=a+4;          //p 指向 a[4]，即 p 的值为&a[4]，其结构指向如图 8-15 所示。
```

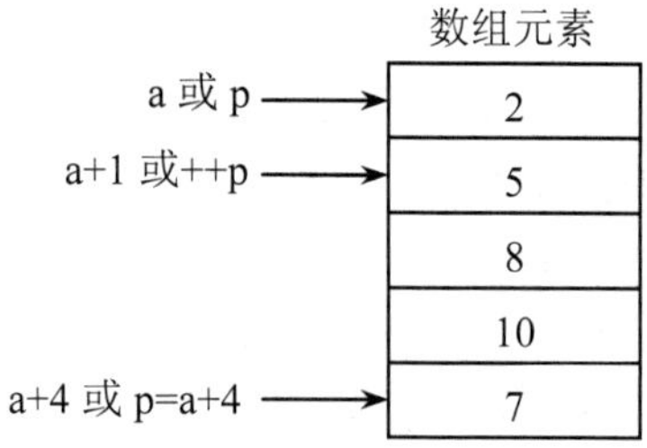

图 8-15 指针与数组

值得特别注意的是：数组名 a 只能视为常量，因此下面的赋值语句都是错误的：

```
++a;
a=a+2;
```

由于数组元素可以用多种形式来表达其地址，所以引用一个数组元素可以用：

①下标法：即用 a[i]形式访问数组元素。在前面介绍数组时都是采用这种方法。

②指针法：即采用*(a+i)或*(p+i)形式，用间接访问的方法来访问数组元素，其中 a 是数组名，p 是指向数组的指针变量，其取值 p=a。

【例 8-6】求数组元素之和。（ex8_6.cpp）

```
#include <stdio.h>
void main()
{
    int a[5]={2,5,8,10,7},*p;
    int i,sum=0;
```

```
        p=a;
        for(i=0;i<5;i++)
        { sum+=*p;p++;}                //（1）
        printf("sum=%d\n",sum);
    }
```

说明：程序中复合语句（1）可以用下面一个语句代替：

```
    sum+=*p++;
```

也可以用语句：

```
    sum+=*(p+i);或 sum+=*(a+i);
```

来代替

思考：

①如果将（1）改成：

```
    sum+=++*p;
```

程序结果为多少？

②如果将（1）改成：

```
    sum+=*++p;
```

会出现什么现象？

（2）两个指针变量之间的加法运算。

两个指针变量不能进行加法运算。

例如设 p1 和 p2 是两个指针变量，p1+p2 是什么意思呢？毫无实际意义。

（3）两个指针变量相减运算。

只有指向同一数组的两个指针变量之间才能进行减法运算，否则该运算毫无意义。

两指针变量相减所得之差是两个指针所指数组元素之间相差的元素个数，实际上是指两个指针值（地址）相减之差再除以该数组元素的长度（字节数）。例如 pf1 和 pf2 是指向同一浮点数组的两个指针变量，设 pf1 的值为 2010H，pf2 的值为 2000H，而浮点数组每个元素占 4 个字节，所以 pf1-pf2 的结果为(2010H-2000H)/4=4，表示 pf1 和 pf2 之间相差 4 个元素。

【例 8-7】求数组元素之和。（ex8_7.cpp）

```
    #include <stdio.h>
    void main()
    {
        int a[5]={2,5,8,10,7},*p;
        int sum=0;
        p=a+4;
        for(;p-a>=0;)
        { sum+=*p;--p;}                //（1）
        printf("sum=%d\n",sum);
    }
```

说明：程序中复合语句（1）可以用下面一个语句代替：

```
        sum+=*p--;
```

（4）两个指针变量的关系运算。

指向同一数组的两指针变量进行关系运算表示它们在所指数组元素之间的地址关系。

例如：

pf1==pf2 表示 pf1 和 pf2 指向同一数组元素；

pf1>pf2 表示 pf1 处于高地址位置；

pf1<pf2 表示 pf2 处于低地址位置。

【例 8-8】求数组元素之和。（ex8_8.cpp）

```
#include <stdio.h>
void main()
{
        int a[5]={2,5,8,10,7},*p;
        int sum=0;
        p=a+4;
        for(;p>=a;)
                sum+=*p--;
        printf("sum=%d\n",sum);
}
```

【例 8-9】将数组中的所有元素前后颠倒存放。（ex8_9.cpp）

分析：在数组的第一个元素和最后一个元素处分别设立一个指针，交换对应元素，然后分别向下、向上移动指针直到两个指针相遇。如图 8-16 所示。

```
#include <stdio.h>
void main()
{
        int a[5]={2,5,8,10,7},*p,*q,t,i;
        p=a;q=a+4;
        for(;p<=q;)
        {
                t=*p;*p=*q;*q=t;    //交换数据
                p++;q--;                //移动指针
        }
        for(i=0;i<5;i++)
                printf("%6d",a[i]);
}
```

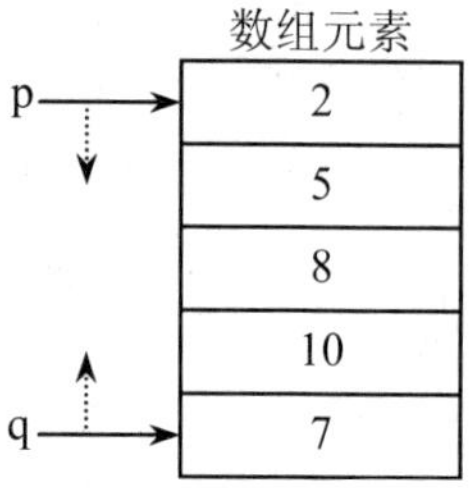

图 8-16　交换数组元素

【例 8-10】按行顺序输出二维数组中的全部元素。（ex8_10.cpp）

```
#include <stdio.h>
void main()
{
        int a[10][10],i,j,*p;
        p=&a[0][0];
        for(i=0;i<100;i++)
                *(p+i)=i;
        for(i=0;i<10;i++)
        {
                for(j=0;j<10;j++)
                        printf("a[%d][%d]=%d    ",i,j,*p++);
                printf("\n");
        }
}
```

8.3.2 指向数组的指针

指向数组的指针和指向数组元素的指针是两个完全不同的概念，本小节以二维数组为例介绍指向一维数组的指针变量的定义与应用。

1. 二维数组的地址与指针

1）二维数组的地址

设有整型二维数组 a[3][4]如下：

1　2　3　4

5　6　7　8

9　10　11　12

它的定义为：

int a[3][4]={{ 1,2,3,4},{5,6,7,8},{9,10,11,12}}

设数组 a 的首地址为 1000，各下标变量的首地址及其值如图 8-17 所示。

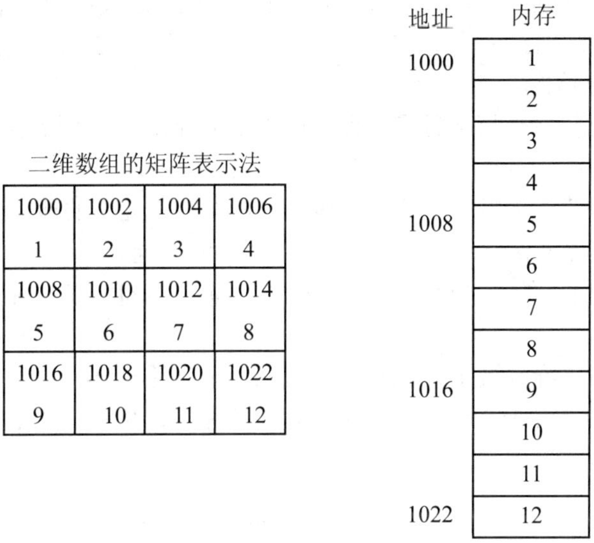

图 8-17　二维数组的矩阵表示与存储

2）行地址与行指针

C 语言允许把一个二维数组分解为多个一维数组来处理。因此数组 a 可分解为三个一维数组，即 a[0]、a[1]、a[2]（这里将 a[i]视为一维数组名）。每一个一维数组 a[i]又含有 4 个元素，例如 a[0]数组，含有 a[0][0]、a[0][1]、a[0][2]和 a[0][3]四个元素，如图 8-18 所示。

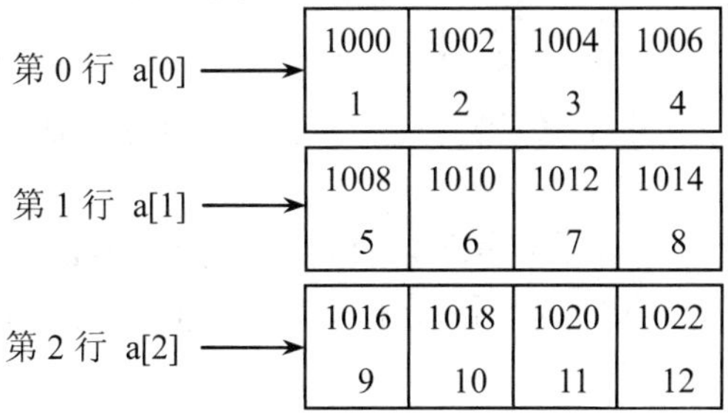

图 8-18　二维数组与行地址

行地址：二维数组每一行的首地址称为行地址，如图 8-18 中由于 a[0]、a[1]、a[2]表示数组各行的数组名，即表示数组的第 0 行、第 1 行和第 2 行的首地址。

行指针：指向一维数组（或称为一行）的指针为行指针。从二维数组的地址存放角度来看，a 是二维数组名，a 的值等于二维数组的第 0 行的首地址，a+1 的值等于第 1 行的首地址，a+2 的值等于第 2 行的首地址，称 a、a+1、a+2 为指向一维数组的指针，也即行指针，如图 8-19 所示。

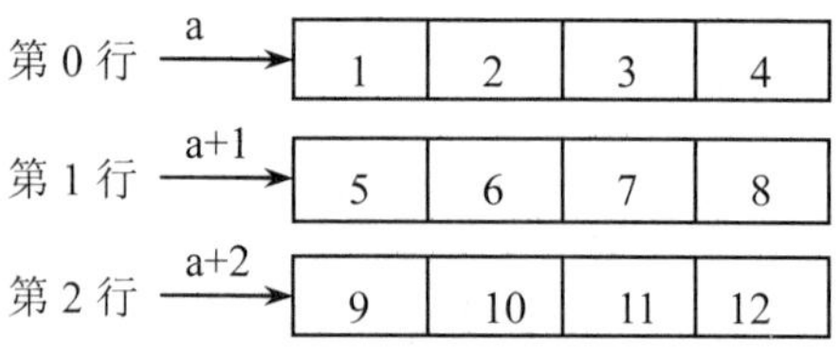

图 8-19 二维数组与行指针

注意 a[i]与 a+i 的区别：尽管它们的地址值相同，但其意义不同，a[i]表示一维数组名，是数组元素 a[i][0]的地址；而 a+i 是指向一维数组第 i 行指针，它不是元素的地址。

3）行指针的地址转换

C 语言中“*”运算符作用于行指针前可以用于地址转换，起降维作用（此概念用于高维数组中），其规则如下：

在行指针前加“*”表示其所对应的一维数组的第 0 个元素的地址。如 a 指向二维数组的第 0 行，*a 表示第 0 行第 0 个元素的地址，即 a[0][0]的地址。

因此数组元素 a[0][0]的地址可以用*a、*(a+0)、a[0]、&a[0][0]四种方式来表示，它们在概念上是等同的。

同理，a+i 是指向二维数组的第 i 行的指针，则*(a+i)表示一维数组 a[i]第 0 号元素的地址，即 a[i][0]的地址。因此*(a+i)、a[i]、&a[i][0]是等同的，均表示数据元素 a[i][0]的地址，如图 8-20 所示。

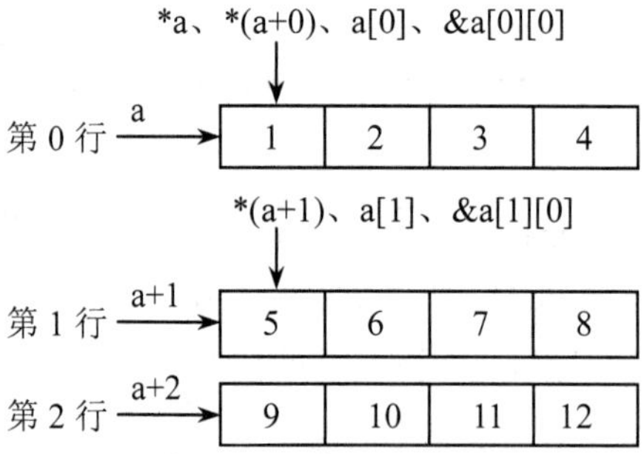

图 8-20 二维数组的行指针与元素地址的关系

此外，&a[i]和 a+i 也是等同的。C 语言规定，它是一种地址计算方法，表示指向数组 a 第 i 行指针。

通过上面的分析，得到了二维数组第 i 行第 0 个元素的地址，则二维数组第 i 行第 j 个元素的地址为：*(a+i)+j、a[i]+j、&a[i][0]+j，它们均与&a[i][j]等价。如图 8-21 所示。

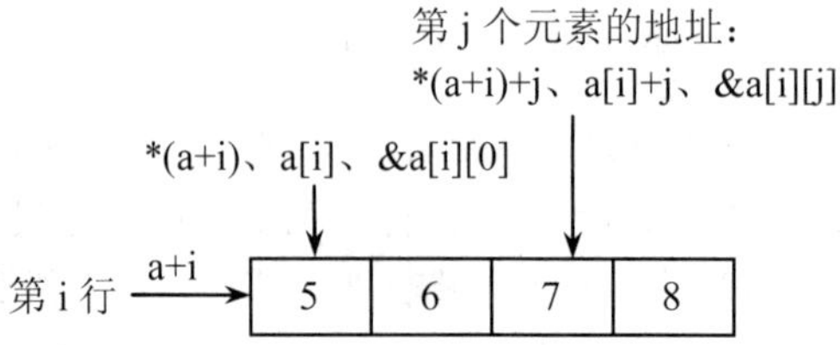

图 8-21 二维数组的行指针与元素地址的关系

根据前面的讨论，由元素的地址可以通过“*”运算得到元素的值，所以 a[i][j]可以用下列式子表示：

((a+i)+j)、*(a[i] +j)、*(&a[i][0]+j)

它们均表示 a[i][j]。

【例 8-11】输出二维数组地址值与元素值。（ex8_11.cpp）

```
#include <stdio.h>
void main()
{
    int a[3][4]={0,1,2,3,4,5,6,7,8,9,10,11};
    printf("%d,%d,%d,%d,%d",a, *a,a[0] ,&a[0] ,&a[0][0]);
    printf("%d,%d,%d,%d,%d",a+1,*(a+1) ,a[1] ,&a[1] ,&a[1][0]);
    printf("%d,%d,%d,%d,%d",a+2,*(a+2) ,a[2] ,&a[2] ,&a[2][0]);
    printf("%d,",a[1]+1);
    printf("%d\n",*(a+1)+1);
    printf("%d,%d\n",*(a[1]+1),*(*(a+1)+1));
}
```

2. 指向一维数组的指针变量

1）指向一维数组的指针变量的定义

设一维数组的定义如下：

int a[4];

根据前面介绍的指针与所指向的变量的定义关系可知，指针变量的定义为在相应的变量定义的基础上加上“*”，所以指向一维数组的指针变量 p 的定义为：

int (*p)[4];　　　　　　　　　　　　　　　　　　（1）

注意此定义不能写成：

int *p[4];　　　　　　　　　　　　　　　　　　　（2）

原因是[]的优先级高于*，定义（1）增加()后，()和[]具有相同的优先级，并且满足左结合律，所以（1）表示定义一个指针变量，它指向一个包含 4 个 int 型数据的一维数组。而（2）表示定义一个一维数组，数组的每个元素均是一个 int *x 型的指针变量（通常称指针数组），其区别如图 8-22 所示，本节介绍指向数组的指针，指针数组将在下一节中介绍。

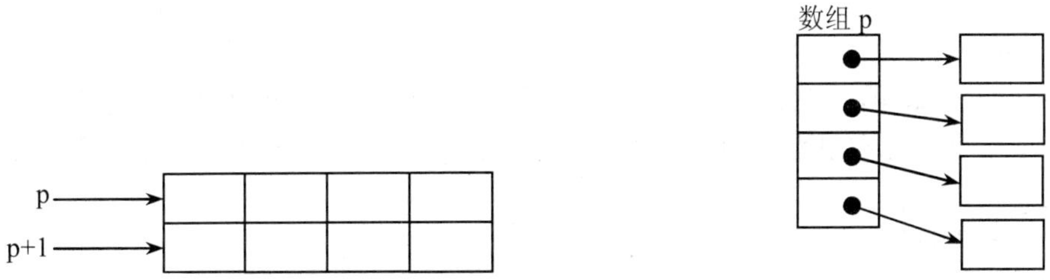

（a）指向数组的指针　　　　　　　　（b）指针数组

图 8-22　指向数组的指针与指针数组的区别

指向一维数组的指针变量说明的一般形式为：

类型说明符　(*指针变量名)[长度]

其中类型说明符为所指数组的数据类型。“*”表示其后的变量是指针类型。“长度”对应二维数组定义中第二维分量的长度，也就是二维数组的列数。

2）指向一维数组的指针变量的赋值与运算

根据指针变量赋值原则，指向一维数组的指针变量应该将行指针赋给它。如：

```
int a[3][4];
int (*p)[4];
p=a;
```

这样 p 指向二维数组 a 的第 0 行，那么 p+1 指向二维数组 a 的第 1 行，p+i 指向二维数组 a 的第 i 行。

同样++p 指向二维数组 a 的下一行，--p 指向二维数组 a 的上一行。

在 p=a;赋值语句下，用 p 来对二维数据元素 a[i][j]进行访问的方法如下：

（1）先找到第 i 行的地址为 p+i；

（2）用“*”运算将它转换为第 i 行第 0 列的地址为*(p+i)；

（3）再找到第 j 个元素的地址为*(p+i)+j；

（4）最后通过“*”运算得到其数据值为*(*(p+i)+j)，此值就是数据元素 a[i][j]。

【例 8-12】输出二维数组的元素。（ex8_12.cpp）

```
#include <stdio.h>
void main()
{    int a[3][4]={0,1,2,3,4,5,6,7,8,9,10,11};
     int(*p)[4];
     int i,j;
     p=a;
     for(i=0;i<3;i++)
      { for(j=0;j<4;j++) printf("%4d    ",*(*(p+i)+j));
      printf("\n");
      }
}
```

8.3.3 指针数组

一个数组的元素值为指针的数组称为指针数组。指针数组是一组有序的指针的集合。指针数组的所有元素都必须是具有相同存储类型和指向相同数据类型的指针变量。

指针数组说明的一般形式为：

类型说明符 *数组名[数组长度]

其中类型说明符为指针值所指向的变量的类型。

例如：

```
int *pa[3];
```

表示 pa 是一个指针数组，它有三个数组元素，每个元素值都是一个指针，指向整型变量。

通常可用一个指针数组来指向一个二维数组。指针数组中的每个元素被赋予二维数组每一行的首地址。

【例 8-13】用指针数组输出二维数组的元素。（ex8_13.cpp）

```
#include <stdio.h>
void main()
{
      int a[3][3]={1,2,3,4,5,6,7,8,9};
      int *pa[3]={a[0],a[1],a[2]};
      int i,j;
      int *p=a[0];
      for(i=0;i<3;i++)
      {
            for(j=0;j<3;j++)
```

```
            printf("%4d   ",*(pa[i]+j));   //注释（1）
        printf("\n");
    }
    //利用指针变量 p 输出数组元素
    for(i=0;i<3;i++)
    {
        for(j=0;j<3;j++)
            printf("%4d   ",*(p+i*3+j));   //注释（2）
        printf("\n");
    }
}
```

本例程序中，pa 是一个指针数组，三个元素分别指向二维数组 a 的各行的首地址（如图 8-23 所示）。

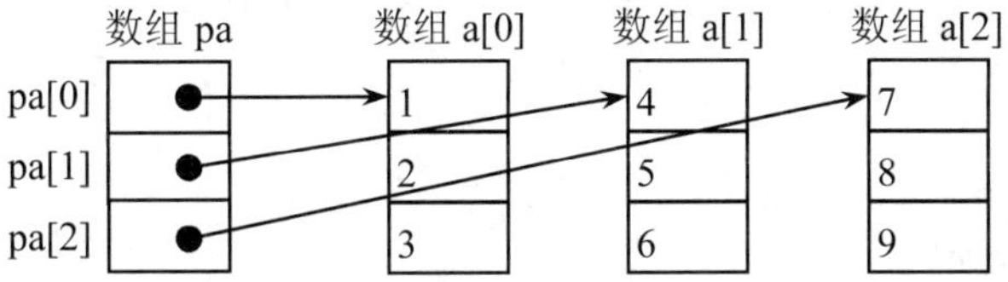

图 8-23　指针数组与二维数组

程序中注释（1）语句中的*(pa[i]+j)表示第 i 行第 j 列的元素值。注释（2）语句实际是将二维数组看成一维数组来操作，其中的*(p+i*3+j)也表示第 i 行第 j 列的值。

应该注意指针数组和数组指针变量的区别。这两者虽然都可用来表示二维数组，但是其表示方法和意义是不同的。

【例 8-14】用指针数组表示变量组，输出一组变量的最大值和其变量名。（ex8_14.cpp）

分析：设有 a、b、c、d、e、f 共 6 个变量，由于要求输出变量名，则必须使用指针数组来保存变量的地址，另外用一个数组来保存变量名，以形成对应关系。

```
#include <stdio.h>
void main()
{
    int a,b,c,d,e,f;
    int *pa[6]={&a,&b,&c,&d,&e,&f};
    char ch[6]={'a','b', 'c','d', 'e','f'};
    int max,i;
    char varname;
    scanf("%d%d%d%d%d%d",&a,&b,&c,&d,&e,&f);
    max=*pa[0]; varname=ch[0];
    for(i=1;i<6;i++)
        if (max<*pa[i])
        {
            max=*pa[i]; varname=ch[i];
        }
        printf("max variable is %c,value=%d",varname,max);
}
```

8.4　指针与字符串

在 C 语言中没有专门的字符串类型定义符，通常用字符数组来表示，但由于字符串是计算机中的一种典型的数据结构，用途非常广泛，现单独予以介绍。

8.4.1 字符串的表示

在 C 语言中，可以用两种方法访问一个字符串。

1. 用字符数组存放一个字符串

【例 8-15】用字符数组存放字符串示例。（ex8_15.cpp）

```
#include <stdio.h>
void main()
{
	char string1[]="I love China!";
	printf("%s\n",string1);
}
```

2. 用字符串指针指向一个字符串

【例 8-16】用字符串指针指向一个字符串示例。（ex8_16.cpp）

```
#include <stdio.h>
void main()
{
	char *string2="I love China!";
	printf("%s\n",string2);
}
```

两种表示的存储结构如图 8-24 所示。

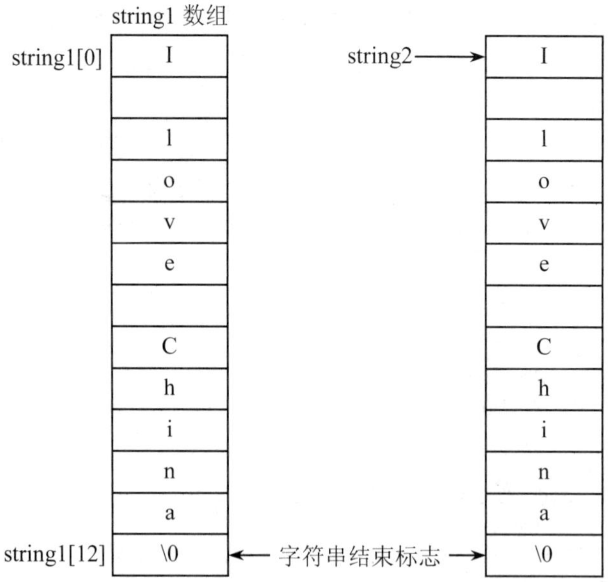

图 8-24　字符串的数组表示与指针表示

8.4.2 字符串指针变量

字符串指针变量的定义与指向字符变量的指针变量的定义是相同的，但可以根据对指针变量的赋值来加以区分。

如：

```
char c,*p=&c;
```

表示 p 是一个指向字符变量 c 的指针变量。

而

```
char *ps="C Language";
```

表示 ps 是一个字符串指针变量，并把字符串的首地址赋予 ps。

此语句还可以表示成：

```
char *ps;
ps="C Language";
```

【例 8-17】输出字符串中 n 个字符后的所有字符。（ex8_17.cpp）

```
#include <stdio.h>
void main()
{
    char *ps;
    ps="this is a book";
    int n=10;
    ps=ps+n;
    printf("%s\n",ps);
}
```

运行结果为：

```
book
```

在程序中对 ps 初始化时，即把字符串首地址赋予 ps，当 ps= ps+10 之后，ps 指向字符“b”，因此输出为“book”。

【例 8-18】在输入的字符串中查找有无“k”字符。（ex8_18.cpp）

```
#include <stdio.h>
void main()
{
    char st[20],*ps;
    int i;
    printf("input a string:\n");
    ps=st;
    scanf("%s",ps);
    for(i=0;ps[i]!='\0';i++)
        if(ps[i]=='k')
        {
            printf("there is a 'k' in the string\n");
            break;
        }
        if(ps[i]=='\0') printf("There is no 'k' in the string\n");
}
```

【例 8-19】在 printf 语句中用指针变量 PF 代替了格式串。（ex8_19.cpp）

将指针变量指向一个格式字符串，用在 printf 函数中，用于输出二维数组的各种地址表示的值。

```
#include <stdio.h>
void main()
{
    static int a[3][4]={0,1,2,3,4,5,6,7,8,9,10,11};
    char *PF;
    PF="%d,%d,%d,%d,%d\n";
    printf(PF,a,*a,a[0],*a[0],&a[0][0]);
    printf(PF,a+1,*(a+1),a[1],*a[1],&a[1][0]);
    printf(PF,a+2,*(a+2),a[2],*a[2],&a[2][0]);
}
```

8.4.3 字符串指针变量与字符数组的区别

用字符数组和字符指针变量都可实现字符串的存储和运算。但两者是有区别的。在使用时应注意以下几个问题：

（1）字符串指针变量本身是一个变量，用于存放字符串的首地址。而字符串本身是存放在以该首地址为首的一块连续的内存空间中并以“\0”作为串的结束标志。字符数组是由若干个数组元素组成的，它可用来存放整个字符串。

（2）对字符串指针方式

```
char *ps="C Language";
```

可以写为：

```
char *ps;
ps="C Language";
```

而对数组方式：

```
static char st[]={"C Language"};
```

不能写为：

```
char st[20];
st={"C Language"};
```

而只能对字符数组的各元素逐个赋值。

从以上几点可以看出字符串指针变量与字符数组在使用时的区别，同时也可看出使用指针变量更加方便。

8.4.4 用指针数组表示字符串组

指针数组也常用来表示一组字符串，这时指针数组的每个元素被赋予一个字符串的首地址。指向字符串的指针数组的初始化更为简单，例如采用指针数组来表示一组星期几的英文名字，其初始化赋值为：

```
char *week[]={"Illegal day",
              "Monday",
              "Tuesday",
              "Wednesday",
              "Thursday",
              "Friday",
              "Saturday",
              "Sunday"};
```

完成这个初始化赋值之后，week[0]即指向字符串 Illegal day，week[1]指向 Monday……其结构如图 8-25 所示。

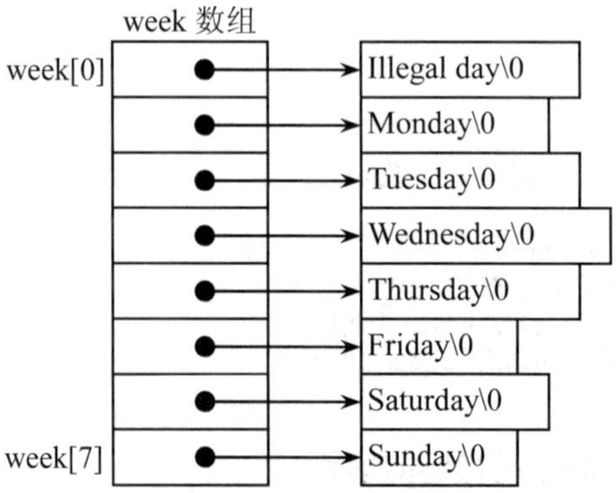

图 8-25 指针数组与字符串组

【例 8-20】从键盘输入 1～7，分别输出 Monday 到 Sunday 的英语单词。(ex8_20.cpp)

```
#include <stdio.h>
void main()
{
	static char *week[]={ "Illegal day","Monday","Tuesday","Wednesday", "Thursday","Friday",
"Saturday","Sunday"};
	char *p;
	int n;
	printf("input Day No:\n");
	scanf("%d",&n);
	if(n<=0||n>7)
		p=week[0];		// 此句可用 p=*week;代替
	else
		p=week[n];		// 此句可用 p=*(week+n);代替
	printf("Day No:%2d-->%s\n",n,p);
}
```

8.5　指针变量作为函数参数

函数的参数不仅可以是整型、实型、字符型等数据，还可以是指针类型。用指针作为函数的参数具有以下重要用途：

（1）实现一个函数可以得到多个返回值的情形。

（2）代替数组作为函数参数，提高程序运行速度。

8.5.1　形参是指针变量，实参是变量的地址

先运行例 8-21 中的程序。

【例 8-21】交换两个变量的值。(ex8_21.cpp)

```
#include <stdio.h>
void swap(int x,int y)
{
	int temp;
	temp=x;
	x=y;
	y=temp;
}
void main()
{
	int a=3,b=4;
	swap(a,b);
	printf("a=%d,b=%d\n",a,b);
}
```

本题的意图是希望通过程序的运行交换 a 与 b 两个变量的值，但事与愿违，程序运行的结果仍然是“a=3,b=4”。

分析如下：C 语言函数调用使用动态内存分配法，即当程序调用一个函数时才给函数分配存储空间，包括其中所定义的各种变量与形参，当函数调用结束后，函数所分配的空间全部被释放。如图 8-26 所示，在 main()中为 a 与 b 分配了存储单元，而在 swap()中为 x、y 和 temp 分配了存储单元，它们的存储单元互不相关，变量之间的赋值仅在各自的存储空间中进行，因此 swap()运行结束释放后肯定不能改变 main()中 a 与 b 的值。

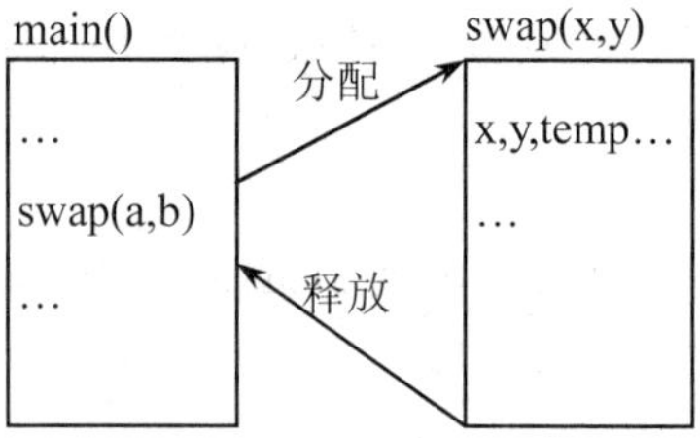

图 8-26 程序运行空间分配

【例 8-22】借助指针运算，通过函数调用实现两个变量值交换的功能。（ex8_22.cpp）

```
#include <stdio.h>
void swap(int *x,int *y)
{
    int temp;
    temp=*x; *x=*y; *y=temp;
}
void main()
{
    int a=3,b=4;
    swap(&a,&b);
    printf("a=%d,b=%d\n",a,b);
}
```

运行结果为：a=4,b=3

运行结果分析：运用函数调用与指针访问的基本规则进行分析，其分析过程如图 8-27 所示。

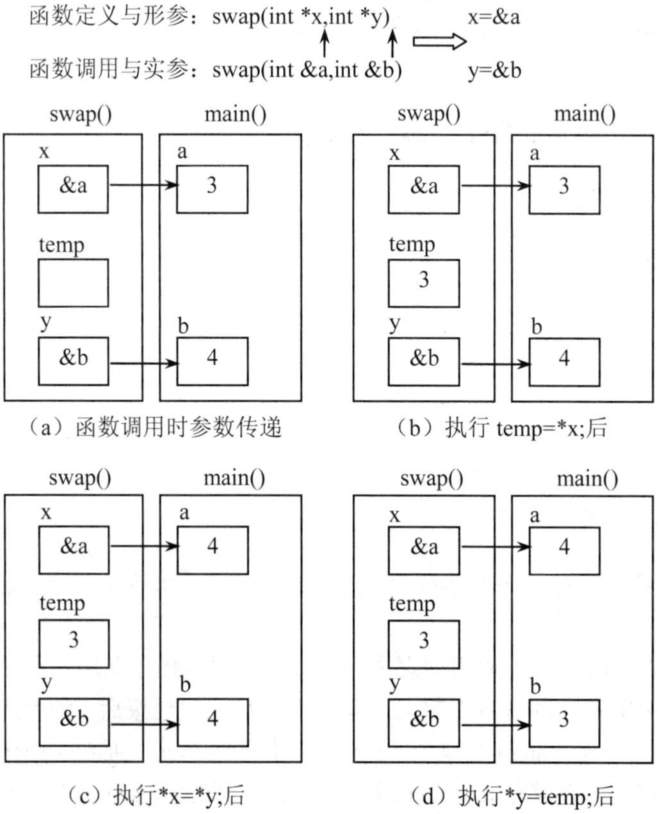

图 8-27 参数传递与变量存储分配图

当 main()调用 swap(&a,&b)时，给 swap()分配空间，其变量存储分配与值的情况如图（a）所示，仿效执行 temp=*x;*x=*y;*y=temp;后得到图（b）（c）（d），最后释放函数 swap()所分配的空间，此时 main()中 a 和 b 的值分别变为 4 和 3，达到了改变两个变量的值的目的。

问题 1：在函数说明为 swap(int *x,int *y)的情形下，函数调用语句能否为 swap(a,b);?

C 语言中参数传递的实质是一种赋值关系，即将对应的实参赋给对应的形参变量，这种赋值关系必须满足一般变量赋值的要求，上述情况显然不正确。

问题 2：如果将 swap 函数写成如下形式，分析其中产生问题的原因。

```
swap(int *x,int *y)
{
        int *temp;
        *temp=*x;          //此语句有问题
        *x=*y;
        *y=*temp;
}
```

函数 swap()中定义了指针变量 temp，但是该指针变量在没有赋初值的情况下（称为游离指针），执行*temp=*x;语句可能会造成系统的崩溃。

问题 3：用 scanf()输入变量值时为什么要使用“&变量名”的形式？

前面介绍 scanf()函数时反复强调，接受输入值的变量前必须加“&”，那就是为了取得变量地址并把这个地址传入函数，然后通过键盘输入达到改变对应变量名的值的目标。此方法正如 swap()函数一样，通过间接访问方式来改变主调函数中相应变量的值。

结论：用形参是指针变量，实参是变量的地址的传递方法，可以通过函数内的间接访问达到改变主调函数中相应变量的值。形象地讲，实现了函数有多个返回值的目标。

通常情况下一个函数只能使用 return 返回一个值，称为函数的返回值，但是在实际应用中经常需要用到通过函数得到多个不同的返回结果，那么建议使用该方法。

【例 8-23】写一个函数，求出三个数的最大数与最小数。(ex8_23.cpp)

设三个输入数为 a、b、c，用 max 和 min 来保存最大数与最小数，则函数定义如下：

```
void minmax(int a,int b,int c,int *min,int *max)
{ int min1,max1;
   if(a>b) max1=a;else max1=b;
   if(max1<c) max1=c;
   if(a<b) min1=a;else min1=b;
   if(min1>c) min1=c;
   *min=min1;
   *max=max1;
}
```

上面的函数可以改写成：

```
#include <stdio.h>
void minmax(int a,int b,int c,int *min,int *max)
{
        *max=a>b? a:b;
        *max=*max>c? *max:c;
        *min=a<b?a:b;
        *min=*min<c? *min:c;
}
void main()
{
```

```
        int x,y,z;
        int max3,min3;
        scanf("%d%d%d",&x,&y,&z);
        minmax(x,y,z,&min3,&max3);
        printf("the max number is %d\n",max3);
        printf("the min number is %d\n",min3);
    }
```

注意上面函数中对*min 和*max 的赋值是必须的。

【例 8-24】输入 a、b、c 三个整数，按大小顺序输出。（ex8_24.cpp）

```
    #include <stdio.h>
    void swap(int *pt1,int *pt2)
    {
        int temp;
        temp=*pt1;
        *pt1=*pt2;
        *pt2=temp;
    }
    void exchange(int *q1,int *q2,int *q3)
    {
        if(*q1<*q2)swap(q1,q2);
        if(*q1<*q3)swap(q1,q3);
        if(*q2<*q3)swap(q2,q3);
    }
    void main()
    {

        int a,b,c,*p1,*p2,*p3;
        scanf("%d,%d,%d",&a,&b,&c);
        p1=&a;p2=&b; p3=&c;
        exchange(p1,p2,p3);
        printf("\n%d,%d,%d \n",a,b,c);
    }
```

8.5.2 形参是指针变量，实参是指针变量

先运行例 8-25 中的程序。

【例 8-25】形参是指针变量，实参是指针变量示例。（ex8_25.cpp）

```
    #include <stdio.h>
    void swap(int *x,int *y)
    {
        int *temp;
        temp=x;x=y; y=temp;                    //（3）
    }
    void main()
    {
        int a=3,b=4;
        int *t,*s;
        t=&a,s=&b;                             //（1）
        swap(t,s);                             //（2）
        printf("a=%d,b=%d\n",a,b);             //（4）
        printf("*t=%d,*s=%d\n",*t,*s);
    }
```

程序运行结果为：

```
a=3,b=4
*t=3,*s=4
```

其分析过程如图 8-28 所示。

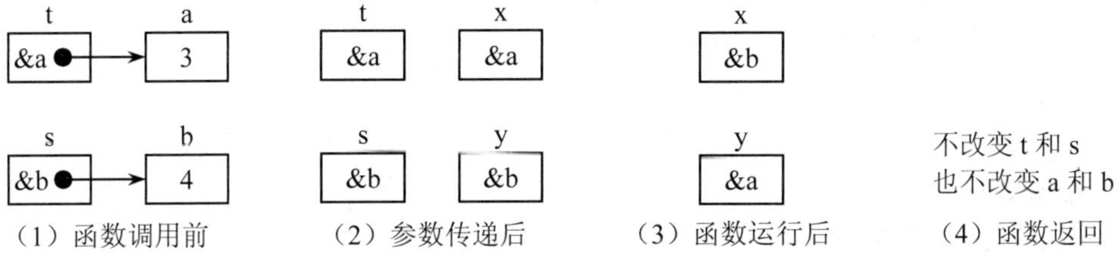

图 8-28　例 8-25 程序运行分析

在上面的函数中，如果想通过函数实现两个指针值的交换，则实参应为 swap(&t,&s)，所以对应的形参为：int **x;int **y;。按这种方式书写的程序如例 8-26 所示。

【例 8-26】交换两个指针变量。（ex8_26.cpp）

```
#include <stdio.h>
void swap(int **x,int **y)
{     int *temp;
    temp=*x;*x=*y; *y=temp;                    (3)
 }
void main()
{ int a=3,b=4;
   int *t,*s;
   t=&a,s=&b;                                  (1)
   swap(&t,&s);                                (2)
   printf(“a=%d,b=%d\n”,a,b);                  (4)
   printf(“*t=%d,*s=%d\n”,*t,*s);
}
```

程序运行结果为：

```
a=3,b=4
*t=4,*s=3
```

其分析过程如图 8-29 所示。

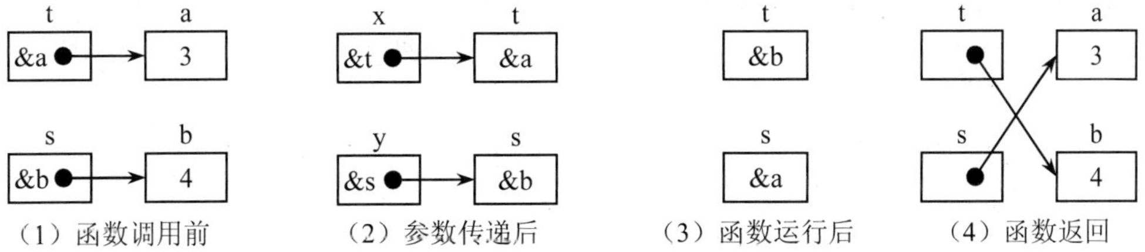

图 8-29　例 8-26 程序运行分析

【例 8-27】交换 a 与 b 的值。（ex8_27.cpp）

```
#include <stdio.h>
void swap(int *x,int *y)
{      int temp;
     temp=*x;*x=*y; *y=temp;              (3)
 }
```

```
void main()
{ int a=3,b=4;
  int *t,*s;
  t=&a,s=&b;                    （1）
  swap(t,s);                    （2）
  printf("a=%d,b=%d\n",a,b);    （4）
  printf("*t=%d,*s=%d\n",*t,*s);
}
```

程序运行结果为：

```
a=4,b=3
*t=4,*s=3
```

其分析过程如图8-30所示。

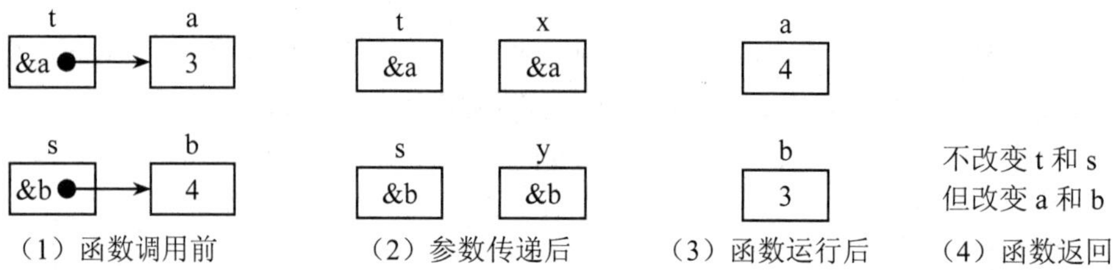

图8-30　例8-27程序运行分析

8.5.3　数组或指针变量作为函数的参数

如果主调函数中有一个数组，现希望通过函数调用来改变此数组元素的值，那么主调函数与被调函数中的实参与形参的书写方法有以下4种。

（1）形参和实参都是数组名：

```
void main()                     f(int x[],int n)
{int a[10];                     {
  …                               …
 f(a,10);                       }
  …
}
```

a和x指的是同一组数组。

（2）实参用数组，形参用指针变量：

```
void main()                     f(int *x,int n)
{  int a[10];                   {
     …                            …
   f(a,10);                     }
   …
}
```

（3）实参、形参都用指针变量：

```
void main()                     f(int *x,int n)
{  int a[10],*p=a;              {
   …                              …
   f(p,10);                     }
   …
}
```

（4）实参为指针变量，形参为数组名：

```
void main()
{   int a[10],*p=a;
    …
    f(p,10);
    …
}
```

```
f(int x[],int n)
{
    …
}
```

实质上，上面 4 种应用方式是等价的，只要运用得当，可以选用任意一种方法，它们均对数组部分采用引用传递方式，数组与所对应的指针变量共用同一地址空间，因此均能够通过函数对数组元素的赋值达到改变其对应的实参数组中的元素值，下面以 4 个不同的例子分别进行说明。

【例 8-28】求数组的平均值（使用方案 1）。(ex8_28.cpp)

```
#include <stdio.h>
float aver(float pa[],int n);
void main()
{
        float sco[5],av;
        int i;
        printf("\ninput 5 scores:\n");
        for(i=0;i<5;i++) scanf("%f",&sco[i]);
        av=aver(sco,5);
        printf("average score is %5.2f",av);
}
float aver(float pa[],int n)
{
        int i;
        float av,s=0;
        for(i=0;i<5;i++) s=s+pa[i];
        av=s/5;
        return av;
}
```

【例 8-29】将数组 a 中的 n 个整数按相反顺序存放（使用方案 2）。(ex8_29.cpp)

算法为：将 a[0]与 a[n-1]对换，再将 a[1]与 a[n-2]对换……直到将 a[(n-1/2)]与 a[n-int((n-1)/2)]对换。今用循环处理此问题，设两个位置指针变量 p 和 q，p 指向数组的第一个元素，q 的指向最后一个元素。将*p 与*q 交换，然后使 p 的值加 1，q 的值减 1，直到 p、q 相遇为止，如图 8-31 所示。

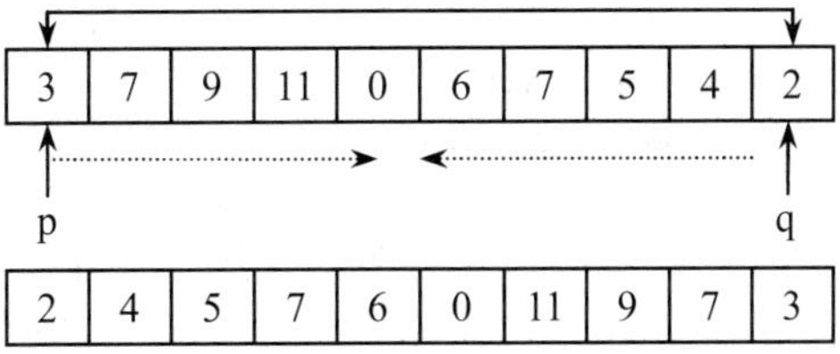

图 8-31　数据交换过程

程序如下：

```
#include <stdio.h>
void inv(int *x,int n)     //形参 x 为指针变量
{
```

```
    int *p,*q,temp;
    p=x;q=x+n-1;
    for(;p<=q;p++,q--)
    {
        temp=*p;*p=*q;*q=temp;
    }
    return;
}
void main()
{
    int i,a[10]={3,7,9,11,0,6,7,5,4,2};
    printf("The original array:\n");
    for(i=0;i<10;i++)
        printf("%d,",a[i]);
    printf("\n");
    inv(a,10);
    printf("The array has benn inverted:\n");
    for(i=0;i<10;i++)
        printf("%d,",a[i]);
    printf("\n");
}
```

【例 8-30】从 n 个数中找出其中的最大值和最小值（使用方案 3）。（ex8_30.cpp）

由于调用一个函数只能得到一个返回值，所以现用指针来返回最大值和最小值。程序如下：

```
#include <stdio.h>
void max_min_value(int *array,int n,int *min,int *max)
{
    int *p,*array_end;
    array_end=array+n;
    *max=*min=*array;
    for(p=array+1;p<array_end;p++)
    {if(*p>*max) *max=*p;
    if(*p<*min) *min=*p;}
}
void main()
{
    int i,number[10],*arr,min,max;
    arr=number;
    printf("enter 10 integer umbers:\n");
    for(i=0;i<10;i++)
        scanf("%d",arr+i);
    max_min_value(arr,10,&min,&max);
    printf("\nmax=%d,min=%d\n",max,min);
}
```

【例 8-31】用选择法对 10 个整数按降序排列（使用方案 4）。（ex8_31.cpp）

```
#include <stdio.h>
void main()
{
    int *p,i,a[10]={3,7,9,11,0,6,7,5,4,2};
    void sort(int x[],int n);
    printf("The original array:\n");
    for(i=0;i<10;i++)
```

```
            printf("%d,",a[i]);
        printf("\n");
        p=a;
        sort(p,10);
        printf("The array after sorted:\n");
        for(p=a,i=0;i<10;i++)
        {printf("%d    ",*p);p++;}
        printf("\n");
}
void sort(int x[],int n)
{
        int i,j,k,t;
        for(i=0;i<n-1;i++)
        {k=i;
       for(j=i+1;j<n;j++)
            if(x[j]>x[k])k=j;
            if(k!=i)
            {t=x[i];x[i]=x[k];x[k]=t;}
        }
}
```

【例 8-32】要求把一个字符串的内容复制到另一个字符串中，并且不能使用 strcpy 函数（使用方案 3）。（ex8_32.cpp）

函数 cpystr 的形参为两个字符指针变量。pss 指向源字符串，pds 指向目标字符串。注意表达式(*pds=*pss)!='\0'的用法。

```
#include <stdio.h>
void cpystr(char *pss,char *pds)
{
        while((*pds=*pss)!='\0')
        {
            pds++;
            pss++;
        }
}
void main()
{
        char *pa="CHINA",b[10],*pb;
        pb=b;
        cpystr(pa,pb);
        printf("string a=%s\nstring b=%s\n",pa,pb);
}
```

本例中，cpystr()中的 while 循环完成了两项工作：一是把 pss 指向的源字符串复制到 pds 所指向的目标字符串中（含字符串结束符“\0”），二是判断所复制的字符是否为“\0”，若是则表明源字符串结束，不再循环。在主函数中，以指针变量 pa 和 pb 为实参，分别取得确定值后调用 cpystr()。由于采用的指针变量 pa 和 pss 及 pb 和 pds 均指向同一字符串，因此在主函数和 cpystr()中均可使用这些字符串。

也可以把 cpystr 函数简化为以下形式：

```
void cpystr(char *pss,char *pds)
   {while ((*pds++=*pss++)!='\0');}
```

即把指针的移动和赋值合并在一个语句中。进一步分析还可发现“\0”的 ASCII 码为 0，对于 while 语句只看表达式的值，为非 0 就循环，为 0 则结束循环，因此也可省去“!='\0'”这一判断部分，而写为以下形式：

```
void cpystr (char *pss,char *pds)
{while (*pdss++=*pss++);}
```

表达式的意义可解释为：源字符向目标字符赋值，移动指针，若所赋值为非 0 则循环，否则结束循环，这样使程序更加简洁。

简化后的程序如下所示：

```
void cpystr(char *pss,char *pds)
{
    while(*pds++=*pss++);
}
void main()
{
  char *pa="CHINA",b[10],*pb;
  pb=b;
  cpystr(pa,pb);
  printf("string a=%s\nstring b=%s\n",pa,pb);
}
```

尽管在用数组与指针作为函数的形参或实参上具有等价性，但是一般情况，对数值型数据进行运算时通常采用方案 2（即形参用指针，实参用数组），而对于字符串运算，通常采用方案 3（即形参和实参均用指针）。

8.5.4 指针数组作为函数的参数

指针数组作指针型函数的参数通常用于对一组字符串的运算。

【例 8-33】输入 5 个国家的名字并按字母顺序排列后输出。（ex8_33.cpp）

```
#include <string.h>
void main()
{
  void sort(char *name[],int n);
  void print(char *name[],int n);
  static char *name[]={"CHINA","AMERICA","AUSTRALIA","FRANCE","GERMAN"};
  int n=5;
  sort(name,n);
  print(name,n);
}
void sort(char *name[],int n){
  char *pt;
  int i,j,k;
  for(i=0;i<n-1;i++){
      k=i;
      for(j=i+1;j<n;j++)
          if(strcmp(name[k],name[j])>0) k=j;
      if(k!=i){
          pt=name[i];
          name[i]=name[k];
          name[k]=pt;
      }
  }
}
```

```
void print(char *name[],int n){
    int i;
    for (i=0;i<n;i++) printf("%s\n",name[i]);
}
```

本程序定义了两个函数：sort()完成排序，其形参为 name，表示待排序的各字符串数组的指针，形参 n 表示字符串的个数；print()用于符串的输出，其形参与 sort()的形参相同。

主函数 main()中，定义了指针数组 name 并作了初始化赋值，然后分别调用 sort()函数和 print()函数完成排序和输出。

值得说明的是：在 sort()函数中，对两个字符串进行比较，采用了 strcmp()函数，strcmp 函数允许参与比较的字符串以指针方式出现，name[k]和 name[j]均为指向字符串的指针。字符串比较后需要交换时，只交换指针数组元素的值，而不交换具体的字符串，这样将大大减少时间的开销，提高了运行效率。

8.6 指向函数的指针变量与指针型函数

指向函数的指针变量与指针型函数是两个不同的概念。指向函数的指针变量是指一个变量指向一个函数，而返回值为指针（地址值）的函数为指针型函数。

8.6.1 指向函数的指针变量

在 C 语言中，一个函数总是占用一段连续的内存区，函数名就是该函数所占内存区的首地址。将函数的首地址（或称入口地址）赋给一个指针变量，使该指针变量指向这个函数，然后通过指针变量去调用这个函数，通常把这个指针变量称为指向函数的指针变量。

指向函数的指针变量定义的一般形式为：

类型说明符 (*指针变量名)(参数表);

其中类型说明符表示所指向的函数的返回值的类型；指针变量名表示指向函数的指针变量；参数表必须与其所指向的函数的参数表一致。

例如：

```
int (*pf)(int);
```

表示 pf 是一个指向函数的指针变量，该函数的返回值是整型，且带有一个 int 型形参。

用指向函数的指针变量调用函数的一般形式为：

(*指针变量名) (实参表)

【例 8-34】用指针形式实现对函数调用的方法。（ex8_34.cpp）

```
#include <stdio.h>
int max(int a,int b)
{
        return a>b?a:b;
}
int min(int a,int b)
{
        return a<b?a:b;
}
void main()
{
        int(*p)(int,int);    //定义函数指针变量 p
```

```
        int x,y,z;
        printf("input two numbers:\n");
        scanf("%d%d",&x,&y);
        p=max;          //把被调函数 max 的入口地址（函数名）赋予该函数指针变量
        z=(*p)(x,y);    //用指向函数的指针变量调用函数 max
        printf("maximum=%d",z);
        p=min;          //把被调函数 min 的入口地址（函数名）赋予该函数指针变量
        z=(*p)(x,y);    //用指向函数的指针变量调用函数 min
        printf("minimum=%d",z);
    }
```

使用指向函数的指针变量应注意以下几点：

（1）指向函数的指针变量不能进行算术运算与关系运算。

（2）函数调用中“(*指针变量名)”的两边的括号不可少，其中的“*”不应该理解为求值运算，在此处它只是一种表示符号。

（3）指向函数的指针变量同样可以作为函数的形参。

【例 8-35】函数指针变量作为函数的形参示例。（ex8_35.cpp）

```
#include <stdio.h>
int max(int a,int b)
{
        return a>b?a:b;
}
int min(int a,int b)
{
    return a<b?a:b;
}
void value(int k,int x,int y,int (*p)(int ,int ))
{
    if (k==1)
        printf("minvalue=");
    else
        printf("maxvalue=");
    printf("%d\n",(*p)(x,y));          //调用指定的函数 p
}
void main()
{
    int(*p)(int,int);                  //定义函数指针变量 p
    int x,y;
    printf("input two numbers:\n");
    scanf("%d%d",&x,&y);
    p=min;
    value(1,x,y,p);                    //1 表示输出最小值
    value(0,x,y,max);                  //0 表示输出最大值
}
```

8.6.2 指针型函数

函数类型是指函数返回值的类型，在 C 语言中允许一个函数的返回值是一个指针，把返回指针值的函数称为指针型函数。

定义指针型函数的一般形式为：

```
类型说明符  *函数名(形参表)
{
  …              //函数体
}
```

其中函数名之前加了“*”号表明这是一个指针型函数，即返回值是一个指针。类型说明符表示了返回的指针值所指向的数据类型。

如：

```
int *ap(int x,int y)
{
  ...          //函数体
}
```

表示 ap 是一个返回为指向整型变量指针的函数。

【例 8-36】定义指针型函数，输入一个 1～7 之间的整数，输出对应的星期名。（ex8_36.cpp）

```
#include <stdio.h>
#include "stdlib.h"
void main()
{
      static char *name[]={ "Illegal day","Monday","Tuesday","Wednesday",
            "Thursday","Friday", "Saturday","Sunday"};
      int i;
      char *day_name(char *name[],int n);
      printf("input Day No:\n");
      scanf("%d",&i);
      if(i<0) exit(1);
      //exit 是一个库函数，exit(1)表示发生错误后退出，exit(0)表示正常退出
      printf("Day No:%2d-->%s\n",i,day_name(name,i));
}
char *day_name(char *name[],int n)
{
      return((n<1||n>7) ? name[0] : name[n]);
}
```

本例定义了一个指针型函数 day_name，它返回一个字符串的指针。name 数组初始化赋值为 8 个字符串，分别表示各个星期名及出错提示。day_name 函数中的 return 语句包含一个条件表达式，n 值若大于 7 或小于 1 则返回 name[0]，否则返回 name[n]。

应注意指向函数的指针变量和指针型函数这两者定义上的区别，上介绍过的 int (*p1)()和 int *p2()它们的意义完全不同。

分析：由于()满足左结合律，因此 int (*p1)()定义的是 1 个指针变量 p1，p1 指向一个函数，该函数的返回值是整型量。而在 int *p2()的说明中，由于()的优先级高于*，则它定义的 p2 是一个函数，其返回值是一个指向整型量的指针。

8.7　二重指针与带参数的 main 函数

8.7.1　二重指针与指针数组的关系

如果一个指针变量存放的又是另一个指针变量的地址，则称这个指针变量为指向指针的指针变量，又称为二重指针。同理指向一个二重指针的指针变量称为三重指针，这说明指针的

概念是可以推广的，关于多重指针在前面已经介绍。

下面重点讨论二重指针与指针数组的关系。

设有 char *color[]={"blue","red","white","black","green","yellow"};

上面的定义中，由于[]优先级高于*，所以它首先是定义一个数组 color[]，然后是 color[]的每一个元素均指向一个字符的指针（又称指向一个字符串）。其存储结构如图 8-32 所示。

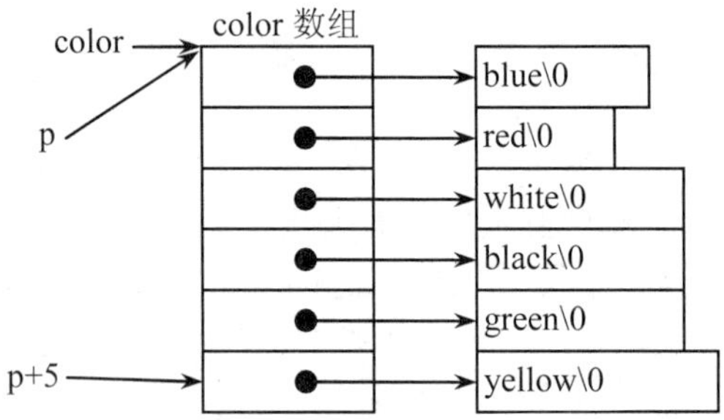

图 8-32 指针数组与字符串组

按照指针与一维数组元素的关系，还可以定义一个指针变量 p 使得 p=color，即 p 指向数组的首地址（第 0 个元素），由于 color[0]的数据类型是 char *，即指针类型，所以 p 应该定义为指向字符指针的指针，也就是定义一个二维指针 p 指向数组的首地址，即

```
char **p;
```

上面的定义中，p 前面有两个“*”号，相当于 char *(*p)；它表示 p 一个指针变量，它指向 char *定义的字符串。

如果有：

```
p=color+5;
printf("%o\n",p);
printf("%s\n",*p);
```

则第一个printf函数语句输出p的值(它是一个地址)，第二个printf函数语句以字符串形式(%s)输出字符串“yellow”。

【例 8-37】使用指向指针的指针。(ex8_37.cpp)

```
#include <stdio.h>
void main()
{
    char *name[]={"Apple","Banner","Pen","Pencil","Computer"};
    char **p;
    int i;
    for(i=0;i<5;i++)
    {
        p=name+i;
        printf("%s\n",*p);

    }
}
```

【例 8-38】通过指针数组来访问数组元素。(ex8_38.cpp)

```
#include <stdio.h>
void main()
{
```

```
    int a[5]={1,3,5,7,9};
    int *num[5]={&a[0],&a[1],&a[2],&a[3],&a[4]};
    int **p,i;
    p=num;
    for(i=0;i<5;i++)
    {
        printf("%o    %d\n",*p,**p);
        p++;
    }
}
```

每行输出项包含两方面内容：以八进制输出的数组元素 a[i]的地址和 a[i]的值。

8.7.2　main 函数的参数

前面介绍的 main 函数都是不带参数的。因此 main 后的括号都是空括号。实际上，main 函数可以带参数，这个参数可以认为是 main 函数的形式参数。

由于 main 函数不能被其他函数调用，因此不可能在程序内部取得实际值。那么，在何处把实参值赋予 main 函数的形参呢? 实际上，main 函数的参数值是从操作系统命令行上获得的。当要运行一个可执行文件时，在 DOS 提示符下键入文件名，再输入实际参数即可把这些实参传送到 main 的形参中去（Windows XP 下通过“开始”菜单，运行 cmd 后得到 DOS 命令窗口）。

如 DOS 提示符下命令行的一般形式为：

```
C:\>可执行文件名　参数 1　参数 2 ……
```

C 语言规定 main 函数的参数只能有两个，一个代表命令行中字符串的个数，通常用 int argc 表示，另一个表示以空格分隔的每一个具体的字符串的内容，通常用 char *argv[]表示。因此，main 函数的函数头可写为：

```
void main (int argc,char *argv[])
```

main 的两个形参和命令行中的参数在位置上不是一一对应的。因为 main 的形参只有两个，而命令行中的参数个数原则上未加限制。argc 参数表示了命令行中字符串的个数（含文件名本身），argc 的值是在输入命令行时由系统按实际字符串的个数自动赋予的。

【例 8-39】输出命令行各参数。（ex8_39.cpp）

```
#include <stdio.h>
void main(int argc,char *argv[])
{
    while(argc-->0)
    printf("%s\n",*argv++);
}
```

如果上例的可执行文件名为 ex8_39.exe，并且存放在 C 盘根目录下。则输入命令行：

```
C:\>ex8_39 BASIC foxpro FORTRAN
```

运行结果为：

```
ex8_39
BASIC
foxpro
FORTRAN
```

分析：该命令行共有 4 个参数，执行 main 时，argc 的初值即为 4，argv 的 4 个元素分别为 4 个字符串的首地址。如图 8-33 所示。

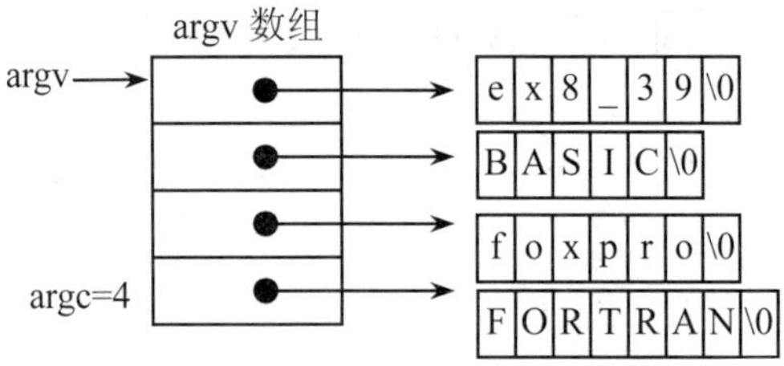

图 8-33 命令行与 main()参数存储

执行 while 语句，每循环一次 argv 值减 1，当 argv 等于 0 时停止循环，共循环 4 次，在 printf 函数中，由于打印项“*argv++”是先输出 argv 所指的字符串，然后移动到下一个字符串。

在 VC 6.0 中，可以通过 Project→Settings...→debug→Program argument 设置命令行参数。与 DOS 中所不同的是，第一个参数即 argv[0]不用输入，它代表的文件名本身，但 argc 仍包含这个字符串。

【例 8-40】通过接收命令行参数进行+、-、*、/算术运算。(ex8_40.cpp)

命令行为：

C:\>calculate 283 + 451 （1）

此处 calculate 为可执行文件名，283、+、451 是这个文件运行时的 3 个参数（+与其前后两个数之间必须有空格），要求计算 283+451 的值。对命令行（1）其参数结构表示如图 8-34 所示。

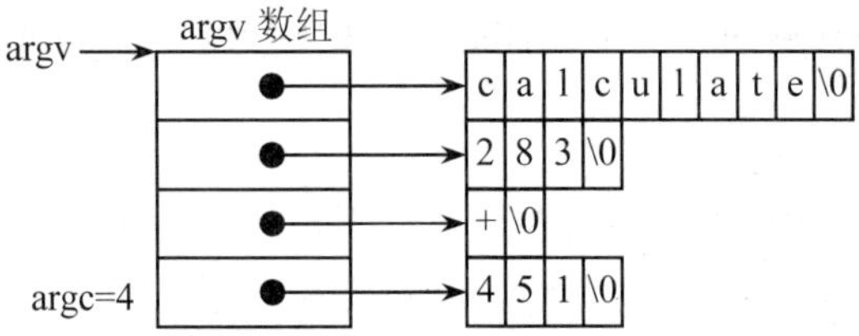

图 8-34 命令行与 main()参数存储

```
#include <stdio.h>
#include <stdlib.h>
// 函数 int changestrtoint(char *str)实现将一个数字字符串转换成整型数据
int changestrtoint(char *str)
{
      int s=0;
      while(*str!=0)
      {
            s=s*10+*str-'0';
            str++;
      }
      return s;
}
void main(int argc,char *argv[])
{
      int opnd1,opnd2;        //opnd1 和 opnd2 分别表示第 1 操作数和第 2 操作数
      float result;           //result 存放结果
      char op;                //op 表示运算符
```

```
    if (argc!=4)
    {
        printf("运行格式为：filename operand1 operator operand2\n");
        exit(1);
    }
    opnd1=changestrtoint(argv[1]);
    opnd2=changestrtoint(argv[3]);
    op=*argv[2];
    switch(op)
    {
        case '+':result=(float)(opnd1+opnd2);break;
        case '-':result=(float)(opnd1-opnd2);break;
        case '*':result=(float)(opnd1*opnd2);break;
        case '/':result=(float)(opnd1/opnd2);break;
        default: result=0.0;
    }
    printf("result=%f\n",result);
}
```

8.8　结构指针变量的说明和使用

8.8.1　指向结构变量的指针

1. 指向结构变量的指针

一个指针变量当用来指向一个结构变量时，称之为结构指针变量。结构指针变量中的值是所指向的结构变量的首地址。通过结构指针即可访问该结构变量，这与指向数组元素的指针和指向函数的指针的情况是相同的。

结构指针变量说明的一般形式为：

```
struct 结构名 *变量名;
```

如 struct student *pstu;表示定义指针变量 pstu 指向 struct student 结构类型的变量，要求先对 struct student 进行定义。当然也可在定义 student 结构时同时说明指针变量 pstu。与前面讨论的各类指针变量相同，结构指针变量也必须要先赋值后才能使用。

如有如下结构体定义和变量定义：

```
struct student
 {
        int studentno;
        char *name;
        char sex;
 }                                //定义 student 结构体
struct student stu,*pstu;         //定义结构体变量 stu 和结构指针变量 pstu
```

则可进行如下赋值：

```
pstu=&stu;
```

注意：赋值是把结构变量的首地址赋予该指针变量，不能把结构名赋予该指针变量。如 pstu=&student;是错误的。

2. 利用结构指针变量访问结构变量的各个成员

利用结构指针变量访问结构变量的方式有两种：

（1）利用“.成员名”的访问方式

(*结构指针变量).成员名

（2）利用“->成员名”的访问方式

结构指针变量->成员名

对前面定义的结构指针变量 pstu，访问其 studentno 成员的方法：

```
(*pstu).studentno            //(*pstu)两侧的括号不可少，因为“.”的优先级高于“*”
```

或者

```
pstu-> studentno             //通常情况下大家更愿意使用的访问方式
```

【例 8-41】用结构指针变量访问结构成员。（ex8_41.cpp）

```
#include <stdio.h>
struct student
{
        int studentno;
        char *name;
        char sex;
} stu={98102,"Zhao bing",'M'},*pstu;
void main()
{
     pstu=&stu;
     printf("No=%d Name=%s Sex=%c\n",stu.studentno,stu.name,stu.sex);
     printf("No=%d Name=%s Sex=%c\n",(*pstu).studentno,(*pstu).name,(*pstu).sex);
     printf("No=%d Name=%s Sex=%c\n",pstu->studentno,pstu->name,pstu->sex);
}
```

从运行结果可以看出，“结构变量.成员名”、“(*结构指针变量).成员名”、“结构指针变量->成员名”这三种用于表示结构成员的形式是完全等效的。

8.8.2 指向结构数组元素的指针

结构指针变量也可指向结构数组的一个元素，这时结构指针变量的值是该结构数组元素的地址，其定义和使用方法与 8.3.1 节中指向数组元素的指针变量一致。

【例 8-42】用指向结构数组元素的指针变量输出结构数组的内容。（ex8_42.cpp）

```
#include <stdio.h>
struct student
{
     int num;
     char *name;
     char sex;
     float score;
}stu[5]={
       {101,"Zhou ping",'M',45},
       {102,"Zhang ping",'M',62.5},
       {103,"Liou fang",'F',92.5},
       {104,"Cheng ling",'F',87},
       {105,"Wang ming",'M',58}};          //结构体数组 stu 的定义与赋值
```

```
void main()
{
      struct student *ps;
      printf("No\tName\t\t\tSex\tScore\t\n");
      for(ps=stu;ps<stu+5;ps++)         //ps 指向结构体数组元素，ps++指向下一个元素
            printf("%d\t%s\t\t%c\t%f\t\n",ps->num,ps->name,ps->sex,ps->score);
}
```

注意：一个结构指针变量虽然可以用来访问结构变量或结构数组元素的成员，但是不能使它指向一个成员，也就是说不允许取一个成员的地址来赋予它。因此，下面的赋值是错误的：

```
ps=&stu[1].sex;
```

而只能是

```
ps=stu;          //赋予数组首地址
```

或者是

```
ps=&stu[0];      //赋予 0 号元素首地址
```

【例 8-43】已知若干个学生的成绩，编程从中查找某学生成绩。（ex8_43.cpp）

```
#include <stdio.h>
#include <string.h>
struct student
{
      char *name;
      double score[3];
};

struct student *find(struct student s[])            //返回值为指向结构变量的指针
{
      char name1[20];
      printf("Input student's name:");
      scanf("%s",name1);
      for(int i=0;i<5;i++)
      {
            if (strcmp(name1,s[i].name)==0)
                  return s+i;                       //姓名相同表示找到，返回学生地址
      }
      return NULL;
}

void main()
{
      struct student stu[5]={
      {"Ma",89.0,78.5,85.0},
      {"Li",90.5,82.0,84.5},
      {"Wang",89.5,95.0,75.0},
      {"Fan",78.0,85.5,88.0},
      {"Huang",90.0,96.5,89.0}};
      struct student *s1;                           //定义指针变量
      s1=find(stu);
      if(s1==NULL)
            printf("error\n");
      else
            printf("name=%s,s1=%f,s2=%f,s3=%f\n",s1->name,s1->score[0],s1->score[1],s1->score[2]);
}
```

8.8.3 结构指针变量作函数参数

C 语言中允许用结构变量作函数参数进行整体传送，但是这种传送要将全部成员逐个传送，特别是成员为数组时将会使传送的时间和空间开销很大，严重地降低了程序的效率。因此最好的办法就是使用指针，即用指针变量作函数参数进行传送。这时由实参传向形参的只是地址，从而减少了时间和空间的开销。

【例 8-44】调用 qsort 函数，将一个 Student 结构数组先按照成绩绩点从小到大排序输出，再按照姓名字典顺序排序输出。用结构指针变量作函数参数编程。（ex8_44.cpp）

```
#include <stdio.h>
#include <string.h>
#include <stdlib.h>
#define NUM 4
struct Student {
        unsigned ID;                    //学号
        char szName[20];                //姓名
        float fGPA;                     //成绩绩点
} ;
Student MyClass[NUM] = {
        { 1234,"Tom", 3.78},
        { 1238,"Jack",3.25},
        { 1232,"Mary",4.00},
        { 1237,"Jone",2.78}
};
int CompareID( const void * elem1, const void * elem2)
{
        Student * ps1 = (Student *) elem1;
        Student * ps2 = (Student *) elem2;
        return (ps1->fGPA > ps2->fGPA)?1:-1;              //浮点数据比较方式
}
int CompareName( const void * elem1, const void * elem2)
{
        Student * ps1 = (Student *) elem1;
        Student * ps2 = (Student *) elem2;
        return strcmp( ps1->szName, ps2->szName);         //字符串比较方式
}
int main()
{
        int i;
        struct Student *p;
        p=MyClass;
        qsort(p, NUM, sizeof(Student), CompareID);        //结构指针变量做实数
        printf("sort according score_point:\n");
        for( i=0;i<NUM;i++)
                printf("%s    %f\n",(p+i)->szName,(p+i)->fGPA);
        printf("\n");
        qsort(p, NUM, sizeof(Student), CompareName);
        printf("sort according name:\n");
        for( i=0;i < NUM;i ++)
```

```
        printf("%s ", (p+i)->szName);
    return 0;
}
```

qsort 包含在头文件 stdlib.h 中，此函数根据用户给定的比较条件进行快速排序，通过指针移动实现排序，排序之后的结果仍然放在原数组中。使用 qsort 函数时必须自己写一个比较函数。

函数原型：

```
void qsort ( void * base, size_t num, size_t size, int (*comparator ) ( const void *, const void * ) );
```

说明如下：

base：待排序的数组起始地址；

num：数组元素个数；

size：每一个元素的大小；

comparator：比较函数，是 qsort 函数对数组进行排序的依据，它根据两个比较对象返回一个正数、0 或负数。

由于本程序全部采用指针变量作运算和处理，故速度更快，程序效率更高。

8.9　动态存储分配与链表

8.9.1　动态存储分配

在前面定义的各种类型中，它们所占的内存空间大小均是预先定义好的，在整个程序中固定不变，如基本类型、数组类型和结构体类型等。但在实际应用中，可能会遇到空间大小不确定的数据处理。

例如有 n 个整型数据（n 从键盘输入），现想对它进行排序处理，希望定义一个长度可变的数组（又称动态数组）。因而想做如下定义：

```
int n;
scanf("%d",&n);
int a[n];                //（1）
```

但是在 C 语言中却不支持这种长度可变的数组，上述（1）式编译时出现“error C2057: expected constant expression，error C2466: cannot allocate an array of constant size 0，error C2133: 'a' : unknown size”等错误。

对于这类问题，C 语言提供了一些内存管理函数，这些内存管理函数可以按需要动态地分配内存空间，也可把不再使用的空间进行释放，有效地利用内存资源。

在 C 语言库文件 stdlib.h 中定义了 malloc、calloc、realloc、free 等内存分配和释放函数。

1．分配内存空间函数 malloc

函数原型：

```
void *malloc（size_t size);
```

功能：在内存的动态存储区中分配一块长度为 size 字节的连续区域。函数的返回值为该区域的首地址。使用 malloc 函数将可用的内存块连接为一个长长的列表即空闲链表。调用 malloc 函数的时候，它将沿着连接表寻找一个足以满足用户要求的内存块。

调用方式：

```
(类型说明符*)malloc(size)
```

类型说明符表示把该区域用于何种数据类型，(类型说明符*)表示把返回值强制转换为该类型指针。

例如：

```
pc=(char *)malloc(100);
```

表示分配 100 个字节的内存空间，并强制转换为字符数组类型，函数的返回值为指向该字符数组的指针，并把该指针赋予指针变量 pc。

2. 分配内存空间函数 calloc

函数原型：

```
void *calloc(size_t nitems, size_t size);
```

功能：在内存动态存储区中分配 n 块长度为 size 字节的连续区域。函数的返回值为该区域的首地址。

调用形式：

```
(类型说明符*)calloc(n,size)；// (类型说明符*)用于强制类型转换
```

例如：

```
struct student *ps;
ps=(struct student*)calloc(10,sizeof(struct student));
```

其中 sizeof(struct student)是 student 的结构体长度。ps 指向一个长度为 10 块连续结构体区域（每块长度为 sizeof(struct student)）的指针，类似于前面讨论过的 ps 指向一个结构体数组的首地址。

3. 内存分配的更新函数 realloc

函数原型：

```
void *realloc(void *ptr, size_t size);
```

功能：更改以前分配区的长度（增加或减少）。当增加长度时，可能需将以前分配区的内容移到另一个足够大的区域，而新增区域内的初始值则不确定。size 是存储区的新长度，而不是新旧长度之差。

4. 释放内存空间函数 free

函数原型：

```
void free( void *p);
```

功能：释放 p 所指向的一块内存空间，p 是一个任意类型的指针变量，它指向被释放区域的首地址。被释放区应是由 malloc 或 calloc 函数所分配的区域。

调用形式：

```
free(void *ptr);
```

【例 8-45】在例 8-44 的基础上输入任意多个学生信息，并按学生绩点进行排序。（ex8_45.cpp）

```
#include <stdio.h>
#include <stdlib.h>
struct Student {
        unsigned ID;            //学号
        char szName[20];        //姓名
        float fGPA;             //成绩绩点
};

int CompareID( const void * elem1, const void * elem2)
{
```

```
        Student * ps1 = (Student *) elem1;
        Student * ps2 = (Student *) elem2;
        return (ps1->fGPA > ps2->fGPA)?1:-1;                    //浮点数据比较方式
    }

    void main()
    {
        int i,number;                                           //number 表示学生人数
        struct Student *p;
        printf("输入学生人数：");
        scanf("%d",&number);
        p=(struct Student*)calloc(number,sizeof(struct Student)); //动态分配学生空间
        printf("输入学生学号、姓名、绩点：\n");
        for(i=0;i<number;i++)                                   //输入学生信息
            scanf("%d %s %f",&(p+i)->ID,&(p+i)->szName,&(p+i)->fGPA);
        qsort(p, number, sizeof(struct Student), CompareID);    //按绩点排序
        printf("sort according score_point:\n");
        for( i=0;i<number;i++)
            printf("%s    %f\n",(p+i)->szName,(p+i)->fGPA);
        free(p);                                                //释放已分配的内存
    }
```

本例中，定义了结构体 Student 和指向结构类型的指针变量 p，然后分配一块具有 number 个学生数据存放区的内存区域，并把首地址赋予 p，使 p 指向该区域。再以 p 为指向结构的指针变量对各成员赋值、排序和输出。最后用 free 函数释放 p 指向的内存空间。整个程序包含了申请内存空间、使用内存空间、释放内存空间三个步骤，实现存储空间的动态分配。

8.9.2　链表的概念与表示

上面用 malloc()和 calloc()函数分配的内存区域具有连续空间的特点，两者之间没有本质的区别。两者均可以实现元素个数可变数组（又称动态数组）的空间分配，而且可以通过 realloc()来再次调整空间的大小，这为动态数组的实现提供了很大的方便。但是由于数组本身的存储要求空间的连续性，使得一些问题的解决仍存在一定的麻烦，尤其是数组元素非常大时，所需要的连续存储空间不足以满足需求时，必须寻求其他途径来加以解决。这就引出了一个全新的理念，即逻辑上相邻的两个元素在存储空间上可以不连续存储，这一新理念在计算机中具有十分重要的意义和十分广泛的应用，如磁盘文件的存储就是非连续存放的，还有操作系统中对内存的分配也是采用了不连续分配的策略，以提高内存的使用率等。

1．链表的概念

链表（Linked list）就是为了实现逻辑上相邻的数据在物理上不连续存储的一种基础数据结构，它是一种线性表，但是并不会按线性的顺序存储数据。

链表通常由一连串结点组成，每个结点可以包含任意的实例数据类型和一个或两个用来指向明上一个或下一个结点的位置的链接（称为 links）。

假设有 5 个学生某一门功课的成绩分别为 A、B、C、D 和 E，这 5 个数据在内存中的存储单元地址分别为 1248、1488、1366、1022 和 1520，其链表结构如图 8-35 所示。

链表有一个“头指针”变量，图 8-35 中以 head 表示，它存放一个地址，该地址指向链表中第一个结点，第一个结点又指向第二个结点……直到最后一个结点。该结点不再指向其他结点，它称为“表尾”，它的地址部分存放一个 NULL（表示“空地址”），链表到此结束。

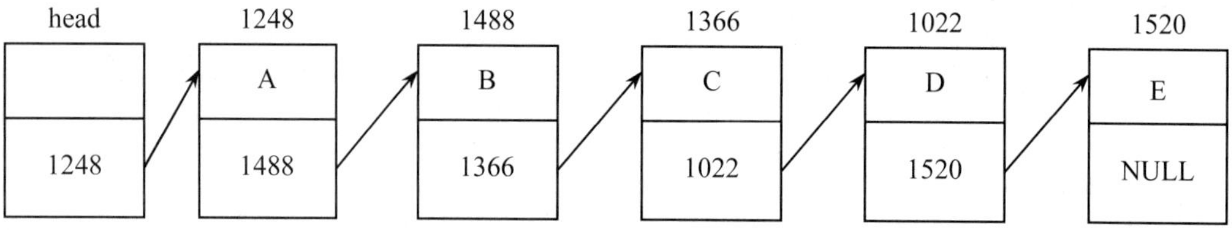

图 8-35 链表示意图

可以看到链表中各结点在内存中可以不是连续存放的。要找到某一结点 C，必须先找到其上一个结点 B，根据结点 B 提供的下一个结点地址才能找到 C。链表有一个“头指针”，因此通过“头指针”可以按顺序往下找到链表中的任一结点，如果不提供“头指针”，则整个链表都无法访问。链表如同一条铁链一样，一环扣一环，中间是不能断开的。举个例子，幼儿园的老师带领孩子出来散步，老师（作为头指针）牵着第一个小孩的手，第一个小孩的另一只手牵着第二个孩子……这就是一个“链”，最后一个孩子有一只手空着，他是“链尾”。要找这个队伍，必须先找到老师，然后按顺序找到每一个孩子。

链表是一种自我指示数据类型，因为它包含指向另一个相同类型的数据的指针（链接）。指针作为维系结点的纽带，可以通过它实现链式存储。

2. 链表结点的定义

通常使用结构体来定义一个链表的结点。每个结点包含两部分信息：数据域部分和指针部分，其中数据域部分可以由多种数据类型构成，指针部分可以是一个或多个指针（本书只介绍一个指针的情况）。

例如，一个存放学生学号和成绩的结点定义为：

```
struct student
{ int num;
  int score;
  struct student *next;
};
```

前两个成员项组成数据域，后一个成员项 next 构成指针域，它是一个指向 struct student（即自身）类型结构的指针变量。

8.9.3 链表的操作

链表允许动态插入（分配新空间）和移除（释放空间）链表上任意位置上的结点，从而实现灵活的内存动态管理。

链表的基本操作主要有以下几种：

（1）创建一个结点，并对其成员进行相应的赋值；

（2）创建链表，实现链表的动态生成；

（3）插入一个结点，在已经形成的链表中插入结点；

（4）删除一个结点，释放已经不用的结点；

（5）链表结点的查找与输出。

【例 8-46】创建包含学号、姓名结点的单链表。其结点数任意个，并以学号为序，低学号的在前，高学号的在后，以输入姓名为空作结束。在此链表中，要求删除一个给定姓名的结

点，并插入一个给定学号和姓名的结点。（ex8_46.cpp）

```
#include <stdio.h>
#include <stdlib.h>
#include <malloc.h>
#include <string.h>
struct node                              //结点的数据结构
{
    int num;
    char str[20];
    struct node *next;                   //指向结点的指针
};
void main()
{
    struct node *creat(struct node *head);   //函数声明
    struct node *insert(struct node *head,char *pstr,int n);
    struct node *delet(struct node *head,char *pstr);
    void print(struct node *head);
    struct node *head;
    char str[20];
    int n;
    head=NULL;                           //做空表
    head=creat(head);                    //调用函数创建以 head 为头的链表
    print(head);                         //调用函数输出结点
    printf("\nInput inserted num,name:\n");
    gets(str);                           //输入学号
    n=atoi(str);
    gets(str);                           //输入姓名
    head=insert(head,str,n);             //结点插入链表
    print(head);                         //调用函数输出结点
    printf("\nInput deleted name:\n");
    gets(str);                           //输入被删姓名
    head=delet(head,str);                //调用函数删除结点
    print(head);                         //调用函数输出结点
    return;
}
struct node *creat(struct node *head)    //创建链表
{
    char temp[30];
    struct node *p1,*p2;
    p1=p2=(struct node*)malloc(sizeof(struct node));
    printf("请分 2 行分别输入学号、姓名，姓名为空输入结束：\n");
    gets(temp);
    gets(p1->str);
    p1->num=atoi(temp);
    p1->next=NULL;
    while(strlen(p1->str)>0)
    {
```

```
            if(head==NULL)head=p1;                    //修改 head 结点
            else p2->next=p1;                         //新结点插入到末尾
            p2=p1;                                    //p2 指向尾结点
            p1=(struct node*)malloc(sizeof(struct node));
            printf("input num,name:\n");
            gets(temp);
            gets(p1->str);
            p1->num=atoi(temp);
            p1->next=NULL;
        }
        free(p1);                     //最后创建的结点因为姓名为空而成为多余的，所以释放它
        return head;
}
struct node *insert(struct node *head,char *pstr,int n)       //插入结点
{
        struct node *p1,*p2,*p3;
        p1=(struct node*)malloc(sizeof(struct node));         //生成新结点 p1
        strcpy(p1->str,pstr);
        p1->num=n;
        p2=head;
        if(head==NULL)
        {
            head=p1;p1->next=NULL;
        }
        else
        {
            while(n>p2->num && p2->next!=NULL)
            {
                p3=p2;
                p2=p2->next;
            }
            if(n<=p2->num)
                if(head==p2)
                {                                     //p1 插入到表头
                    head=p1;
                    p1->next=p2;
                }
                else
                {                                     //p1 插入到 p3 与 p2 之间
                    p3->next=p1;
                    p1->next=p2;
                }
            else
            {                                         //p1 插入到末尾，即 p2 的后面
                p2->next=p1;
                p1->next=NULL;
            }
        }
```

```
        return(head);
    }
    struct node *delet(struct node *head,char *pstr)        //删除结点
    {
        struct node *temp,*p;
        temp=head;
        if(head==NULL)
            printf("\nList is null!\n");
        else
        {
            temp=head;
            while(strcmp(temp->str,pstr)!=0 && temp->next!=NULL)
            {                                   //查找删除结点 temp，此时必须保留其前趋结点 p
                p=temp;
                temp=temp->next;
            }
            if(strcmp(temp->str,pstr)==0)
            {
                if(temp==head)
                {                               //删除表头结点
                    head=head->next;
                    free(temp);
                }
                else
                {                               //删除 temp 结点
                    p->next=temp->next;
                    printf("delete string:%s\n",temp->str);
                    free(temp);
                }
            }
            else printf("\n no find string!\n");
        }
        return(head);
    }
    void print(struct node *head)                   //链表各结点的输出
    {
        struct node *temp;
        temp=head;
        printf("\n output strings:\n");
        while(temp!=NULL)
        {
            printf("%d----%s\n",temp->num,temp->str);
            temp=temp->next;
        }
        return;
    }
```

程序运行结果如图 8-36 所示。

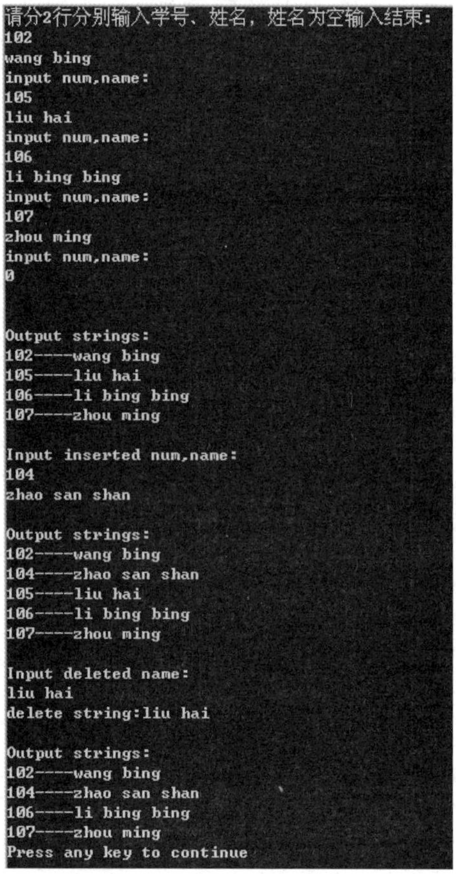

图 8-36 程序运行结果

8.10 应用举例

【例 8-47】设有 6 个变量 A、B、C、D、E 和 F，要求从键盘输入变量的值，按从大到小的顺序输出这些变量的名和值，如 A=5、B=8、C=3、D=78、E=21 和 F=60，则输出结果为：

D(78)F(60)E(21)B(8)A(5)C(3)

分析：由于输入多个变量的排序通常使用数组方式进行，所以首先要解决的问题是如何将变量与数组之间联系起来，例 8-11 给了我们一些提示，即使用指针数组存放各个变量的地址，从而使数组与变量之间联系起来。而排序时不仅要输出单个变量排序后的值，而且要输出变量名，因此在排序过程中交换两个变量值的同时要求交换两个变量的名，此时可以使用字符数组来保存变量的名字，这样可以做到交换变量值的同时交换变量的名。得到的程序如下（ex8_47.cpp）：

```
#include <stdio.h>
void main()
{
    int a,b,c,d,e,f;
    int *pa[6]={&a,&b,&c,&d,&e,&f};
    char ch[6]={'A','B', 'C','D', 'E','F'},tempch;
    int i,j,temp;
    for(i=0;i<6;i++)
```

```
        {
            printf("%c=",ch[i]);
            scanf("%d",pa[i]);                              //输入相应变量的值
        }
        for(i=0;i<5;i++)
            for(j=i+1;j<6;j++)
                if (*pa[i]<*pa[j])
                {temp=*pa[i];*pa[i]=*pa[j];*pa[j]=temp;     //交换相应变量的值
                tempch=ch[i]; ch[i]=ch[j];ch[j]=tempch;}    //交换相应变量的名
                for(i=0;i<6;i++)
                    printf("%c(%d)",ch[i],*pa[i]);
    }
```

【例 8-48】在一个有序数组中，对于给定的元素 key，如果 key 在数组中，则删去所有的 key，否则将其插入到合适的位置使数组元素仍然有序。

分析：为编写结构清晰的程序，首先将此问题进行分解，然后将每个子问题写成函数来实现。

（1）写一个函数判断 key 是否在数组中，如果在，函数返回其元素下标，否则返回-1。其函数原型为 int location(int *p,int n,int key)。

（2）从数组中删除指定位置的元素，由于删除后，数组元素减少，而且减少的次数不定，如极端情形（数组所有元素全相同，删除这个相同数后数组元素为个数 0）。其函数原型为：int delelocate(int *p,int n,int loc)，它表示删除指定位置 loc 处的元素，返回删除后数组元素的个数。删除一个数后，其后元素均前移一个位置。

（3）当 key 不在数组中时，写一个函数判断 key 的插入位置，其函数原型为 int insertloc(int *p,int n,int key)。

（4）在指定位置 loc 处插入一个元素 key，先将 loc 后（含 loc 处）的所有元素后移 1 个位置，然后插入该元素，其函数原型为 int insert(int *p,int n, int loc, int key)。

程序如下（ex8_48.cpp）：

```
#include <stdio.h>
#define N 10
int location(int *p,int n,int key)
{     int i;
      for (i=0;i<n&&*(p+i)>=key;i++)
          if (*(p+i)==key) return i;
          return -1;
}
int delelocate(int *p,int n,int loc)
{     int i;
      for(i=loc;i<n-1;i++)
          *(p+i)=*(p+i+1);
      return n-1;
}
int   insertloc(int *p,int n,int key)
{     int i;
      for (i=0;i<n&&*(p+i)>key;i++);
      return i;
}
int   insert(int *p,int n, int loc, int key)
{     int i;
      for(i=n;i>loc;i--)
          *(p+i)=*(p+i-1);
```

```
        *(p+loc)=key;
        return n+1;
    }
    void main()
    {
        int a[N+1];                          //考虑到要插入一个数多定义一个元素
        int i,number,key,pos,inspos;         //number 实际无数个数
        number=N;
        printf("Input %d numbers(Decrease odrer):",number);
        for(i=0;i<number;i++)
            scanf("%d",&a[i]);
        printf("Input a key:");
        scanf("%d",&key);
        pos=location(a,number,key);
        if (pos>=0)
            while (pos>=0)                   //考虑重复删除的可能性
            { number=delelocate(a,number,pos);
            pos=location(a,number,key); }
            else
            {   inspos=insertloc(a,number,key);
                number=insert(a,number,inspos,key);
            }
            printf("After....\n");
            for(i=0;i<number;i++)
                printf("%d   ",a[i]);
    }
```

【例 8-49】将一个英语句子中的单词分离存放。（ex8_49.cpp）

分析：要将一个英语句子中的单词分离存放，则必须使用指针数组。函数 int separate(char *str,char *word[])起分离单词的作用，其中指针数组 word 存放分离后的单词，函数返回分离后单词的个数。

程序如下：

```
    #include <stdio.h>
    #include "string.h"
    int separate(char *str,char *word[])
    {
        char p1;                                   //p1 存放当前待处理的字符串
        int n;
        char *ws;                                  //ws 指向每一个单词
        n=0;
        while(p1!='\0')
        {
            while(*str!=0 && *str==' ') *str++;    //去除前导空格
            p1=*str;
            ws=word[n];                            //单词依次存放到 word 中
            while(p1!='\0' && p1!=' ')
            {
                *ws++=p1;
                str++;
                p1=*str;
            }
            *ws='\0';                              //一个单词已生成，置字符串结束标志
          n++;
        }
        return n;
```

```
}
void main()
{
    char str[255];                      //假设一个句子的字符长度不超过 255
    char word[80][30];                  //假设单词长度不超过 30 个字符，且分解后单词数不超过 80
    char *wd[80];
    int m,i;
    printf("Please input a string(len<=255):");
    gets(str);
    for(i=0;i<80;i++) wd[i]=word[i];
    m=separate(str,wd);                 //调用分离函数
    printf("Word number=%d\n",m);
    for (i=0;i<m;i++)
        printf("%s\n",wd[i]);
}
```

【例 8-50】约瑟夫环问题：已知 n 个人（以编号 1、2、3、...、n 分别表示）围坐在一张圆桌周围。从编号为 k 的人开始报数，数到 M 的那个人出列；他的下一个人又从 1 开始报数，数到 M 的那个人又出列；依此规律重复下去，直到圆桌周围最后只剩下一个人为止，输出这个人的编号。（ex8_50.cpp）

分析：使用循环链表来做，将 1 到 n 的编号构造成一个循环链表，报数报到 M 的人，删除此结点，直到链表中最后只有一个人为止，输出该结点的值。

```
#include<stdio.h>
#include<malloc.h>
#define N 41
#define M 5
typedef struct node * LINK;             //LINK 等价于 struct node *
struct node
{
    int item;
    LINK next;
};

LINK NODE(int item, LINK next)
{
    LINK t=(LINK)malloc(sizeof *t);
    t->item=item;
    t->next=next;
    return t;
}
int main(void)
{
    int i;
    LINK t,p;
    t=NODE(1, NULL);
    t->next=t;                          //构造循环链表
    for(i=2; i<=N; i++)
        t=t->next=NODE(i,t->next);      //t 总是指向最近插入的结点（最后一个结点）
    while(t != t->next)                 //链表中有多余一个结点时执行循环
    {
        for(i=1; i<M; i++)              //报数到 M-1 次
            t=t->next;
        p=t->next;printf("%d ", p->item);
        t->next=t->next->next;          //删除 t 的后面的结点（即为报数到 M 的结点）
```

```
        free(p);                        //释放删除结点
    }
    printf("\nlast one=%d\n", t->item);
    return 0;
}
```

8.11 本章小结

（1）指针类型的定义如表 8-2 所示。

表 8-2 指针类型的定义

定义	含义
int i;	定义整型变量 i
int *p	p 为指向整型变量的指针变量
int **p	p 为指向整型变量的指针的指针变量
int a[n];	定义整型数组 a，它有 n 个元素
int *p[n];	定义指针数组 p，它的 n 个元素均为指向整型变量的指针
int (*p)[n];	p 为指向含 n 个元素的一维数组的指针变量
int f();	f 为返回整型数据值的函数
int *p();	p 为一个函数名，该函数返回值是一个指向整型变量的指针
int (*p)();	p 为指向函数的指针，该函数返回一个整型值
struct xxx *p;	P 为指向结构体变量的指针变量
struct xxx *p[n];	定义指针数组 p，它的 n 个元素均为指向结构体变量的指针

（2）指针运算符如表 8-3 所示。

表 8-3 指针运算符

<table>
<tr><th>运算符名称</th><th>意义</th><th>适用的指针变量定义</th></tr>
<tr><td>&</td><td>取变量的地址</td><td>适用任何变量</td></tr>
<tr><td>*</td><td>取指针所指向的变量的值</td><td>适用任何指针变量</td></tr>
<tr><td>++</td><td>指向下一个元素</td><td rowspan="7">int *p[n];
struct xxx *p[n];
int (*p)[n];
仅适用于指向数组元素（含指向一维数组）的指针变量的运算</td></tr>
<tr><td>--</td><td>指向前一个元素</td></tr>
<tr><td>+n</td><td>指向后面 n 个元素</td></tr>
<tr><td>-n</td><td>指向前面 n 个元素</td></tr>
<tr><td>-</td><td>两个指向同一数组元素指针变量进行-运算，表示元素个数</td></tr>
<tr><td>比较运算符</td><td>两个指向同一数组元素的指针变量可以进行比较运算。指向前面的元素的指针变量“小于”指向后面的元素的指针变量</td></tr>
<tr><td>=</td><td>同类指针变量可以赋值
可以将相应变量的地址赋给指针变量
可以将相应数组名赋给指针变量</td></tr>
</table>

（3）指针变量做为函数参数的使用时要注意其实参与形参的赋值对应关系与参数传递后的意义。

（4）链表是一种自我指示数据类型，指针作为维系结点的纽带，在运算过程中要特别注意，必须弄清楚指针的指向位置。

习题八

一、选择题

1．变量的指针，其含义是指该变量的（　　）。

A．值　　B．地址　　C．名　　D．一个标志

2．在 VC 环境下，若有定义 int a[]={10,20,30}, *p=&a;，当执行 p++;后，下列说法错误的是（　　）。

A．p 向高地址移了一个字节　　B．p 向高地址移了一个 int 存储单元

C）p 向高地址移了 4 个字节　　D．p 与 a+1 的值相同

3．若有定义 int a[5],*p=a;，则对 a 数组元素的正确引用是（　　）。

A．p+3　　B．a+2　　C．*(p+5)　　D．*(a+2)

4．若有以下说明和语句，int c[4][5],(*p)[5];p=c;能正确引用 c 数组元素的是（　　）。

A．p+1　　B．*(p+3)　　C．*(p+1)+3　　D．*(p[0]+2))

5．若有定义 int a[2][3]，则对 a 数组的元素 a[i][j]的正确表示为（　　）。

A．*(a[i]+j)　　B．(a+i)　　C．*(a+j)　　D．a[i]+j

6．以下程序段中，不能正确赋字符串（编译时系统会提示错误）的是（　　）。

A．char s[10]="abcdefg";　　B．char t[]="abcdefg",*s=t;

C．char s[10];s="abcdefg";　　D．char s[10];strcpy(s,"abcdefg");

7. 设 p1 和 p2 是指向同一个字符串的指针变量，c 为字符变量，则以下不能正确执行的赋值语句是（　　）。

A．c=*p1+*p2;　　B．p2=c　　C．p1=p2　　D．c=p1-p2;

8．若有以下函数首部

```
int fun(double  x[10], int  *n)
```

则下面针对此函数的函数声明语句中正确的是（　　）。

A．int fun(double x, int *n);　　B．int fun(double, int);

C．int fun(double *x, int n);　　D．int fun(double *, int *);

9．若有以下定义和说明，则用指针变量来调用函数时，正确的调用方法是（　　）。

```
int max(int a,int b);
int (*p)(int,int )
p=max;
```

A．(*p)max(a,b);　　B．*pmax(a,b);　　C．(*p)(a,b);　　D．*p(a,b);

10．对于语句 int *pa[5];，下列描述中正确的是（　　）。

A．pa 是一个指向数组的指针，所指向的数组是 5 个 int 型元素

B．pa 是一个指向某数组中第 5 个元素的指针，该元素是 int 型变量

C．pa[5]表示某个数组元素的第 5 个元素的值

D．pa 是一个具有 5 个元素的指针数组，每个元素是一个 int 型指针

二、填空题

1．如果赋值语句 p=&x;没有编译错误，则变量 p 和 x 的定义之间的关系是________。

2．只要 p=&x;语句没有编译错误，则*p 的就是________。

3．有语句 int m=6, n=9, *p, *q; p=&m; q=&n; q=p;用存储结构图解表示执行 q=p;前后指针的变化图分别为________。

4．若有定义和语句 int a[4]={1,2,3,4},*p; p=&a[2]; ，则*--p 的值是________。

5．若有定义和语句 int a[2][3]={0}, (*p)[3]; p=a;，则 p+1 的含义是________。

6．若有如下定义和语句：

```
int *p[3], a[6], m;
for (m=0;m<3;m++) p[m]=&a[2*m];
```

则*p[0]引用的是 a 数组元素________。*(p[1]+1)引用的是 a 数组元素________。

7. 若有定义 int a[10], *p;和 p=a;语句，则在程序中引用数组元素 a[m]的 4 种形式是________、________、________和 a[m]。（假设 m 已正确说明并赋值）

8．设 char *s="\ta\017bc";则指针变量 s 指向的字符串所占的字节数是________。

9．若有定义 struct st{int a;char b;} x,*p;和赋值语句 p=&x，则使用指针变量 p 对结构体变量 x 的成员进行访问的两种方式分别表示为________、________。

10．若有定义 int *p，则要使 p 指向 10 个连续的整型动态存储单元应使用的赋值语句为 p=________。

11．定义语句 int *p[];和 int (*p)[];的含义分别为________和________。

12．定义语句 int *f();和 int (*f)();的含义分别为________和________。

三、程序阅读题

以下程序的运行结果是________。

```
#include "stdio.h"
char cchar(char ch)
{
    if (ch>='A' && ch<='Z')   ch=ch-'A'+'a';
    return  ch;
}
main()
{
    char s[]="ABC+abc=defDEF", *p=s;
    while(*p)
    {
        *p=cchar(*p);
        p++;
    }
    printf("%s\n",s);
}
```

四、程序改错题

以下程序调用 findmax 函数返回数组中的最大值。下面的程序有一处错误，请更正。

```
#include "stdio.h"
findmax( int *a, int n)
{
    int *p, *s;
    s=a;
    for (p=a; p-a<n; p++)
        if(p>s) s=p;
    return (*s);
}
```

```
main()
{
    int x[5]={12,21,13,6,18};
    printf("%d\n", findmax(x,5));
}
```

五、程序填空题

1. 下面程序的功能是将字符串 s 的所有字符传送到字符串 t 中，要求每传递三个字符后再存放一个空格，例如字符串 s 为"abcdefg"，则字符串 t 为"abc def g"，请填空。

```
#include "stdio.h"
#include "string.h"
main()
{
    int j, k=0;
    char s[60], t[100], *p;
    p=s;
    gets(p);
    while(*p)
    {
        for (j=1; j<=3 && *p; j++)    t[【1】]=*p++;
        if (*p) { t[k]=' '; k++;}
    }
    【2】;
    puts(t);
}
```

2. 以下程序调用 findmax 函数返回数组中的最大值。请填空。

```
#include "stdio.h"
int findmax( int *a, int n)
{
    int *p, *s;
    for (p=a,s=a; p-a<n; p++)
        if(【1】) s=p;
    return (【2】);
}
main()
{
    int x[5]={12,21,13,6,18};
    printf("%d\n", findmax(x,5));
}
```

六、编程题

1. 利用指针变量输入一维数组 a[10]的各个元素，然后以逆序输出该数组。

2. 设 int a[3][4],(*p)[4];利用变量 p 输入二维数组 a 的所有元素，并输出该矩阵的转置。

3. 设 int a[3][4],*p[4];利用指针数组 p 输入二维数组 a 的所有元素，并输出该矩阵的转置。

4. 编写函数 strcat(char *str1,char *str2,char *str3)，将字符串 str1 和 str2 连接后放入 str3 中，并编写 main()调用上述函数实现两个字符串的连接。

5. 编写程序从字符串 s 中删去所有子字符串 t（如果 s 不包含 t，则不删除）。如"this iiss a book,it is a nice book!"，删除子串 is 后为"this is a book,it a nice book!"

6. 编程计算一个英文句子中最长单词的长度（字母个数）max。假设该英文句子中只含有字母和空格，在空格之间连续的字母串称为单词，句子以'.'为结束。

7．编程判断输入的字符串是否是回文，顺读和倒读都一样的字符串称为“回文”，如 level。

8．写一个函数能够计算一维数组的最大值、最小值和所有元素之和，并完成相应的主函数。

9．编写两个函数分别求给定半径为 r 的圆的面积和周长，然后利用指向函数的指针调用这两个函数求给定半径为 r 的圆的面积和周长。

10．已知 head 指向一个带头结点的单向链表，链表中每个结点包含整型数据域（item）和指针域（next）。从键盘输入一组数据（以 0 结束），构造上述链表，输出初始链表元素，然后删除数据域值最大的结点后再输出链表元素。

第 9 章　文件

本章学习目标

- 理解文件的基本概念
- 掌握文件的多种打开方式，并理解文件类型与数据读写的关系
- 掌握文件的多种读写方式，主要有按字节、按字符串、按数据块为单位读写
- 理解文件内部的位置指针的概念，并能运用该指针实现对文件的随机读写
- 了解文件检测函数的使用

9.1　C 文件的概念

9.1.1　文件与文件名

文件由两个部分组成：文件名称和文件内容（就像歌曲一样，分成歌曲名称和歌曲内容本身）。所谓“文件”是指一组相关数据的有序集合。这个数据集有一个名称，叫做文件名。以文件名作为访问文件的标识。

文件是计算机中保存信息的逻辑单位。实际上在前面的各章中已经多次使用了文件，如源程序文件、目标文件、可执行文件、库文件（头文件）等。

从文件编码的方式来看，文件可分为 ASCII 码文件和二进制码文件两种。ASCII 文件也称为文本文件，这种文件在磁盘中存放时每个字符对应一个字节，用于存放对应的 ASCII 码。ASCII 码文件可在屏幕上按字符显示，如源程序文件就是 ASCII 文件，用 DOS 命令 TYPE 可显示文件的内容。由于是按字符显示，因此能读懂文件内容。二进制文件是按二进制的编码方式来存放文件的。二进制文件虽然也可在屏幕上显示，但其内容无法读懂。C 系统在处理这些文件时，并不区分类型，都看成是字符流，按字节进行处理。

对文件的操作，是上机操作中经常要进行的，比如，编写一个 C 语言程序，将产生一个扩展名为 C 的源程序文件，编译连接后， 又会生成一个扩展名为 OBJ 和扩展名为 EXE 的两个文件；当要在网络中下载一首歌听时，需要下载这个歌曲的文件到自己计算机的硬盘上（术语又叫本地盘）；在玩很多计算机游戏时，如果一次玩不完，还可以保存进度，所谓的保存进度，就是把当前游戏的进行现状以文件的形式保存到硬盘中，到以后有时间玩时，再把这个进度文件重新加载，就可以继续游戏了。

上面所述对文件的操作都是依赖操作系统，如 Windows 来完成的，同时对文件的操作种类再多，最终都可以分成两个基本操作即读文件内容（读文件）和向文件中写内容（写文件）。对文件进行的所有操作通过 C 编译系统提供的标准函数完成，这些函数的信息包含在头文件 stdio.h 中。

9.1.2 文件分类

对 C 语言文件的分类可以从以下三个不同的角度进行讨论。

1. 从文件数据的组织形式看

与其他高级语言的文件不同，C 语言的文件并不由记录组成。C 语言文件把数据看作是一连串的字符（字节）。C 语言文件是一个字符（字节）的序列，是一字符流或字节流，是一种流式文件。在 C 语言中文件的读写是以字节为单位，输入和输出数据流的开始和结束仅受程序控制。根据数据的组织形式，C 语言文件可分为 ASCII 文件（或称文本文件，即 TEXT 文件）和二进制文件两种类型。

文本文件又称为 ASCII 文件，每一个字节中存放一个 ASCII 代码，代表一个字符。例如，一个整数 123，若用 ASCII 文件存放，占 3 个字节的存储单元，1、2、3 各用一个字节存储。而 1、2、3 的 ASCII 码分别为 49、50、51，故 123 用 ASCII 文件存放时，存放形式为 001100010011001000110011。

二进制文件是直接用数据的二进制形式存放。例如，对整数 123，二进制为 0000000001111011，用二进制文件存放，需 2 个字节，存放形式为 0000000001111011。

使用 ASCII 码文件，一个字节代表一个字符，便于对字符一一处理和输出，但占用较多的存储空间，保存在内存中的所有数据在存入文件的时候都要先转换为等价的字符形式，并且要花费转换时间（ASCII 码与二进制之间的转换），但 ASCII 码形式的文件在 DOS 操作系统下可以直接阅读。使用二进制文件，在内存中的数据形式与输出到外部文件中的数据形式完全一致，将内存中的数据存入磁盘的时候不需要进行数据转换，可以克服 ASCII 文件的缺点，但不直观，一个字节并不对应一个字符或一个数，不能直接以字符形式输出。一般中间数据用二进制文件保存，输入与输出使用 ASCII 文件。

其实，除了文本文件外，所有的数据都可以算是二进制文件。二进制文件的优点在于存取速度快，占用空间小，以及可随机存取数据。

2. 从用户观点看

文件通常是驻留在外部介质（如磁盘等）上的，在使用时才调入内存中来。从不同的角度可对文件作不同的分类。从用户的角度看，文件可分为普通文件和设备文件两种。

普通文件（亦称为磁盘文件）是指驻留在磁盘或其他外部介质上的一个有序数据集，可以是源文件、目标文件、可执行程序，也可以是一组待输入处理的原始数据，或者是一组输出的结果。对于源文件、目标文件、可执行程序可以称作程序文件，对输入/输出数据可称作数据文件。

存放在外部介质上的文件也称为外部文件，通过文件名标识。C 程序中的文件也称为内部文件，用文件指针来描述。程序中要实现对文件的处理，先必须在内部文件与外部文件之间建立联系，打开文件，然后方可对文件进行操作。文件最基本的操作是读写操作，操作完成应当切断内部文件与外部文件之间的联系，关闭文件。

在 C 语言中，文件的概念具有更广泛的意义，它将与主机相连的所有输入与输出设备都看作是“文件”，即把实际的物理设备抽象为逻辑文件，被称为设备文件，如将键盘看作是输入文件，将显示器和打印机看作是输出文件。在 C 语言中，对外部设备的输入与输出处理过程就是读写设备文件的过程。

设备文件（亦称为标准设备文件或标准 I/O 文件）是指与主机相连的各种外部设备，如显示器、打印机、键盘等。在操作系统中，把外部设备看作是一个文件来进行管理，把它们的输入、输出等同于对磁盘文件的读和写。

通常把显示器定义为标准输出文件，一般情况下在屏幕上显示有关信息就是向标准输出文件输出，如前面经常使用的 printf、putchar 函数就是这类输出。

键盘通常被指定为标准的输入文件，从键盘上输入就意味着从标准输入文件上输入数据。scanf、getchar 函数就属于这类输入。

因此，C 语言中可将普通文件和设备文件统一作为逻辑文件来看待，采用相同的操作方法，从而大大地方便了程序设计。

3. 从 C 语言对文件的处理方式看

由于不同的语言和系统对“缓冲区”的处理方式不同也就产生了两种不同的文件处理方式。文件处理方式是指系统在进行文件操作时不同的内部处理。从 C 语言对文件的处理方式来看，可以将文件分为两类：缓冲文件系统和非缓冲文件系统。

缓冲文件系统是指对每个正在使用的文件，系统自动地在内存中为其开辟一个缓冲区。所谓“非缓冲文件系统”是指系统不会自动开辟缓冲区，而要由程序自行设置文件的缓冲区。在 1983 年以后，在 ANSI C 标准中取消了非缓冲文件系统，对文本文件和二进制文件均统一采用缓冲文件系统进行处理。本书介绍 ANSI C 标准中的缓冲文件系统。

9.1.3　文件缓冲区

1. 数据流

数据流是指程序与数据的交互是以流的形式进行的。进行 C 语言文件的存取时，都会先进行“打开文件”操作，这个操作就是在打开数据流，而“关闭文件”操作就是关闭数据流。

2. 文件缓冲区

文件缓冲区（Buffer）是指在程序执行时所提供的额外内存，系统自动在内存中为每个正在使用的文件开辟一个缓冲区，可用来暂时存放准备执行的数据，文件的存取都是通过缓冲区进行的。它的设置是为了提高存取效率，因为内存的存取速度比磁盘驱动器快得多。

C 语言的文件处理功能依据系统是否设置“缓冲区”分为两种：一种是设置缓冲区，另一种是不设置缓冲区。由于不设置缓冲区的文件处理方式，必须使用较低级的 I/O 函数（包含在头文件 io.h 和 fcntl.h 中）来直接对磁盘进行存取，这种方式的存取速度慢，并且由于不是 C 的标准函数，跨平台操作时容易出问题。下面只介绍第一种处理方式，即设置缓冲区的文件处理方式。

当使用标准 I/O 函数（包含在头文件 stdio.h 中）时，系统会自动设置缓冲区，并通过数据流来读写文件。当进行文件读取操作时，不会直接对磁盘进行读取，而是首先要建立一个“输入文件缓冲区”，先打开数据流，将磁盘上的文件信息装入到缓冲区内，然后程序再从缓冲区中读取所需数据，这一过程称为“读文件”，也称为“文件输入”。如图 9-1 所示。

事实上，当写入文件时，并不会马上写入磁盘中，而是首先要建立一个“输出文件缓冲区”，先写入缓冲区，这个缓冲区是一个连接计算机内存数据与外存文件的桥梁，只有在缓冲区已满或“关闭文件”时，才会通过该缓冲区将内存中的数据存入磁盘，以文件的形式保存。这一过程称为“写文件”，也称为“文件输出”。如图 9-2 所示。

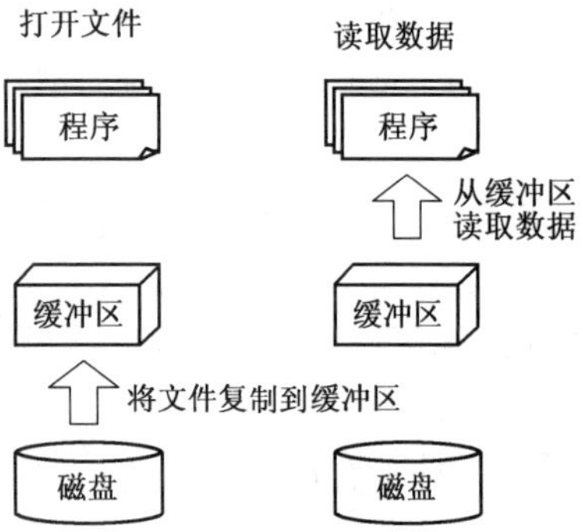

图 9-1　文件输入

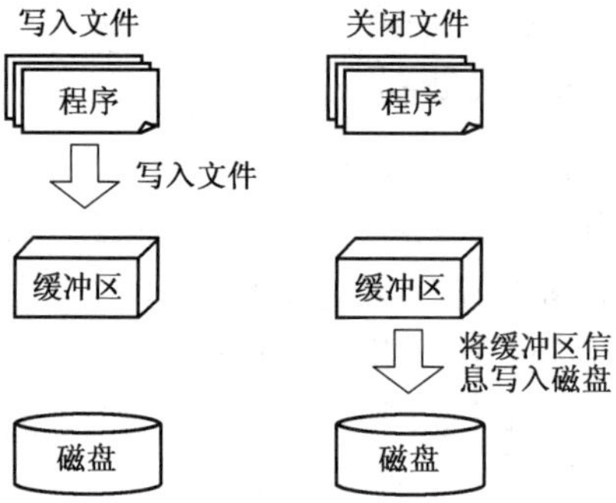

图 9-2　文件输出

9.1.4　文件类型指针

在缓冲文件系统中，涉及的关键概念是“文件指针”。对于每个正在使用的文件都要说明一个 FILE 类型的结构变量，该结构变量用于存放文件的有关信息，如文件名、文件状态等。在 C 语言中，无论是一般磁盘文件还是设备文件，都要通过文件结构的数据集合进行输入与输出处理。

缓冲文件系统中，每一个使用的文件都在内存中开辟一个“文件信息区”，用来存放文件的相关信息（文件的名字、文件当前的读写位置、文件操作方式等）。这些信息保存在一个结构体变量中，该结构体是由系统定义的，取名为 FILE。Turbo C 3.0 在 stdio.h 文件中有以下文件类型的声明：

```
typedef struct {
int level;                  /* 缓冲区“满”或“空”的程度 */
unsigned flags;             /* 文件状态标志 */
char fd;                    /* 文件描述符*/
unsigned char hold;         /* 如无缓冲区不读取字符 */
int bsize;                  /* 缓冲区的大小 */
unsigned char *buffer;      /* 数据缓冲区的位置*/
unsigned char *curp;        /* 指针，当前的指向 */
unsigned istemp;            /* 临时文件，指示器 */
short token;                /* 用于有效性检查 */
} FILE;
```

这里，FILE 为所定义的结构类型的类型名。文件结构在打开文件时由操作系统自动建立。因此，用户使用文件无需重复定义。但是在 C 程序中，凡是要对已打开文件进行操作，都要通过指向该文件结构的指针。为此，需要在程序中说明指向文件结构的指针，即定义 FILE 型（文件型）的指针变量。换句话说，一个文件有一个指针变量，今后对文件的访问会转化为针对文件指针变量的操作。

定义说明文件指针的一般形式为：

```
FILE *指针变量标识符;
```

这里，FILE 是文件结构的类型名，标识结构类型。文件型指针是指向文件结构的指针。在编写源程序时不必关心 FILE 结构的细节。

例如：

```
FILE *fp;
```

表示 fp 是指向 FILE 结构的指针变量，通过 fp 即可找存放某个文件信息的结构变量，然后按结构变量提供的信息找到该文件，实施对文件的操作。习惯上也笼统地把 fp 称为指向一个文件的指针。如果在程序中需要同时处理多个文件，则需要说明多个指向 FILE 型结构的指针变量，使它们分别指向多个不同的文件。

文件是保存在外存中的，而编程对文件操作就需要先把文件从外存调入内存。但是，这个“把文件从外存调入内存”存在很多问题。首先，保存在外存中的文件的长度（内容的字节数）是不固定的，有长有短。短的可以只有一、两个字节，长的可以达到 1GB 甚至数 GB。然而，内存的大小是不可能达到这么大的，也就是说，将文件从外存全部调入内存是不可能实现的。C 语言提供了另外一套机制，以最小的内存代价实现了将外存文件的内容读入内存的方法，这就是文件指针：FILE *fp;。

虽然地球很大，但是，我们可以足不出户地看到整个世界的每一个角落，方法就是“看电视”。电视虽小，但是可以一部分一部分地看这个世界的每一个角落。一样的，外存文件的大小可能根本无法全部调入到内存，但是可以一个字节一个字节地从文件中读取数据，这样做，无论文件的内容再大，也可以用蚂蚁搬家的方法读到内存中。这套机制是由操作系统提供并且负责维护的。这就是说，我们只要利用这个机制，而无须知道这套机制的细节和维护这套机制的方法。这套机制就是 FILE。

需要注意的是，C 语言提供的文件打开和关闭函数是对非标准设备文件而言的，如磁盘文件。C 语言中标准设备文件是由系统控制的，它们由系统自动打开和关闭，标准设备文件的文件结构的指针由系统命名，用户在程序中可以直接使用，无需再进行说明。C 语言中提供了三个标准设备文件的指针，它们是：

stdin——标准输入文件（键盘）；

stdout——标准输出文件（显示器）；

stderr——标准错误输出文件（显示器）。

9.2　打开与关闭文件

使用文件要遵循一定的规则。同其他的高级语言一样，在使用文件之前应该首先打开文件，再操作文件，使用结束后应该关闭文件。

打开文件是建立用户程序与文件的联系，系统为文件开辟文件缓冲区。操作文件是指对文件的读、写、追加和定位等操作。关闭文件是切断文件与程序的联系，将文件缓冲区的内容写入磁盘，并释放文件缓冲区，也就禁止再对该文件进行操作。

在 C 语言中，文件操作都是由库函数来完成的。在本章将介绍主要的文件操作函数。

9.2.1　fopen 函数

fopen 函数用来打开一个文件，其调用的一般形式为：

```
文件指针名=fopen(文件名,使用文件方式);
```

其中，“文件指针名”必须是被说明为 FILE 类型的指针变量；“文件名”是被打开文件的文件名；“使用文件方式”是指文件的类型和操作要求。“文件名”是字符串常量或字符串数组。

例如：

```
FILE *fp;
```

```
fp=("file a","r");
```

其意义是在当前目录下打开文件 file a，只允许进行“读”操作，并使 fp 指向该文件。

又如：

```
FILE *fphzk;
fphzk=("c:\\hzk16","rb");
```

其意义是打开 C 驱动器磁盘的根目录下的文件 hzk16，这是一个二进制文件，只允许按二进制方式进行读操作。两个反斜线“\\”中的第一个表示转义字符，第二个表示根目录。

使用文件的方式共有 12 种，表 9-1 给出了它们的符号和意义。

表 9-1 文件使用方式和意义

文件使用方式	意义
"rt"	只读，打开一个文本文件，只允许读数据
"wt"	只写，打开或建立一个文本文件，只允许写数据
"at"	追加，打开一个文本文件，并在文件末尾写数据
"rb"	只读，打开一个二进制文件，只允许读数据
"wb"	只写，打开或建立一个二进制文件，只允许写数据
"ab"	追加，打开一个二进制文件，并在文件末尾写数据
"rt+"	读写，打开一个文本文件，允许读和写
"wt+"	读写，打开或建立一个文本文件，允许读写
"at+"	读写，打开一个文本文件，允许读，或在文件末追加数据
"rb+"	读写，打开一个二进制文件，允许读和写
"wb+"	读写，打开或建立一个二进制文件，允许读和写
"ab+"	读写，打开一个二进制文件，允许读或在文件末追加数据

对于文件使用方式有以下几点说明：

文件使用方式由 r、w、a、t、b、+六个字符拼成，各字符的含义是：

r（read）：读；

w（write）：写；

a（append）：追加；

t（text）：文本文件，可省略不写；

b（banary）：二进制文件；

+：读和写。

凡用“r”打开一个文件时，该文件必须已经存在，且只能从该文件读出。

用“w”打开的文件只能向该文件写入。若打开的文件不存在，则以指定的文件名建立该文件，若打开的文件已经存在，则将该文件删去，重建一个新文件。

若要向一个已存在的文件追加新的信息，只能用“a”方式打开文件。但此时该文件必须是存在的，否则将会出错。

在打开一个文件时，如果出错，fopen 将返回一个空指针值 NULL。在程序中可以用这一信息来判别是否完成打开文件的工作，并做相应的处理。

如代码片段 code9-1.txt：

```
if((fp=fopen("c:\\hzk16","rb")==NULL)
```

```
{
    printf("\nerror on open c:\\hzk16 file!");
    getch();
    exit(1);
}
```

这段程序的意义是，如果返回的指针为空，表示不能打开 C 盘根目录下的 hzk16 文件，则给出提示信息“error on open c:\ hzk16 file!”，下一行 getch()的功能是从键盘输入一个字符，但不在屏幕上显示。在这里，该行的作用是等待，只有当用户从键盘敲任一键时，程序才继续执行，因此用户可利用这个等待时间阅读出错提示。敲键后执行 exit(1)退出程序。因此常用以上程序段打开文件。

把一个文本文件读入内存时，要将 ASCII 码转换成二进制码，而把文件以文本方式写入磁盘时，也要把二进制码转换成 ASCII 码，因此文本文件的读写要花费较多的转换时间。对二进制文件的读写不存在这种转换。

标准输入文件（键盘）、标准输出文件（显示器）、标准出错输出（出错信息）是由系统打开的，可直接使用。

9.2.2 fclose 函数

文件一旦使用完毕，应用关闭文件函数把文件关闭，将缓冲区数据写入文件，以避免文件的数据丢失等。

fclose 函数调用的一般形式是：

```
fclose(文件指针);
```

例如：

```
fclose(fp);
```

正常完成关闭文件操作时，fclose 函数返回值为 0。如返回非零值则表示有错误发生。

【例 9-1】根据函数的返回值判断文件是否打开或关闭成功。（ex9_1.cpp）

```
#include <stdio.h>
#include <stdlib.h>
main()
{
    FILE    *fp;                          //定义一个文件指针
    int     i;
    fp=fopen( "CLIB ","rb ");             //打开当前目录名为 CLIB 的文件只读
    if(fp==NULL)                          //判断文件是否打开成功
    {
        puts( "File open error ");        //提示打开不成功
        exit(0);
    }
    i=fclose(fp);                         //关闭打开的文件
    if(i==0)                              //判断文件是否关闭成功
        printf( "OK ");                   //提示关闭成功
    else
        puts( "File close error ");       //提示关闭不成功
}
```

【例 9-2】打开当前目录下名为 a.txt 的文件，然后关闭文件，同时在屏幕上输出 fclose 的返回值。（ex9_2.cpp）

```
#include <stdio.h>
#include <stdlib.h>
```

```
void main()
{
    FILE *fpFile;
    int nStatus=0;
    if((fpFile=fopen("a.txt","w+"))==NULL)
        {
            printf("Open file failed!\n");
            exit(0);
        }
    nStatus=fclose(fpFile);
    printf("%d",nStatus);
}
```

9.3 顺序读写文件数据

对文件的读和写是最常用的文件操作。在 C 语言中提供了多种文件读写的函数：

（1）读写字符函数：fgetc 和 fputc；

（2）读写字符串函数：fgets 和 fputs；

（3）格式化读写函数：fscanf 和 fprintf；

（4）读写块数据函数：freed 和 fwrite。

下面分别予以介绍。使用以上函数都要求包含头文件 stdio.h。

9.3.1 读写字符函数 fgetc 和 fputc

字符读写函数是以字符（字节）为单位的读写函数。每次可从文件读出或向文件写入一个字符。

1. 读字符函数 fgetc

fgetc 函数的功能是从指定的文件中读一个字符，函数调用的形式为：

```
字符变量=fgetc(文件指针);
```

例如：

```
ch=fgetc(fp);
```

其意义是从打开的文件 fp 中读取一个字符并送入 ch 中。

对于 fgetc 函数的使用有以下几点说明：

（1）在 fgetc 函数调用中，读取的文件必须是以读或读写方式打开的。

（2）读取字符的结果也可以不向字符变量赋值，例如：

```
fgetc(fp);
```

但是读出的字符不能保存。

（3）在文件内部有一个位置指针，用来指向文件的当前读写字节。在文件打开时，该指针总是指向文件的第一个字节。使用 fgetc 函数后，该位置指针将向后移动一个字节。因此可连续多次使用 fgetc 函数，读取多个字符。应注意文件指针和文件内部的位置指针不是一回事。文件指针是指向整个文件的，须在程序中定义说明，只要不重新赋值，文件指针的值是不变的。文件内部的位置指针用以指示文件内部的当前读写位置，每读写一次，该指针均向后移动，它不需在程序中定义说明，而是由系统自动设置的。

【例 9-3】读入文件 d:\\jrzh\\example\\c1.txt，并在屏幕上输出。（ex9_3.cpp）

```
#include<stdio.h>
#include <stdlib.h>
main()
{
	FILE *fp;
	char ch;
	if((fp=fopen("d:\\jrzh\\example\\c1.txt","rt"))==NULL)
	{
		printf("\nCannot open file strike any key exit!");
		getchar();
		exit(1);
		}
		ch=fgetc(fp);
		while(ch!=EOF)
			{
			putchar(ch);
			ch=fgetc(fp);
			}
		fclose(fp);
}
```

本例程序的功能是从文件中逐个读取字符，在屏幕上显示。程序定义了文件指针 fp，以读文本文件方式打开文件 d:\\jrzh\\example\\c1.txt，并使 fp 指向该文件。如打开文件出错，给出提示并退出程序。程序第 12 行先读出一个字符，然后进入循环，只要读出的字符不是文件结束标志（每个文件末有一结束标志 EOF）就把该字符显示在屏幕上，再读入下一字符。每读一次，文件内部的位置指针向后移动一个字符，文件结束时，该指针指向 EOF。执行本程序将显示整个文件。

2. 写字符函数 fputc

fputc 函数的功能是把一个字符写入指定的文件中，函数调用的形式为：

```
fputc(字符量,文件指针);
```

例如：

```
fputc('a',fp);
```

其意义是把字符 a 写入 fp 所指向的文件中。

对于 fputc 函数的使用也要说明几点：

（1）被写入的文件可以用写、读写、追加方式打开，用写或读写方式打开一个已存在的文件时将清除原有的文件内容，写入字符从文件首开始。如需保留原有文件内容，希望写入的字符从文件末开始存放，必须以追加方式打开文件。被写入的文件若不存在，则创建该文件。

（2）每写入一个字符，文件内部位置指针向后移动一个字节。

（3）fputc 函数有一个返回值，如写入成功则返回写入的字符，否则返回一个 EOF。可用此来判断写入是否成功。

【例 9-4】模拟 DOS 系统的 TYPE 命令，在屏幕上显示文件 c:\test.txt 的内容。(ex9_4.cpp)

```
#include <stdio.h>
#include <stdlib.h>
void main()
{
	FILE *fpFile;
	char szFileName[20];
```

```
        int c;
        printf("Please input the file name:\n");
        scanf("%s",szFileName);
        if((fpFile=fopen(szFileName,"w+"))==NULL)
            {
                printf("Open file failed!\n");
                exit(0);
            }
        while((c=fgetc(fpFile))!=EOF)
            putchar(c);
        fclose(fpFile);
    }
```

程序运行结果如下：

输入 c:\test.txt，输出:

This is a test txt file!

Ok!

【例 9-5】从键盘输入一行字符，写入文件 d:\\jrzh\\example\\string.txt 中，再把该文件内容显示在屏幕上。（ex9_5.cpp）

```
#include<stdio.h>
#include <stdlib.h>
main()
{
    FILE *fp;
    char ch;
    if((fp=fopen("d:\\jrzh\\example\\string.txt","wt+"))==NULL)
        {
        printf("Cannot open file strike any key exit!");
        getchar();
        exit(1);
        }
    printf("input a string:\n");
    ch=getchar();
    while (ch!='\n')
        {
        fputc(ch,fp);
        ch=getchar();
        }
    rewind(fp);
    ch=fgetc(fp);
    while(ch!=EOF)
        {
        putchar(ch);
        ch=fgetc(fp);
        }
    printf("\n");
    fclose(fp);
}
```

程序中第 6 行以读写文本文件方式打开文件 string。程序第 13 行从键盘读入一个字符后进入循环，当读入字符不为回车符时，把该字符写入文件之中，然后继续从键盘读入下一字符。每输入一个字符，文件内部位置指针向后移动一个字节。写入完毕，该指针已指向文件末。如要把文件从头读出，须把指针移向文件头，程序第 19 行 rewind 函数用于把 fp 所指文件的内部位置指针移到文件头。第 20 至 25 行用于读出文件中的一行内容。

【例 9-6】把命令行参数中的前一个文件名标识的文件，复制到后一个文件名标识的文件中，如命令行中只有一个文件名则把该文件写到标准输出文件（显示器）中。（ex9_6.cpp）

```
#include<stdio.h>
#include <stdlib.h>
main(int argc,char *argv[])
{
    FILE *fp1,*fp2;
    char ch;
    if(argc==1)
        {
            printf("have not enter file name strike any key exit");
            getchar();
            exit(0);
        }
    if((fp1=fopen(argv[1],"rt"))==NULL)
        {
            printf("Cannot open %s\n",argv[1]);
            getchar();
            exit(1);
        }
    if(argc==2) fp2=stdout;
    else if((fp2=fopen(argv[2],"wt+"))==NULL)
        {
            printf("Cannot open %s\n",argv[1]);
            getchar();
            exit(1);
        }
    while((ch=fgetc(fp1))!=EOF)
    fputc(ch,fp2);
    fclose(fp1);
    fclose(fp2);
}
```

本程序为带参数的 main 函数。程序中定义了两个文件指针 fp1 和 fp2，分别指向命令行参数中给出的文件。如命令行参数中没有给出文件名，则给出提示信息。程序第 18 行表示如果只给出一个文件名，则使 fp2 指向标准输出文件（即显示器）。程序第 25 行至 28 行用循环语句逐个读出文件 1 中的字符再送到文件 2 中。

9.3.2　读写字符串函数 fgets 和 fputs

1．读字符串函数 fgets

函数的功能是从指定的文件中读一个字符串到字符数组中，函数调用的形式为：

```
fgets(字符数组名,n,文件指针);
```

其中的 n 是一个正整数。表示从文件中读出的字符串不超过 n-1 个字符。在读入的最后一个字符后加上串结束标志“\0”。

例如：

```
fgets(str,n,fp);
```

意义是从 fp 所指的文件中读出 n-1 个字符送入字符数组 str 中。

【例 9-7】从 d:\\jrzh\\example\\string.txt 文件中读入一个含 10 个字符的字符串到字符数组 str 中。（ex9_7.cpp）

```
#include <stdio.h>
#include <stdlib.h>
main()
{
        FILE *fp;
        char str[11];
        if((fp=fopen("d:\\jrzh\\example\\string.txt","rt"))==NULL)
            {
                printf("\nCannot open file strike any key exit!");
                getchar();
                exit(1);
            }
        fgets(str,11,fp);
        printf("\n%s\n",str);
        fclose(fp);
}
```

本例定义了一个字符数组 str，共 11 个字节，在以读文本文件方式打开文件 string 后，从中读出 10 个字符送入 str 数组，在数组最后一个单元内将加上“\0”，然后在屏幕上显示输出 str 数组。

对 fgets 函数有两点说明：

（1）在读出 n-1 个字符之前，如遇到了换行符或 EOF，则读出结束。

（2）fgets 函数也有返回值，其返回值是字符数组的首地址。

2. 写字符串函数 fputs

fputs 函数的功能是向指定的文件写入一个字符串，其调用形式为：

```
fputs(字符串,文件指针);
```

其中字符串可以是字符串常量，也可以是字符数组名，或指针变量。

例如：

```
fputs("abcd",fp);
```

意义是把字符串“abcd”写入 fp 所指的文件之中。

【例 9-8】在建立的文件 d:\\jrzh\\example\\string.txt 中追加一个字符串，并显示文件中的全部内容。(ex9_8.cpp)

```
#include <stdio.h>
main()
{
    FILE *fp;
    char ch,st[20];
    if((fp=fopen("string","at+"))==NULL)
        {
        printf("Cannot open file strike any key exit!");
        getch();
        exit(1);
        }
    printf("input a string:\n");
    scanf("%s",st);
```

```
        fputs(st,fp);
        rewind(fp);
        ch=fgetc(fp);
        while(ch!=EOF)
        {
        putchar(ch);
        ch=fgetc(fp);
        }
        printf("\n");
        fclose(fp);
    }
```

本例要求在 string 文件末加写字符串，因此，在程序第 6 行以追加读写文本文件的方式打开文件 string。然后输入字符串，并用 fputs 函数把该串写入文件 string 中。在程序 15 行用 rewind 函数把文件内部位置指针移到文件首。再进入循环逐个显示当前文件中的全部内容。

【例 9-9】向磁盘写入字符串，并写入文本文件 test.txt 中。（ex9_9.cpp）

```
#include <stdio.h>
#include <stdlib.h>
#include <string.h>
main( )
{
    FILE *fp;
    char str[128];
    if ((fp=fopen("test.txt","w"))==NULL)
    {
        printf("cannot open file!");
        exit(0);
    }
    while((strlen(gets(str)))!=0)
    {
                                   //*若串长度为零，则结束*//
        fputs(str,fp);
        fputs("\n",fp);            //*写入回车符*//
    }
    fclose(fp);
}
```

运行该程序，从键盘输入长度不超过 127 个字符的字符串，写入文件。如串长为 0，即空串，程序结束。输入：

```
Hello!
How do you do
Good-bye!
```

这里所输入的空串，实际为一单独的回车符，其原因是 gets 函数判断串的结束是以回车符作标志的。

【例 9-10】 从例 9-9 中建立的文本文件 test.txt 中读出字符串，再写入另一个文件 tests.txt 中，同时显示在屏幕上。（ex9_10.cpp）

```
#include <stdio.h>
#include <stdlib.h>
#include <string.h>
main( )
{
```

```
    FILE *fp1,*fp2;
    char str[128];
    if ((fp1=fopen("test.txt","r"))==NULL)
    {
        printf("cannot open file\n");
        exit(0);
    }
    if((fp2=fopen("tests.txt","w"))==NULL)
    {
        printf("cannot open file\n");
        exit(0);
    }
    while ((strlen(fgets(str,128,fp1)))>0)
    {
                                    //从文件中读回的字符串长度大于 0
        fputs(str,fp2 );            //从文件 1 读字符串并写入文件 2
        printf("%s",str);           //在屏幕显示
    }
    fclose(fp1);
    fclose(fp2);
}
```

程序共操作两个文件，需定义两个文件变量指针，因此在操作文件以前，应将两个文件以需要的工作方式同时打开（不分先后），读写完成后再关闭文件。

9.3.3 格式化读写函数 fscanf 和 fprintf

fscanf 函数、fprintf 函数与前面使用的 scanf 和 printf 函数的功能相似，都是格式化读写函数。两者的区别在于 fscanf 函数和 fprintf 函数的读写对象不是键盘和显示器，而是磁盘文件。

两个函数的调用格式为：

```
fscanf(文件指针,格式字符串,输入表列);
fprintf(文件指针,格式字符串,输出表列);
```

例如：

```
fscanf(fp,"%d%s",&i,s);
fprintf(fp,"%d%c",j,ch);
```

【例 9-11】从键盘输入两个学生数据，写入一个文件中，再读出这两个学生的数据并显示在屏幕上。（ex9_11.cpp）

```
#include<stdio.h>
#include<stdlib.h>
struct stu
{
    char name[10];
    int num;
    int age;
    char addr[15];
}boya[2],boyb[2],*pp,*qq;
main()
{
    FILE *fp;
    char ch;
    int i;
```

```
        pp=boya;
        qq=boyb;
        if((fp=fopen("stu_list","wb+"))==NULL)
            {
            printf("Cannot open file strike any key exit!");
            getchar();
            exit(1);
            }
        printf("\ninput data\n");
        for(i=0;i<2;i++,pp++)
          scanf("%s%d%d%s",pp->name,&pp->num,&pp->age,pp->addr);
        pp=boya;
        for(i=0;i<2;i++,pp++)
          fprintf(fp,"%s %d %d %s\n",pp->name,pp->num,pp->age,pp->addr);
        rewind(fp);
        for(i=0;i<2;i++,qq++)
          fscanf(fp,"%s %d %d %s\n",qq->name,&qq->num,&qq->age,qq->addr);
        printf("\n\nname\tnumber      age      addr\n");
        qq=boyb;
        for(i=0;i<2;i++,qq++)
          printf("%s\t%5d    %7d          %s\n",qq->name,qq->num, qq->age,qq->addr);
        fclose(fp);
    }
```

本程序中 fscanf 和 fprintf 函数每次只能读写一个结构数组元素，因此采用了循环语句来读写全部数组元素。还要注意指针变量 pp 和 qq，由于循环改变了它们的值，因此在程序的 25 和 32 行分别对它们重新赋予了数组的首地址。

【例 9-12】将一些格式化的数据写入文本文件“testt.txt”中，再从该文件中以格式化方法读出并显示到屏幕上，其格式化数据是两个学生记录，包括姓名、学号、两科成绩。（ex9_12.cpp）

```
#include<stdio.h>
#include<stdlib.h>
main( )
{
    FILE *fp;
    int i;
    struct stu
    {
        char name[15];
        char num[6];
        float score[2];
    }student;
    if((fp=fopen("testt.txt","w"))==NULL)
    {
        printf("cannot open file");
        exit(0);
    }
    printf("input data:\n");
    for( i=0;i<2;i++)
    {
        scanf("%s %s %f %f", student.name, student.num,
```

```
                &student.score[0], &student.score[1]);
            fprintf(fp,"%s %s %7.2f %7.2f\n", student.name,
                student.num, student.score[0], student.score[1]);
        }
        fclose(fp);
        if((fp=fopen("testt.txt","r"))==NULL)
        {
            printf("cannot open file");
            exit(0);
        }
        printf("output from file:\n");
        while (fscanf(fp,"%s %s %f %f\n",student.name,student.num,
            &student.score[0],student.score[1])!=EOF)
            printf("%s %s %7.2f %7.2f\n", student.name, student.num,
             student.score[0], student.score[1]);
        fclose(fp);
    }
```

在本程序中设计一个文件变量指针，两次以不同方式打开同一文件，写入和读出格式化数据，有一点很重要，那就是用什么格式写入文件，就一定用什么格式从文件读，否则，读出的数据与格式控制符不一致，就造成数据出错。上述程序运行如下：

```
input data:
xiaowan j001 87.5 98.4
xiaoli j002 99.5 89.6
output from file：
xiaowan j001 87.50 98.40
xiaoli j002 99.50 89.60
```

9.3.4 读写块数据函数 fread 和 fwrite

C 语言还提供了用于整块数据的读写函数，可用来读写一组数据，如一个数组元素、一个结构变量的值等。

读数据块函数调用的一般形式为：

```
fread(buffer,size,count,fp);
```

写数据块函数调用的一般形式为：

```
fwrite(buffer,size,count,fp);
```

其中：

buffer 是一个指针，在 fread 函数中，它表示存放输入数据的首地址。在 fwrite 函数中，它表示存放输出数据的首地址。

size 表示数据块的字节数。

count 表示要读写的数据块块数。

fp 表示文件指针。

例如：

```
fread(fa,4,5,fp);
```

其意义是从 fp 所指的文件中，每次读 4 个字节（一个实数）送入实数组 fa 中，连续读 5 次，即读 5 个实数到 fa 中。

【例 9-13】从键盘读取 10 个整型数据存储到文件 data.dat 中，然后再从文件中读取数据，并输出到屏幕。（ex9_13.cpp）

下面是将数据存储到文件的程序代码：

```
#include <stdio.h>
#include <stdlib.h>
int main()
{
    FILE *fpFile;
    int nArray[10];
    int i ;
    if((fpFile=fopen("data.dat","w"))==NULL)
    {
        printf("Open file failed!\n");
        exit(0);
    }
    i=0;
    while(i<10)
    {
        scanf("%d",&nArray[i]);
        i++;
    }
    fwrite(nArray,sizeof(int),10,fpFile);
    fclose(fpFile);
    getchar();
    return 0;
}
```

程序的运行结果如下

输入：

```
1 2 3 4 5 6 7 8 9 0
```

下面是读取数据并输出的程序代码：

```
#include <stdio.h>
#include <stdlib.h>
int main()
{
    FILE *fpFile;
    float fArray[10];
    int i ;
    if((fpFile=fopen("data.dat","r"))==NULL)
    {
        printf("Open file failed!\n");
        exit(0);
    }
    i=0;
    fread(fArray,sizeof(float),10,fpFile);
    while(i<10)
    {
        printf("%7.2f",fArray[i]);
        i++;
    }
    fclose(fpFile);
    getchar();
    return 0;
}
```

程序运行结果如下：

输出：

```
1 2 3 4 5 6 7 8 9 0
```

9.4 随机读写文件数据

前面介绍的对文件的读写方式都是顺序读写，即读写文件只能从头开始，顺序读写各个数据。但在实际问题中常要求只读写文件中某一指定的部分。为了解决这个问题可移动文件内部的位置指针到需要读写的位置，再进行读写，这种读写称为随机读写。实现随机读写的关键是要按要求移动位置指针，这称为文件的定位。

9.4.1 文件读写位置定位

移动文件内部位置指针的函数主要有 rewind 函数、ftell 函数和 fseek 函数，它们是对文件读写位置定位。

前面已多次使用过 rewind 函数，其功能是把文件内部的位置指针移到文件首，调用形式为：

rewind(文件指针);

ftell()函数返回文件位置指示器的当前值，这个值是指示器从文件头开始算起的字节数，返回的数为长整型数，当返回-1 时，表明出现错误。其调用形式为：

ftell(FILE *stream);

fseek 函数用来移动文件内部位置指针，其调用形式为：

fseek(文件指针,位移量,起始点);

其中："文件指针"指向被移动的文件；"位移量"表示移动的字节数，要求位移量是 long 型数据，以便在文件长度大于 64KB 时不会出错。当用常量表示位移量时，要求加后缀"L"。"起始点"表示从何处开始计算位移量，规定的起始点有三种：文件首、当前位置和文件尾。其表示方法如表 9-2 所示。

表 9-2 文件位置表示方式

起始点	表示符号	数字表示
文件首	SEEK_SET	0
当前位置	SEEK_CUR	1
文件末尾	SEEK_END	2

例如：

fseek(fp,100L,0);

其意义是把位置指针移到离文件首 100 个字节处。还要说明的是 fseek 函数一般用于二进制文件。在文本文件中由于要进行转换，故往往计算的位置会出现错误。

【例 9-14】把一个文件 file1.c 的内容显示在屏幕上，并同时复制到另一个文件 file2.c。（ex9_14.cpp）

```
#include "stdio.h"
void main()
{
    FILE *fp1, *fp2;
    fp1 = fopen("file1.c", "r");
    fp2 = fopen("file2.c", "w");
    while(!feof(fp1)) putchar(fgetc(fp1));
```

```
        rewind(fp1);
        while(!feof(fp1)) fputc(fgetc(fp1), fp2);
        fclose(fp1);
        fclose(fp2);
    }
```

9.4.2　随机读写函数

在移动位置指针之后，即可用前面介绍的任一种读写函数进行读写。由于一般是读写一个数据块，因此常用 fread 和 fwrite 函数。下面用例题来说明文件的随机读写。

【例 9-15】在学生文件 stu_list 中读出第二个学生的数据。（ex9_15.cpp）

```
#include<stdio.h>
#include<stdlib.h>
struct stu
{
        char name[10];
        int num;
        int age;
        char addr[15];
}boy,*qq;
main()
{
        FILE *fp;
        char ch;
        int i=1;
        qq=&boy;
        if((fp=fopen("stu_list","rb"))==NULL)
        {
        printf("Cannot open file strike any key exit!");
        getchar();
        exit(1);
        }
        rewind(fp);
        fseek(fp,i*sizeof(struct stu),0);
        fread(qq,sizeof(struct stu),1,fp);
        printf("\n\nname\tnumber        age        addr\n");
        printf("%s\t%5d    %7d        %s\n",qq->name,qq->num,qq->age,qq->addr);
}
```

文件 stu_list 已由程序 ex9_11.c 建立，本程序用随机读出的方法读出第二个学生的数据。程序中定义 boy 为 stu 类型变量，qq 为指向 boy 的指针。以读二进制文件方式打开文件，程序第 22 行移动文件位置指针。其中的 i 值为 1，表示从文件头开始，移动一个 stu 类型的长度，然后再读出的数据即为第二个学生的数据。

9.5　文件检测函数

C 语言中常用的文件检测函数主要有 feof 函数、ferror 函数、clearerr 函数。

9.5.1　文件结束检测函数

调用格式：

```
feof(文件指针);
```

功能：判断文件是否处于文件结束位置，如文件结束，则返回值为 1，否则为 0。

【例 9-16】在磁盘文件 stud_dat 上，存有 10 个学生（0～9）的数据，读出 1、3、5、7、9 号学生数据，并在屏幕上显示出来。（ex9_16.cpp）

```
#include <stdio.h>
#include <stdlib.h>
struct student_type
{
    char name[10];
    int num;
    int age;
    char sex;
}stud[10];
void main()
{
    int i;
    FILE * fp;
    if ((fp=fopen("stud_dat", "rb")) == NULL)
    {
        printf("can not open file\n");
        exit(0);
    }
    for(i=0; i<10; i += 2)
    {
    fseek(fp, i*sizeof(struct student_type), SEEK_SET);
    fread(&stud[i], sizeof(struct student_type), 1, fp);
    printf("%s %d %d %c\n",
        stud[i].name, stud[i].num, stud[i].age, stud[i].sex);
    }
    fclose(fp);
}
```

9.5.2 读写文件出错检测函数

ferror 函数调用格式：

```
ferror(文件指针);
```

功能：检查文件在用各种输入/输出函数进行读写时是否出错，如 ferror 返回值为 0 表示未出错，否则表示有错。

9.5.3 文件出错标志和文件结束标志置 0 函数

clearerr 函数调用格式：

```
clearerr(文件指针);
```

功能：本函数用于清除出错标志和文件结束标志，使它们的值为 0。

9.6 应用举例

【例 9-17】编程生成一个 test1.dat 的文件。（ex9_17.cpp）

```
#include <stdio.h>
#include <stdlib.h>
```

```
main()
{
  char *s= "That 's good news ";
  int    i=617;
  FILE    *fp;
  fp=fopen ( "test1.dat ", "w ");
  fputs( "Your score of TOEFL is ", fp);
  fputc( ': ', fp);
  fprintf(fp, "%d\n ", i);
  fprintf(fp, "%s ", s);
  fclose(fp);
}
```

用 DOS 的 TYPE 命令显示 test1.dat 的内容，屏幕显示：

```
Your score of TOEFL is: 617
That 's good news
```

【例 9-18】编程序读取上例产生的 test1.dat 文件，并将读出的结果显示在屏幕上。（ex9_18.cpp）

```
#include <stdio.h>
#include<stdlib.h>
main()
    {
        char s[30], m[20];
        int i;
        FILE *fp;
        fp=fopen("test1.dat ","r");
        if(fp==NULL)
            exit(0);
        fgets(s,24,fp);
        printf( "%s ",s);
        fscanf(fp,"%d ",&i);
        printf( "%d\n",i);
        putchar(fgetc(fp));
        fgets(m,17,fp);
        puts(m);
        fclose(fp);
        getchar();
}
```

运行后屏幕显示：

```
Your score of TOEFL is:617
That 's good news
```

如果将例 9-18 中 fscanf(fp,"%d",&i)改为 fscanf(fp,"%s",m),再将其后的输出语句改为 printf("%s ",m)，则可得出同样的结果。由此可见 Turbo C 中只要是读文字文件，则不论是字符还是数字都将按其 ASCII 值处理。另外还要说明的一点就是 fscanf()函数读到空白符时，便自动结束，在使用时要特别注意。

【例 9-19】把一个浮点数组以二进制方式写入文件 test_b.dat 中。（ex9_19.cpp）

```
#include <stdio.h>
  main()
  {
```

```
        float f[6]={3.2,-4.34,25.04,0.1,50.56,80.5};
        int i;
        FILE *fp;
        fp=fopen( "test_b.dat ", "wb ");
        fwrite(f,sizeof(float),6,fp);
        fclose(fp);
    }
```

【例 9-20】编写程序，用于把一个文本文件（源文件）复制到另一个文件（目的文件）中，源文件名和目的文件名由命令行输入。（ex9_20.cpp）

命令形式如下：

可执行程序名 源文件名 目的文件名

```
#include<stdio.h>
#include<stdlib.h>

void filecopy(FILE* ,FILE *);

void main(int argc,char *argv[])
{
    FILE *fpin,*fpout;
    if(argc==3)
    {
        fpin=fopen(argv[1],"r");
        fpout=fopen(argv[2],"w");
        filecopy(fpin,fpout);
        fclose(fpin);fclose(fpout);
    }
    else if(argc>3)
        printf("The file names too many!!\n");
    else
        printf("There are no file names for input or output!!\n ");
}

void filecopy(FILE *fpin,FILE *fpout)
{
    char ch;
    ch=getc(fpin);
    while(!feof(fpin))
    {
        putc(ch,fpout);
        ch=getc(fpin);
    }
}
```

【例 9-21】从键盘输入两个学生数据，写入到文件 d:\\jrzh\\example\\stu_list 中，再读出这两个学生的数据并显示在屏幕上。（ex9_21.cpp）

```
#include<stdio.h>
#include<stdlib.h>
struct stu
{
    char name[10];
```

```
        int num;
        int age;
        char addr[15];
    }boya[2],boyb[2],*pp,*qq;
    main()
    {
        FILE *fp;
        char ch;
        int i;
        pp=boya;
        qq=boyb;
        if((fp=fopen("d:\\jrzh\\example\\stu_list","wb+"))==NULL)
        {
            printf("Cannot open file strike any key exit!");
            getchar();
            exit(1);
        }
        printf("\ninput data\n");
        for(i=0;i<2;i++,pp++)
        scanf("%s%d%d%s",pp->name,&pp->num,&pp->age,pp->addr);
        pp=boya;
        fwrite(pp,sizeof(struct stu),2,fp);
        rewind(fp);
        fread(qq,sizeof(struct stu),2,fp);
        printf("\n\nname\tnumber age addr\n");
        for(i=0;i<2;i++,qq++)
        printf("%s\t%5d%7d %s\n",qq->name,qq->num,qq->age,qq->addr);
        fclose(fp);
    }
```

本例程序定义了一个结构 stu，说明了两个结构数组 boya 和 boyb 以及两个结构指针变量 pp 和 qq。pp 指向 boya，qq 指向 boyb。程序第 16 行以读写方式打开二进制文件 stu_list，输入两个学生数据之后，写入该文件中，然后把文件内部位置指针移到文件首，读出两块学生数据后，在屏幕上显示。

【例 9-22】向磁盘写入格式化数据，再从该文件读出并显示到屏幕。（ex9_22.cpp）

```
    #include "stdio.h"
    #include "stdlib.h"
    main( )
    {
        FILE *fp1;
        int i;
        struct stu
        {
            char name[15];
            char num[6];
            float score[2];
        }student;
        if((fp1=fopen("test.txt","wb"))==NULL)
```

```
        {
          printf("cannot open file");
          exit(0);
        }
    printf("input data:\n");
    for( i=0;i<2;i++)
    {
        scanf("%s %s %f %f",student.name, student.num,
        &student.score[0], &student.score[1]);
        fwrite(&student,sizeof(student),1,fp1);
     }
     fclose(fp1);
     if((fp1=fopen("test.txt","rb"))==NULL)
     {
           printf("cannot open file");
           exit(0);
       }
      printf("output from file:\n");
      for (i=0;i<2;i++)
      {
            fread(&student,sizeof(student),1,fp1);
            printf("%s %s %7.2f %7.2f\n",student.name, student.num,
            student.score[0], student.score[1]);
        }
        fclose(fp1);
    }
```

运行程序：

```
input data:
xiaowan j001 87.5 98.4
xiaoli j002 99.5 89.6
output from file:
xiaowan j001 87.50 98.40
xiaoli j002 99.50 89.60
```

通常，对于输入数据的格式较为复杂的话，可采取将各种格式的数据当作字符串输入，然后将字符串转换为所需的格式。C 提供函数：

```
int atoi(char *ptr)
float atof(char *ptr)
long int atol(char *ptr)
```

它们分别将字符串转换为整型、实型和长整型。使用时将其包含的头文件 math.h 或 stdlib.h 写在程序的前面。

9.7 本章小结

（1）C 系统把文件当作一个“流”，按字节进行处理。C 文件按编码方式分为二进制文件和 ASCII 文件。ASCII 文件也称为文本文件，这种文件在磁盘中存放时每个字符对应一个字节，用于存放对应的 ASCII 码。ASCII 码文件可在屏幕上按字符显示，如源程序文件就是 ASCII 文件，用 DOS 命令 TYPE 可显示文件的内容。由于是按字符显示，因此能读懂文件内容。二进制文件是按二进制的编码方式来存放文件的。二进制文件虽然也可在屏幕上显示，但其内容无法读懂。C 系统在处理这些文件时，并不区分类型，都看成是字符流，按字节进行处理。

（2）C 语言中，用文件指针标识文件，当一个文件被打开时，可取得该文件指针。文件在读写之前必须打开，读写结束必须关闭。

（3）文件可按只读、只写、读写、追加 4 种操作方式打开，同时还必须指定文件的类型是二进制文件还是文本文件。

（4）文件可按字节、字符串、数据块为单位读写，文件也可按指定的格式进行读写。

（5）文件内部的位置指针可指示当前的读写位置，移动该指针可以对文件实现随机读写。

（6）C 语言中常用函数如表 9-3 所示。

表 9-3　常用文件函数

分类	函数名	功能
打开文件	fopen()	打开文件
关闭文件	fclose()	关闭文件
文件定位	fseek() rewind() ftell()	改变文件位置指针位置 使文件位置指针重新置于文件开头 返回文件位置指针的当前值
文件读写	fgetc()，getc() fputc()，putc() fgets() fputs() getw() putw() fread() fwrite() fscanf() fprintf()	从指定文件取得一个字符 把字符输出到指定文件 从指定文件读取字符串 把字符串输出到指定文件 从指定文件读取一个字（int 型） 把一个字（int 型）输出到指定文件 从指定文件中读取数据项 把数据项写到指定文件 从指定文件按格式输入数据 按指定格式将数据写到指定文件中
文件状态	feof() ferror() clearerr()	若到文件末尾，函数值为“真”（非 0） 若对文件操作出错，函数值为“真”（非 0） 使 ferror 和 feof 函数值置零

习题九

一、选择题

1．在 C 语言中，对文件的存取以（　　）为单位。

A．记录　　B．字节　　C．元素　　D．簇

2．下面的变量表示文件指针变量的是（　　）。

A．FILE *fp　　B．FILE fp　　C．FILER *fp　　D．file *fp

3．在 C 语言中，下面对文件的叙述正确的是（　　）。

A．用“r”方式打开的文件只能向文件写数据

B．用“R”方式也可以打开文件

C．用“w”方式打开的文件只能用于向文件写数据，且该文件可以不存在

D．用“a”方式可以打开不存在的文件

4．在 C 语言中，当文件指针变量 fp 已指向“文件结束”，则函数 feof(fp)的值是（　　）。

A．.t.　　B．.F.　　C．0　　D．1

5．在 C 语言中，常用如下方法打开一个文件

```
if((fp=fopen("file1.c","r" ))==NULL)
{printf("cannot open this file \n");exit(0);}
```

其中函数 exit(0)的作用是（　　）。

A．退出 C 环境

B．退出所在的复合语句

C．当文件不能正常打开时，关闭所有的文件，并终止正在调用的过程

D．当文件正常打开时，终止正在调用的过程

6．执行如下程序段

```
#include <stdio.h>
FILE *fp;
fp=fopen("file","w" );
```

则磁盘上生成的文件的全名是（　　）。

A．file　　B．file.c　　C．file.dat　　D．file.txt

7．在 C 语言中若按照数据的格式划分，文件可分为（　　）。

A．程序文件和数据文件　　B．磁盘文件和设备文件

C．二进制文件和文本文件　　D．顺序文件和随机文件

8．若 fp 是指向某文件的指针，且已读到该文件的末尾，则 C 语言函数 feof(fp)的返回值是（　　）。

A．EOF　　B．-1　　C．非零值　　D．NULL

9．一般情况下，以下函数功能相同的是（　　）。

A．fputc 和 putchar　　B．fwrite 和 fputc

C．fread 和 fgetc　　D．putc 和 fputc

10．如果要将存放在双精度型数组 a[10]中的 10 个双精度型实数写入文件型指针 fp1 指向的文件中，正确的语句是（　　）。

A．for(i=0;i<80;i++) fputc(a[i],fp1);

B．for(i=0;i<10;i++) fputc(&a[i],fp1);

C．for(i=0;i<10;i++) fwrite(&a[i],8,1,fp1);

D．fwrite(fp1,8,10,a);

二、填空题

1．从文件编码的方式来看，文件可分为________文件和________文件两种。前者在磁盘中存放时每个________对应一个字节。

2．对文件进行的所有操作是通过 C 编译系统提供的标准函数完成，这些函数的信息包含在头文件________中。

3．从C语言对文件的处理方式来看，可以将文件分为________和________两类。

4．一个文件有一个指针变量，对文件的访问，会转化为针对________的操作。

5．使用文件要遵循一定的规则，在使用文件之前应该首先________文件，再操作文件，且文件操作都

是由________来完成的，使用结束后应该________文件。

6．在打开一个文件时，如果出错，fopen 函数将返回一个________。在程序中可以用这一信息来判别是否完成打开文件的工作，并作相应的处理。正常完成关闭文件操作时，fclose 函数返回值为________。

7．fputc 函数有一个返回值，如写入成功则返回写入的字符，否则返回一个________。可用此来判断写入是否成功。

8．fgets(str,n,fp)的意义是从 fp 所指的文件中读出________个字符送入字符数组 str 中。

9．fread(fa,4,5,fp)意义是从 fp 所指的文件中，每次读________个字节（一个实数）送入实数组 fa 中，连续读________个实数到 fa 中。

10．移动文件内部位置指针的函数主要有 rewind 函数、ftell 函数和________函数，它们是对文件读写位置定位。

三、阅读程序，描述其功能

```
#include<stdio.h>
#include<string.h>
#include<stdlib.h>
main( )
{
    FILE *fp;
    char str[128];
    if ((fp=fopen("test.txt","w"))==NULL)    //打开只写的文本文件
    {
        printf("cannot open file!");
        exit(0);
    }
    while((strlen(gets(str)))!=0)
    {
                                             //若串长度为零，则结束
        fputs(str,fp);                       //写入串
        fputs("\n",fp);                      //写入回车符
    }
    fclose(fp);                              //关文件
}
```

四、程序填空题

编程完成读出文件 C:\\sfile.txt 中的内容，反序写入另一个文件 C:\\dfile.txt 中去。已知文件 sfile.txt 中的内容如下：

visual–relying more on the sense of sight and learn best through visual means
auditory–preferring listening and speaking activities

完成程序：

```
#include<stdio.h>
#include <stdlib.h>

#define BUFFSIZE 5000
main()
{
    FILE *sfp,*dfp;
    int i;
    char buf[BUFFSIZE];
    if((sfp=fopen("C:\\sfile.txt","r"))==NULL)      //以只读方式打开
```

```
        {
              printf("Source file cannot be opened\n");
              exit(1);
        }
        if(!(dfp=【1】))                          //以只写方式打开
        {
            printf("Destination file cannot be opened\n");
            exit(1);
        }
        i=0;
        while(【2】)                              //判断是否是文件尾，不是则循环
            buf[i++]=【3】;                       //输出数据送缓冲区
        i=i-2;
        while(i>=0)                               //控制反序操作
        {
            【4】;                                //写入目标文件中
            i--;
        }
        【5】;
        fclose(dfp);
    }
```

五、程序改错题

本程序是一个求文件长度的程序，程序中有两处错误，请更正。

```
    #include"stdio.h"
    main()
    {
        FILE fp;
        char filename[80];
        long length;
        gets(filename);
        fp=fopen(filename,"rb");
        if(fp==NULL)
            printf("file not found!\n");
        else
        {
            fseek(fp,0L,SEEK_END．;
            length=ftell(*fp);
            printf("Length of File is %1d bytes\n",length);
            fclose(fp);
        }
      }
```

六、编程题

1．从键盘输入字符“I love china!”，以回车结束，存到磁盘文件 test.txt 中。

2．将存放于磁盘的指定文本文件按读写字符方式逐个地从文件读出，然后再将其显示到屏幕上。采用带参数的 main( )，指定的磁盘文件名由命令行方式通过键盘给定。

3．写入 5 个学生记录到文件 test.txt 中，记录字段为学生姓名、学号、两科成绩，记录内容自定。写入成功后，随机读取第三条记录，并用第二条记录替换。

附录A ASCII表（American Standard Code for Information Interchange）

十进制	十六进制	字符	十进制	十六进制	字符	十进制	十六进制	字符
0	0	nul	43	2b	+	86	56	V
1	1	soh	44	2c	,	87	57	W
2	2	stx	45	2d	-	88	58	X
3	3	etx	46	2e	.	89	59	Y
4	4	eot	47	2f	/	90	5a	Z
5	5	enq	48	30	0	91	5b	[
6	6	ack	49	31	1	92	5c	\
7	7	bel	50	32	2	93	5d	]
8	8	bs	51	33	3	94	5e	^
9	9	ht	52	34	4	95	5f	_
10	0a	nl	53	35	5	96	60	'
11	0b	vt	54	36	6	97	61	a
12	0c	ff	55	37	7	98	62	b
13	0d	er	56	38	8	99	63	c
14	0e	so	57	39	9	100	64	d
15	0f	si	58	3a	:	101	65	e
16	10	dle	59	3b	;	102	66	f
17	11	dc1	60	3c	<	103	67	g
18	12	dc2	61	3d	=	104	68	h
19	13	dc3	62	3e	>	105	69	i
20	14	dc4	63	3f	?	106	6a	j
21	15	nak	64	40	@	107	6b	k
22	16	syn	65	41	A	108	6c	l
23	17	etb	66	42	B	109	6d	m
24	18	can	67	43	C	110	6e	n
25	19	em	68	44	D	111	6f	o
26	1a	sub	69	45	E	112	70	p
27	1b	esc	70	46	F	113	71	q
28	1c	fs	71	47	G	114	72	r
29	1d	gs	72	48	H	115	73	s
30	1e	re	73	49	I	116	74	t

续表

十进制	十六进制	字符	十进制	十六进制	字符	十进制	十六进制	字符
31	1f	us	74	4a	J	117	75	u
32	20	sp	75	4b	K	118	76	v
33	21	!	76	4c	L	119	77	w
34	22	"	77	4d	M	120	78	x
35	23	#	78	4e	N	121	79	y
36	24	$	79	4f	O	122	7a	z
37	25	%	80	50	P	123	7b	{
38	26	&	81	51	Q	124	7c	|
39	27	`	82	52	R	125	7d	}
40	28	(	83	53	S	126	7e	~
41	29	)	84	54	T	127	7f	del
42	2a	*	85	55	U			

附录 B　C 语言的保留字

保留字	功能
auto	指定变量的存储类型，是默认值
break	跳出循环或 switch 语句
case	定义 switch 中的 case 子句
char	定义字符型变量或指针
const	定义常量或参数
continue	在循环语句中，回到循环体的开始处重新执行循环
default	定义 switch 中的 default 子句
do	定义 do…while 语句
double	定义双精度浮点数变量
else	与 if 语句配合使用，实现条件分支
enum	定义枚举类型
extern	声明外部变量或函数
float	定义浮点型变量或指针
for	定义 for 语句
goto	定义 goto 语句
if	定义 if 语句或 if…else 语句
int	定义整型变量或指针
long	定义长整型变量或指针
register	指定变量的存储类型是寄存器变量，Turbo C 中用自动变量代替
return	从函数返回
short	定义短整型变量或指针
signed	定义有符号的整型变量或指针
sizeof	获取某种类型的变量或数据所占内存的大小，是运算符
static	指定变量的存储类型是静态变量，或指定函数是静态函数
struct	定义结构体类型
switch	定义 switch 语句
typedef	为数据类型定义别名
union	定义无符号的整型或字符型变量或指针
unsigned	定义无符号的整型变量或数据
void	定义空类型变量或空类型指针，或指定函数没有返回值
volatile	变量的值可能在程序的外部被改变
while	定义 while 或 do…while 语句

附录C　C语言运算符和结合性

<table>
<tr><th>优先级</th><th>运算符</th><th>名称或含义</th><th>使用形式</th><th>结合方向</th><th>运算符类型</th></tr>
<tr><td rowspan="4">1</td><td>[]</td><td>数组下标</td><td>数组名[常量表达式]</td><td rowspan="4">从左到右</td><td></td></tr>
<tr><td>()</td><td>圆括号</td><td>(表达式)
函数名(形参表)</td><td></td></tr>
<tr><td>.</td><td>成员选择（对象）</td><td>对象.成员名</td><td></td></tr>
<tr><td>-></td><td>成员选择（指针）</td><td>对象指针->成员名</td><td></td></tr>
<tr><td rowspan="9">2</td><td>-</td><td>负号运算符</td><td>-表达式</td><td rowspan="9">从右到左</td><td>单目</td></tr>
<tr><td>(类型)</td><td>强制类型转换</td><td>(数据类型)表达式</td><td></td></tr>
<tr><td>++</td><td>自增运算符</td><td>++变量名/变量名++</td><td>单目</td></tr>
<tr><td>--</td><td>自减运算符</td><td>--变量名/变量名--</td><td>单目</td></tr>
<tr><td>*</td><td>取值运算符</td><td>*指针变量</td><td>单目</td></tr>
<tr><td>&</td><td>取地址运算符</td><td>&变量名</td><td>单目</td></tr>
<tr><td>!</td><td>逻辑非运算符</td><td>!表达式</td><td>单目</td></tr>
<tr><td>~</td><td>按位取反运算符</td><td>~表达式</td><td>单目</td></tr>
<tr><td>sizeof</td><td>长度运算符</td><td>sizeof(表达式)</td><td></td></tr>
<tr><td rowspan="3">3</td><td>/</td><td>除</td><td>表达式/表达式</td><td rowspan="3">从左到右</td><td rowspan="3">双目</td></tr>
<tr><td>*</td><td>乘</td><td>表达式*表达式</td></tr>
<tr><td>%</td><td>余数（取模）</td><td>整型表达式%整型表达式</td></tr>
<tr><td rowspan="2">4</td><td>+</td><td>加</td><td>表达式+表达式</td><td rowspan="2">从左到右</td><td rowspan="2">双目</td></tr>
<tr><td>-</td><td>减</td><td>表达式-表达式</td></tr>
<tr><td rowspan="2">5</td><td><<</td><td>左移</td><td>变量<<表达式</td><td rowspan="2">从左到右</td><td rowspan="2">双目</td></tr>
<tr><td>>></td><td>右移</td><td>变量>>表达式</td></tr>
<tr><td rowspan="4">6</td><td>></td><td>大于</td><td>表达式>表达式</td><td rowspan="4">从左到右</td><td rowspan="4">双目</td></tr>
<tr><td>>=</td><td>大于等于</td><td>表达式>=表达式</td></tr>
<tr><td><</td><td>小于</td><td>表达式<表达式</td></tr>
<tr><td><=</td><td>小于等于</td><td>表达式<=表达式</td></tr>
<tr><td rowspan="2">7</td><td>==</td><td>等于</td><td>表达式==表达式</td><td rowspan="2">从左到右</td><td rowspan="2">双目</td></tr>
<tr><td>!=</td><td>不等于</td><td>表达式!=表达式</td></tr>
<tr><td>8</td><td>&</td><td>按位与</td><td>表达式&表达式</td><td>从左到右</td><td>双目</td></tr>
<tr><td>9</td><td>^</td><td>按位异或</td><td>表达式^表达式</td><td>从左到右</td><td>双目</td></tr>
<tr><td>10</td><td>|</td><td>按位或</td><td>表达式|表达式</td><td>从左到右</td><td>双目</td></tr>
<tr><td>11</td><td>&&</td><td>逻辑与</td><td>表达式&&表达式</td><td>从左到右</td><td>双目</td></tr>
<tr><td>12</td><td>||</td><td>逻辑或</td><td>表达式||表达式</td><td>从左到右</td><td>双目</td></tr>
</table>

续表

优先级	运算符	名称或含义	使用形式	结合方向	运算符类型
13	?:	条件运算符	表达式 1? 表达式 2: 表达式 3	从右到左	三目
14	=	赋值运算符	变量=表达式	从右到左	双目
	/=	除后赋值	变量/=表达式		
	*=	乘后赋值	变量*=表达式		
	%=	取模后赋值	变量%=表达式		
	+=	加后赋值	变量+=表达式		
	-=	减后赋值	变量-=表达式		
	<<=	左移后赋值	变量<<=表达式		
	>>=	右移后赋值	变量>>=表达式		
	&=	按位与后赋值	变量&=表达式		
	^=	按位异或后赋值	变量^=表达式		
	|=	按位或后赋值	变量|=表达式		
15	,	逗号运算符	表达式,表达式,…	从左到右	双目

说明：同一优先级的运算符，运算次序由结合方向所决定。

附录D　C语言常用语法提要

1. 标识符

标识符可由字母、数字和下划线组成，标识符必须以字母或下划线开头。大、小写的字母分别认为是两个不同的字符。

2. 常量

（1）整型常量

十进制常数。

八进制常数（以 0 开头的数字序列）。

十六进制常数（以 0x 开头的数字序列）。

长整型常数（在数字后加字符 L 或 l）。

（2）字符常量

用单撇号括起来的一个字符，可以使用转义字符。

（3）实型常量（浮点型常量）

①小数形式。

②指数形式。

（4）字符串常量

用双撇号括起来的字符序列。

3. 表达式

（1）算术表达式

整型表达式：参加运算的运算量是整型量，结果也是整型。

实型表达式：参加运算的运算量是实型量，运算过程中先转换成double型，结果为double型。

（2）逻辑表达式

用逻辑运算符连接的整型量，结果为一个整数（0 或 1）。逻辑表达式可以认为是整型表达式的一种特殊形式。

（3）字位表达式

用位运算符连接的整型量，结果为整数。字位表达式也可以认为是整型表达式的一种特殊形式。

（4）强制类型转换表达式

用“(类型)运算符”使表达式的类型进行强制转换，如(float)a。

（5）逗号表达式（顺序表达式）

形式为：表达式 1,表达式 2,…,表达式 n。顺序求出表达式 1、表达式 2、……、表达式 n 的值。结果为表达式 n 的值。

（6）赋值表达式

将赋值号“=”右侧表达式的值赋给赋值号左边的变量。

（7）条件表达式

形式为：逻辑表达式？表达式 1:表达式 2。逻辑表达式的值若为非零，则条件表达式的值等于表达式 1 的值；若逻辑表达式的值为零，则条件表达式的值等于表达式 2 的值。

（8）指针表达式

对指针类型的数据进行运算，如 p-2，p++，p--，p1-p2 等（其中 p、p1、p2 均已定义为指向数组元素的指针变量，p1 与 p2 指向同一数组中的元素），结果为指针类型。

4. 数据类型

程序中用到的所有变量都需要定义，并指明其数据类型，需要时要指定其存储类别。

（1）类型标识符可用：int，short，long，unsigned，char，float，double，struct，union，enum，typedef。

（2）存储类别可用：auto，static，register，extern。

变量的定义形式为：存储类别　数据类型　变量表列。

外部数据定义只能用 extern 或 static，而不能用 auto 或 register。

5. 函数定义

形式为：存储类别　数据类型　函数名(形参表列)　函数体

函数的存储类别只能用 extern 或 static 定义。函数体包括数据定义和语句。

6. 变量的初始化

可以在定义时对变量或数组指定初始值。

静态变量或外部变量如未初始化，系统自动使数值型变量的初始值为零，使字符型为空。

对自动变量或寄存器变量，若未初始化，则其初值为不可预测的随机数据。

7. 语句

（1）表达式语句；（2）函数调用语句；（3）控制语句；（4）复合语句；（5）空语句。

其中控制语句包括：

①if(表达式) 语句;

或

if(表达式) 语句 1 else 语句 2;

②while(表达式) 语句;

③do 语句 while(表达式);

④for(表达式 1;表达式 2;表达式 3)语句;

⑤switch(表达式) {case 常量表达式 1:语句 1;case 常量表达式 2:语句 2;…;case 常量表达式 n:语句 n;default;语句 n+1;}。

⑥break 语句;

⑦continue 语句;

⑧return 语句;

⑨goto 语句（建议不用）；

8. 预处理命令

#define　宏名　字符串

#define　宏名(参数 1,参数 2,…,参数 n)　字符串

#undef　宏名

#include　"文件名"（或者<文件名>）

#if　常量表达式　#ifdef　宏名

#ifndef　宏名　#else　#endif

附录 E　C 语言常用库函数

库函数并不是 C 语言的一部分。它是由人们根据需要编制并提供用户使用的。每一种 C 编译系统都提供了一批库函数，不同的编译系统所提供的库函数的数目和函数名以及函数功能是不完全相同的。

由于 C 语言库函数的种类很多，还有屏幕和图形函数、时间日期函数、与系统有关的函数等。读者在编制 C 程序时，若要用到更多的函数，请查阅所用系统的手册。

1. 常用字符串函数

使用字符串函数时，程序中要有语句：# include "string.h"。

函数名	函数类型和形参类型	功能	返回值
strdup	char *strdup(const char *s)	字符串复制，目的空间由该函数分配	指向复制后的字符串指针
strcpy	char* strcpy(char* str1,char* str2);	把 str2 指向的字符串复制到 str1 中去	返回 str1，即指向 str1 的指针
strncpy	char *strncpy(char *dest, const char *src，int count)	将字符串 src 中的 count 个字符复制到字符串 dest 中去	指向 dest 的指针
strcat	char* strcat(char * str1,char * str2);	把字符串 str2 接到 str1 后面	str1
strncat	char *strncat(char *dest, const char *src, size_t maxlen)	将字符串 src 中前 maxlen 个字符连接到 dest 中	指向 dest 的指针
strcmp	int strcmp(char * str1,char * str2);	比较两个字符串 str1、str2	str1<str2，返回负数；str1=str2，返回 0；str1>str2，返回正数
strncmp	int strncmp(char *str1,char *str2,int count)	对 str1 和 str2 中的前 count 个字符按字典顺序比较	
strpbrk	char *strpbrk(const char *s1, const char *s2)	得到 s1 中第一个“同时也出现在 s2 中”字符的位置指针	位置指针
strcspn	int strcspn(const char *s1, const char *s2)	统计 s1 中从头开始直到第一个“来自 s2 中的字符”出现的长度	长度
strspn	int strspn(const char *s1, const char *s2)	统计 s1 中从头开始直到第一个“不来自 s2 中的字符”出现的长度	位置指针
strchr	char* strchr(char* str,char ch);	找出 str 字符串中第一次出现字符 ch 的位置	位置指针
strrchr	char *strrchr(const char *s, int c)	得到字符串 s 中最后一个含有 c 字符的位置指针	位置指针
strstr	char* strstr(char* str1,char* str2);	找出 str2 字符串在 str1 字符串中第一次出现的位置（不包括 str2 串结束符）	返回该位置的指针，如找不到，返回空指针
strrev	char *strrev(char *s)	将字符串中的所有字符颠倒次序排列	指向 s 的指针

续表

函数名	函数类型和形参类型	功能	返回值
strnset	char *strnset(char *s, int ch, size_t n)	将字符串s中前n个字符设置为ch的值	指向s的指针
strset	char *strset(char *s, int ch)	将字符串s中所有字符设置为ch的值	指向s的指针
strtok	char *strtok(char *s1, const char *s2)	分解 s1 字符串为用特定分隔符分隔的多个字符串	字符串s1中首次出现s2中的字符前的子字符串指针
strupr	char *strupr(char *s)	将字符串s中的字符变为大写	
strlwr	char *strlwr(char *s)	将字符串中的字符变为小写字符	指向s的指针
strlen	unsigned int strlen(char * str);	统计字符串 str 中字符的个数（不包括终止符）	返回字符串的长度
strerror	char *strerror(int errnum)	得到错误信息的内容信息	错误提示信息字符串指针

2. 常用数学函数

使用数学函数时，程序中要有语句：# include "math.h"。

函数名	函数类型和形参类型	功能	返回值
abs	int abs(int x);	求整数x的绝对值	计算结果
fabs	double fabs(double x);	求x的绝对值	计算结果
cabs	double cabs(struct complex znum)	求复数的绝对值	复数的绝对值
ceil	double ceil(double num)	得到不小于num的最小整数	用双精度表示的最小整数
sin	double sin(double x);	计算sinx的值	计算结果
tan	double tan(double x);	计算tan(x)的值	计算结果
asin	double asin(double x);	计算$\sin^{-1}$(x)的值	计算结果
acos	double acos(double x);	计算$\cos^{-1}$(x)的值，反余弦函数	计算结果
atan	double atan(double x);	计算$\tan^{-1}$(x)的值	计算结果
atan2	double atan2(double x,double y);	计算$\tan^{-1}$/(x/y)的值，求x/y的反正切值	计算结果
sinh	double sinh(double x);	计算x的双曲正弦函数sinh(x)的值	计算结果
cosh	double cosh(double x);	计算x的双曲余弦cosh(x)的值	计算结果
tanh	double tanh(double x);	计算x的双曲正切函数tanh(x)的值	计算结果
exp	double exp(double x);	求e的x次幂	幂的值
floor	double floor(double x);	求出不大于x的最大整数	
fmod	double fmod(double x,double y);	求整数x/y的余数	返回x/y的余数值

续表

函数名	函数类型和形参类型	功能	返回值
frexp	double frexp(double val,int *eptr);	把 val 分解 val=x*2^n，n 存放在 eptr 指向的变量中	返回数字部分 x，0.5<=x 且 x<1
log	double log(double x);	求 ln x	计算结果
log10	double log10(double x);	求 $log_{10}x$（10 指的是以 10 为底），计算 x 的常用对数	计算结果
modf	double modf(double val,double *iptr);	把双精度数 val 分解为整数和小数部分，把整数部分存到 iptr 指向的单元	val 的小数部分
pow	double pow(double x,double y);	计算以 x 为底数的 y 次幂，即计算 x^y 的值	计算结果
sqrt	double sqrt(double x);	计算 x 的开平方	计算结果
hypot	double hypot(double x,double y)	已知直角三角形两个直角边，求斜边长度	斜边长度
poly	double poly(double x,int degree,double coeffs[])	计算多项式 c[n]*x^n+c[n-1] x^n-1+.....+c[1]*x+c[0]	多项式的计算结果
ldexp	double ldexp(double x,int exponent)	计算 x*2 的 exponent 次幂	计算结果

3. 主要输入/输出函数与文件操作

使用以下函数时，在程序中应该有语句：#include "stdio.h"。

函数名	函数类型和形参类型	功能	返回值
fopen	FILE *fopen(char * filename, char * mode);	以 mode 指定的方式打开名为 filename 的文件	成功，返回一个文件指针（文件信息区的起始地址），否则返回 0
fclose	int fclose(FILE * fp);	关闭 fp 所指的文件，释放文件缓冲区	0，无错；否则非零
fflush	int fflush(FILE *stream)	清除文件缓冲区，文件以写方式打开时，将缓冲区内容写入文件	0，操作成功；非 0，操作失败
ferror	int ferror(FILE *stream)	检测文件操作是否有错误	非 0，有错误；0，无错误
fileno	int fileno(FILE *fp)	得到与 fp 等价的文件句柄号	文件句柄号
freopen	FILE *freopen(char *fname, char *mode,FILE *fp)	将一个已打开的 fp 和一个新的文件名相连接	fp 值
clearerr	void clearerr(FILE * fp);	清除文件指针错误指示器，将文件出错标志清零	
fgetc	int fgetc(FILE * fp);	从 fp 所指定的文件中取得下一个字符	返回所得到的字符，若读入出错，返回 EOF
fgetchar	int fgetchar(void)	等价于 fgetc(stdin)，也等价于 getchar，但仅作为函数实现	返回读出的字符，如文件已到结尾，返回值为 EOF
fputchar	int fputchar(int ch)	在标准输出流（即屏幕上）的当前位置写入一个字符	操作正确时返回写入的字符，错误返回 EOF

续表

函数名	函数类型和形参类型	功能	返回值
fgets	char fgets(char * buf,int n,FILE * fp);	从fp指向的文件中读取一个长度为(n-1)的字符串，存入起始地址为buf的空间	返回地址buf,若遇文件结束或出错，返回NULL
feof	int feof(FILE * fp);	检查文件是否结束.	遇文件结束符返回非零值，否则返回0
fputc	int fputc(char ch,FILE *fp);	将字符ch输出到fp指向的文件中	成功，则返回该字符；否则返回非0
fputs	int fputs(char * str,FILE *fp);	将str指向的字符串输出到fp指向的文件中	成功，则返回0；否则返回非0
fread	int fread(char * pt,unsigned size, unsigned n,FILE * fp);	从fp所指定的文件中读取长度为size的n个数据项，存到pt所指向的内存区	返回所读的数据项个数，如遇文件结束或出错返回0
fwrite	int fwrite(char *ptr,unsigned size, unsigned n,FILE *fp);	把ptr所指向的n*size个字节输出到fp所指向的文件中	写到fp文件中的数据项个数
fprintf	int fprintf(FILE * fp,char * format,args,...);	把args的值以format指定的格式输出到fp所指定的流式文件中	实际输出的字符数
fscanf	int fscanf(FILE * fp,char format,args,...);	从fp所指定的文件中按format给定的格式将数据输送到args所指向的内存单元	已输入的数据个数
scanf	int scanf(char * format,args,...);	从标准输入设备按format指向的格式字符串规定的格式，输入数据给agrs所指向的单元	读入并赋给args的数据个数。遇文件结束返回EOF，出错返回0
printf	int printf(char * format,args,...);	按format指向的格式字符串所规定的格式，将输出表列args的值输出到标准输出设备	输出字符的个数。若出错返回负数
fseek	int fseek(FILE * fp,long offset, int base);	将fp所指文件的位置指针移到以base所指位置为基准，以offset为位移量的位置	返回当前位置,否则返回-1
ftell	long ftell(FILE * fp);	得到文件位置指示器的数值	fp指向的文件中的读写位置

4. 动态存储分配及其他函数

在程序中使用动态存储分配函数时，程序中应该有语句：# include "stdlib.h"。

函数名	函数类型和形参类型	功能	返回值
calloc	void * calloc(unsigned n,unsign size);	分配n个数据项的内存连续空间，每个数据项的大小为size	分配内存单元的起始地址，如果不成功，返回0
free	void free(void* p);	释放p所指的内存区	
malloc	void * malloc(unsigned size);	分配size字节的存储区	所分配的内存区地址，如果内存不够，返回0
realloc	void * realloc(void * p,unsigned size);	将p所指出的已分配内存区的大小改为size，size可以比原来分配的空间大或小	返回指向该内存区的指针，如为NULL表示分配失败

续表

函数名	函数类型和形参类型	功能	返回值
rand	int rand(void);	产生 0 到 32767 间的随机整数（0 到 0x7fff 之间）	随机整数
abort	void abort(void)	异常终止一个进程	
exit	void exit(int state)	程序中止执行，返回调用过程	
getenv	char* getenv(const char *name)	返回一个指向环境变量的指针	环境变量的定义
putenv	int putenv(const char *name)	将字符串 name 增加到 DOS 环境变量中	0，操作成功；-1，操作失败
labs	long labs(long num)	求长整型参数的绝对值	绝对值
atof	double atof(char *str)	将字符串转换成一个双精度数值	转换后的数值
atoi	int atoi(char *str)	将字符串转换成一个整数值	转换后的数值
atol	long atol(char *str)	将字符串转换成一个长整数	转换后的数值
ecvt	char *ecvt(double value,int ndigit,int *dec,int *sign)	将浮点数转换为字符串	转换后的字符串指针
fcvt	char *fcvt(double value,int ndigit,int *dec,int *sign)	将浮点数变成一个字符串	转换后字符串指针
ltoa	char *ltoa(long value,char *string,int radix)	将长整型数转换为等价的字符串	指向 string 的指针
itoa	char *itoa(int value,char *string,int radix)	将整型数 value 转换为其等价的字符串	指向 string 的指针
strtod	double strtod(const char *s,char **endptr)	将浮点字符串转换成双精度格式数	双精度转换结果
strtol	long strtol(const char *s,char **endptr,int radix)	将数值字符串转换成长整型格式数	长整型转换结果
swab	void swab(char *from,char *to,int num)	交换字符串中的相邻的偶数字节和奇数字节的位置	
lfind	void *lfind(const void *key,const void *base,unsigned *num, unsigned width,int (*compare)(const void *element1,const void *element2));	在 base 指向的数组上进行线性搜索	返回指向找到元素的指针或空
lsearch	void *lsearch(const void *key,void *base,unsigned *num, unsigned width,int (*compare)(const void *element1,const void *element2));	在 base 指向数组上进行搜索，如不存在则将 key 添加到数组结尾	返回指针，指向找到或添加的元素
qsort	void qsort(void *base,size_t num, size_t width,int (*fcmp)(const void *,const void *)	使用快速排序法对数组 base 进行排序	数组 base 存放排序后数据
bsearch	int *bsearch(cost void *key,const void *base,size_t n,size_t size,int (*cmp)(const void*,const void*));	二分法检索	如果 bsearch 发现了一个匹配对象，则返回该对象所在的数组的地址；否则函数返回空指针

续表

函数名	函数类型和形参类型	功能	返回值
random	int random(int num)	得到一个在0和参数num之间的随机数	一个在0和参数num之间的随机数
randomize	int randomize(void)	初始化随机数发生器	一个随机数
srand	void srand(unsigned seed)	该函数和rand函数配合使用，产生随机数的起始发生数据	无
system	int system(const char *command)	调用DOS命令	

5. 字符函数

在使用字符函数时，程序中应该有语句：# include "ctype.h"。

函数名	函数类型和形参类型	功能	返回值
isalpha	int isalpha(int ch);	检查ch是否是字母	1是字母返回，否则返回0
iscntrl	int iscntrl(int ch);	检查ch是否是控制字符(其ASCII码在0和0x1F之间，数值为0～31)	是返回1，否则返回 0
isdigit	int isdigit(int ch);	检查ch是否是数字（0～9）	是返回1，否则返回0
isgraph	int isgraph(int ch);	检查ch是否可显示字符（其ASCII码在0x21到0x7E之间），不包括空格	是返回1，否则返回0
islower	int islower(int ch);	检查ch是否是小写字母（a～z）	是返回1，否则返回0
tolower	int tolower(int ch);	将ch字符转换为小写字母	返回ch所代表的字符的小写字母
toupper	int toupper(int ch);	将ch字符转换成大写字母	与ch相应的大写字母
isalnum	int isalnum(int ch);	检查ch是否是字母或数字	是字母或数字返回1，否则返回0
isprint	int isprint(int ch);	检查ch是否是可打印字符(包括空格)，其ASCII码在0x20到0x7E之间	是返回1，否则返回0
ispunct	int ispunct(int ch);	检查ch是否是标点字符（不包括空格），即除字母，数字和空格以外的所有可打印字符	是返回1，否则返回0
isspace	int isspace(int ch);	检查ch是否是空格符和跳格符（控制字符）或换行符	是返回1，否则返回0
isupper	int isupper(int ch);	检查ch是否是大写字母（A～Z）	是返回1，否则返回0
isxdigit	int isxdigit(int ch);	检查ch是否是一个十六进制数学字符(即0～9，或A～F或a～f)	是返回1，否则返回0
isascii	int isascii(int ch)	测试参数是否是ASCII码0～127	非零，是；0，不是

参考文献

[1] （美）克尼汉，里奇．C 程序设计语言．2 版．徐宝文，李志译．北京：机械工业出版社，2004．
[2] 朱立华，王立柱．C 语言程序设计．北京：人民邮电出版社，2009．
[3] （美）汤朵，吉米拜尔．C 程序设计语言习题解答．2 版．杨涛等译．北京：机械工业出版社，2004．
[4] 郭有强．C 语言程序设计．北京：清华大学出版社，2009．
[5] 郭有强．C 语言程序设计实验指导与课程设计．北京：清华大学出版社，2009．
[6] 谭浩强．C 语言程序设计．2 版．北京：清华大学出版社，2008．
[7] 谭浩强．C 语言程序设计学习辅导．2 版．北京：清华大学出版社，2009．
[8] 谭浩强．C 语言程序设计题解与上机指导．北京：清华大学出版社，2000．
[9] 任正云，李素若，赖玲．C 语言程序设计上机指导与习题解答．2 版．北京：中国水利水电出版社，2011．
[10] 任正云．C 语言程序设计．2 版．北京：中国水利水电出版社，2011．
[11] 孙浩．C 语言程序设计：理论与实践．北京：中国水利水电出版社，2011．
[12] 虞铭财．C 语言程序设计实验指导．北京：中国水利水电出版社，2010．
[13] 丁峻岭．C 语言程序设计．北京：中国铁道出版社，2007．
[14] 范慧琳．C 语言程序设计习题解析与实验指导．北京：中国铁道出版社，2007．
[15] 方少卿．C 语言程序设计实训指导与习题解答．北京：中国铁道出版社，2007．
[16] 严蔚敏．数据结构（C 语言版）．北京：人民邮电出版社，2011．
[17] 吴子东．数据结构（C 语言版）．北京：机械工业出版社，2008．
[18] http://www.math.pku.edu.cn/teachers/qiuzy/c/
[19] http://vip.du8.com/books/sepb2nl.shtml
[20] http://www.ut365.com/cyuyan/